トウモロコシの世界史

目次

はじめに　1

第1章　作物としてのトウモロコシにはどのような特徴があるか

トウモロコシとその生産　6
コムギ、イネとくらべたトウモロコシの特徴　10
1. 起源地は新世界　10／2. 繁殖様式は他殖性　11／3. 品種は遺伝的にヘテロ性が高く、しかも個体間で異なる　13／4. 進化における倍数性の関与　14／5. 形態が大きく、また雌雄器官が特異的である　15／6. 光合成における炭酸合成回路がイネ・コムギと異なる　16／7. 栄養上のちがい　16／8. 収量と収穫倍率が高い　17／9. 用途は食用だけでなく、飼料、工業用原料としても用いられる　18
トウモロコシと近縁野生種の分類　18
トウモロコシのもつ染色体とゲノム　21
穀粒の粒質により分類したトウモロコシの種類　23
1. ポップコーン　25／2. フリントコーン　25／3. フラワーコーン　26／4. デ

ントコーン 27／5．スイートコーン 27／6．ワキシーコーン 28／7．ポッドコーン 29

第2章 トウモロコシの起源地と祖先の探索

トウモロコシはどこで生まれたか 32
植物石を用いた起源地の研究 34
トウモロコシ戦争——トウモロコシの祖先種探しの競争 36
1．テオシンテ説 37／2．三者仮説 40／3．そのほかの説 46
アイソザイムとDNAが明らかにしたトウモロコシの祖先種 46
1．アイソザイムと葉緑体DNAによる解析 46／2．核内DNAによる解析 48／3．パルヴィグルミス亜種とトウモロコシの比較 50／4．テオシンテがどのようにしてトウモロコシへと進化したのか 53

第3章 先史時代のトウモロコシの発掘と初期の伝播

西半球最初の農民 58
1．アメリカ大陸への人類の移住 58／2．アメリカ先住民による農業の開始 59

北米——ディックらによるバット洞窟の発掘 60
メキシコ——サンマルコス洞窟、ギラ・ナキツ洞窟、バルサス川流域の発掘 62
1．マクネイシュによるテワカン川谷の洞窟の発掘 62／2．フラネリによるオアハカのギラ・ナキツ洞窟の発掘 65／3．ラネレとピペルノによるバルサス川流域の洞窟探索 70／4．先史時代のトウモロコシ 72
南米——ペルーでの発掘 74
メキシコの起源地からの周辺地域への伝播 76
1．メキシコ内の伝播 76／2．北米大陸と南米大陸を結ぶ架け橋——パナマ 77／3．南米エクアドル 78

第4章 コロンブス以前のアメリカ大陸における農業とトウモロコシ

メソアメリカ 83
1．オルメカ文明の農業 83／2．マヤ文明の農業とトウモロコシ 84／3．テオティワカン文明 91／4．アステカ王国の農業 92
南米の古代アンデス文明 96

1．先土器文化 97／2．プレ・インカの時代（1）——チャビン文明 99／3．プレ・インカの時代（2）——モチェ文化 100／4．プレ・インカの時代（3）——ナスカ文化 102／5．プレ・インカの時代(4)——ワリ文化 102／6．プレ・インカの時代(5)——ティワナク文明など 103／7．インカ帝国 105

北米の農業とトウモロコシ 115

1．北米の地形と気候 115／2．北米の農業 116／3．北米のトウモロコシの伝播 118／4．北米先住民が用いたトウモロコシ品種とその栽培 121／5．北米先住民のトウモロコシ神話と儀式 124

新大陸先住民によるトウモロコシの改良 126

第5章 コロンブス以降の南北アメリカ大陸におけるトウモロコシ

コロンブスが出会ったトウモロコシ 132

スペイン人による侵略と植民政策 135

1．コルテスとアステカ帝国 136／2．ピサロとインカ帝国 139／3．南米の惨状とラス・カサスの告発 139／4．スペインによる征服後のメキシコ 140

コロンブス以後の北米大陸のトウモロコシ 141

1．スペイン人エルナンド・デ・ソト 141／2．英国ヴァージニア会社 142／3．ピルグリム・ファーザーズ 143／4．入植者を助けた先住民の協力 145／5．一六世紀以降の北米先住民の農業 146／6．農耕に適さない地域 153／7．先住民によるトウモロコシ栽培の実際 155／8．先住民社会における男女の役割分担 159／9．先住民のトウモロコシの食べ方 161／10．入植者と先住民の戦闘 162

トウモロコシが支えた米国人の生活 165

1．北米入植者の農作業 165／2．独立宣言後の米国とトウモロコシ 168／3．南北戦争の時代 169

コーンベルト 171

1．コーンベルトの形成と発展 171／2．コーンベルトのトウモロコシ品種 174／3．コーンベルトの農業の変革 177

第6章 米国の近代化とトウモロコシ

雪が降った夏とフリントコーン 184

ポップコーンの普及に貢献したクレターズ 185

トウモロコシがもたらした栄養不良ペラグラ 188

中国で発見されたワキシーコーン 190

甘いトウモロコシ――スイートコーン 193
スーパースイートコーンをつくりあげたラーフナン 196

第7章 トウモロコシのヨーロッパおよび周辺地域への伝播

ヨーロッパ各地への導入 202
1．コロンブス以前 202／2．コロンブス以後 204
文字や工芸による記録 210
ヨーロッパの国別の栽培状況 214
1．スペイン 214／2．ポルトガル 215／3．フランス 216／4．イタリア 217／5．バルカン半島 220／6．ロシア、カルパティア、コーカサス 221／7．近東 222

第8章 アフリカへの伝播

ヨーロッパ人が来るまでのアフリカ 224
奴隷貿易 226

アフリカの農業の特色 229
アフリカのトウモロコシ――伝播と栽培と利用 232
1．アフリカ西海岸（サントメ島・ギニア・セネガルほか） 232／2．アフリカ東海岸（エジプト・エチオピア・マダガスカルほか） 236／3．アフリカ内陸（コンゴ・ケニア・ウガンダほか） 237／4．アフリカ南部（アンゴラ・ザンビア・マラウイ・レソトほか） 240
アフリカのトウモロコシ品種 240
アフリカにおけるトウモロコシ以外の作物 242

第9章 中国およびその周辺アジア諸国への伝播

中国への伝播 246
そのほかのアジア諸国への伝播 252

第10章 トウモロコシの日本への伝来

天正年間に伝来したカリビア型のトウモロコシ 256
明治に伝来した北方型フリントコーンとデントコーン 264

1. 北海道のトウモロコシ 265／2. 組織的な育種試験の開始 268／3. 生活の中のトウモロコシ物語 271
スイートコーン 275
札幌の焼きトウモロコシ 277
ポップコーン 278

第11章 画期的な多収品種ハイブリッドコーンの開発

一九世紀米国のトウモロコシ 282
雑種強勢という現象の発見 285
ウイリアム・ビールと品種間交雑 288
シリル・ホプキンスによる穀粒成分の選抜と一穂一列法 292
ジョージ・シャルによる近交系間交雑による雑種強勢の発見 294
エドワード・イーストと単交雑実験 298
ドナルド・ジョーンズによる複交雑の提案 301
単交雑によるハイブリッドコーンの普及 306
ハイブリッドコーンをつくるための近交系の育成 308

交雑の手間を省くための細胞質雄性不稔の利用 313
1．自殖を防ぐ方法 313／2．雄性不稔 314／3．ごま葉枯れ病の大発生 315
その後 316
米国から世界へ 318
1．メキシコ 318／2．ヨーロッパ 318／3．アフリカ 319／4．ソ連 320／5．中国 321
日本のハイブリッドコーン 322
1．カイコではじまった日本のハイブリッド品種 322／2．野菜のハイブリッド品種 322／3．トウモロコシのハイブリッド品種育成の前夜 323／4．品種間交雑によるハイブリッド品種 326／5．ハイブリッド品種の時代 328／6．トウモロコシの採種事業と雄性不稔系統の利用 330／7．単交雑ハイブリッドのための近交系の作成 332

第12章 遺伝子組換えトウモロコシ

二十世紀における遺伝学の発展 336
遺伝子組換え技術の開発 337
Ｂｔトウモロコシ 339

除草剤耐性トウモロコシ 341
スターリンク騒動 344
GMOの利用上の問題 346
1．作物種子の自家採種の禁止 347／2．除草剤耐性の雑草や毒素抵抗性の害虫の発生 348／3．標的外害虫へのBt毒素の影響 348／4．Bt毒素や除草剤が土壌および水系の環境に及ぼす影響 350／5．遺伝子の水平伝達 351／6．遺伝子組換え体の遺伝子が全生物界に拡散する危険 353／7．アレルゲン 354／8．GMO食品のラベリング 355／9．GM食品の利用は慎重であるべき 356
引用文献 367
索引（人名／事項） 379

はじめに

「植物を真に理解するためには、その歴史を探らなければならない。植物は進化の全過程をへて今日ある姿となったのである。」

ルーサー・バーバンク（私訳）

トウモロコシはイネ、コムギとともに三大作物といわれる。世界の栽培面積や生産量ではイネ、コムギを超えている。にもかかわらず、トウモロコシはイネやコムギにくらべて地味な印象を与える。それは現在、多くの国々で人間の食べ物としてより、家畜飼料や工業用原料として消費されることが多いからであろう。しかし、トウモロコシが生まれてから長い歴史の中で人間社会に与えてきた影響は、イネやコムギに優るとも劣らないほど大きく多様である。

どのような作物も、古い時代になんらかの野生植物が栽培化されて生まれたものである。植物学者たちの長年の努力により、二十世紀後半までにはほとんどの主要作物について、それぞれの祖先となった野生植物が同定された。それに対して、トウモロコシはその出自が長い間不明で、「出生証明のないパスポートをもつ作物」とよばれてきた。トウモロコシは、クリストファー・コロンブスの新大陸到達までヨーロッパ社会には知られていなかったので、新大陸で生まれたことは疑いがなかったが、どこでいつ出現したのか、祖先となった野生植物は一体何かがはっきりせず、多くの研究者の間で論争がくりひろげられていた。これらの問題の解決が進展したのは、分子生物学技術と考古学的研究が合体して実を結んだ二十世紀末からであった。現在では、トウモロコシは、今から約九〇〇〇年前にメキシコ南部のバルサス（Balsas）川流域でテオシンテというローカルな近縁野生植物から生まれたことが判明している。

トウモロコシと一口にいっても、時代によって同じものではない。古代から現代までの間にその姿は著しく変化してきた。姿が変わらない期間でも遺伝的内容が変化した。トウモロコシはアメリカ大陸で誕生以来、八〇〇〇年以上の長い間、先住民によって栽培されてきた。毎年栽培される間に、農民による意識的または無意識な選抜を受けつづけた。意識的選抜では、まず収穫しやすく、たくさん穀粒が採れることが目標とされた。そのため、まずは穂が大きいこと、熟期に穀粒が穂からばらばらと地上に落ちないことがよしとされた。その結果、当初は長さわずか二センチほどで数列の穀粒が並ぶにすぎなかった矮小（わいしょう）な穂は、粒列数も列あたりの穀粒数も増加した長く太い穂へと進化した。また熟しても自然には穂から穀粒が脱落しなくなった。それは、トウモロコシがもはや人手なしにはまったく繁殖できない植物となったことを意味した。

原初的なトウモロコシはポップコーン型一種類であったが、そこからやがてフリント、デント、フラワーなど穀粒デンプンの性質の異なる種類が分化した。また熟期が早くなり、生育期間も短くなり、早めに収穫できるようになった。さらに起源地のメキシコ南部という低緯度の熱帯圏から南米や北米の高緯度地帯にまで栽培が広がるにつれて、生育期における長い日長、冷涼な気候、乾燥した土壌など、トウモロコシにとって本来苦手な環境条件にも適応した品種が出現した。

一五世紀末のコロンブスの新大陸到達後は、南北アメリカのトウモロコシの栽培はヨーロッパから移り住んだ白人に引き継がれた。彼らは当初、先住民と同じような方法で栽培するだけで積極的な改良の熱意はなかったようであるが、一八世紀後半になりようやく優良個体の選抜に目を向けるにいたった。とくに二十世紀に入り遺伝学が進展すると、米国ではそれまでの自然受粉品種とはまったく異なる一代雑種（ハイブリッドコーン）という画期的な品種が開発され、単位面積あたり収量が年を追って飛躍的に増加した。さらに分子生物学の登場により、トウモロコシ以外の異種遺伝子を取り込ませた遺伝子組換え体が作出され、販売されるようになった。

トウモロコシの歴史を記述するにあたっては、トウモロコシ自体のこのような変化に注目する必要がある。いっぽう、誕生以来の何千年もの歴史の中で、トウモロコシが、それを栽培し利用するさまざまな国や社会に与えた影響も大きく、多様であった。

トウモロコシは起源地のメキシコから、周辺の中米地域をへて南北アメリカの各地に伝播した。トウモロコシはアメリカ先住民にとって唯一欠かせないものとなった。単に食物としてだけでなく、彼らの言葉を借りれば、「生活を支えるもの」、「血肉そのもの」となった。土器や壁画などで芸術的に表現され、神話や宗教行事の中心におかれた。トウモロコシがなかったなら、メキシコのマヤやアステカ、南米のインカなどさまざまな文明の発展も望めなかったであろう。北米の多くの先住民部族の生活は、はるかに貧しいものとなったであろう。

トウモロコシ栽培を先住民から習い引き継いだ白人は、トウモロコシを食料としてだけでなく、飼料作物および輸出用の換金作物として栽培するようになった。とくに北米では、トウモロコシを中心とした農業が発展し、その栽培の象徴的中心地としてコーンベルトが形成された。農法も、数百年は先住民時代とあまり変わらない手作業や畜耕による伝統的なものであったが、二十世紀になると大型機械による一貫した播種・栽培・収穫・貯蔵システムへと変貌した。

コロンブスの新大陸到達という出来事は、新大陸の作物を旧大陸へ、また逆に旧大陸の作物を新大陸へと伝える道を開いた。「コロンブスの交換」である。トウモロコシもそのような作物の一つとして新大陸からヨーロッパ、アフリカ、アジアの各地に伝えられ、それぞれの国の産業や人々の食生活に大きな影響を与えた。

以上のようなトウモロコシが、何千年もの栽培の中でへてきた作物としての進化と、その過程で社会に及ぼした影響との両面を、たがいの相関に注目しながら、まとめてみたいと考えたのが、本書執筆の動機である。しかし、書きはじめてみるとカバーしなければならない分野はあまりに広く、著者の専門分野（育種）をはるかに超えていた。専門外のことに分け入って書くことは無謀に近いことは心得ているつもりであるが、全体の構成からどうしても組み入れなければならない個所もあった。大きな思い違いがあることを恐れている。修正すべき点などあれば、読者諸賢のご指摘を頂ければ幸いです。

トウモロコシの祖先種の発見に貢献された福井県立大学の松岡由浩准教授には、原稿の第2章を丁寧に読んで頂き、多数の適切な助言を頂きました。また同氏を通じてH・イルチス教授のご子息からトウモロコシの祖先種パルヴィグルミス亜種の写真掲載の許諾を得ることができました。筑波大学大澤良教授には、テオシンテの実物標本を頂き、また古史料のご紹介を頂きました。陳暁瑩博士には、中国語の語句の読み方を教えて頂きました。諸氏の厚情とご協力に深く感謝致します。

本書の出版に際して、適切なアドバイスと励ましを頂いた悠書館編集部の岩井峰人氏には大変お世話になりました。心から御礼申し上げます。また執筆中いろいろと協力を受けた妻紀代子に感謝する。

二〇一四年九月一〇日

鵜飼保雄

第1章

作物としてのトウモロコシには
どのような特徴があるか

トウモロコシとその生産

トウモロコシは、世界各地に伝わり、現在、赤道直下の熱帯のエクアドルをはさみ、北緯五〇度のカナダやロシアから南緯五〇度のチリまで、高度では海抜〇メートルから三六〇〇メートルのペルーのアンデス高地まで、広く栽培されている。二〇一一年度の米国農務省の統計によれば、世界におけるトウモロコシの栽培面積は一・六億ヘクタールである。また生産高は八・七二億トンと作物中最大で、コムギおよびイネにくらべておよそ二割も多い。

国別にみた最大の生産地は米国で、世界の三九％を占める。二位は中国、三位はブラジルである。消費量についても米国が最大で、中国、ＥＵがこれにつづく。

米国では、二〇〇〇年の段階で、トウモロコシの六〇％が家畜の飼料、一二％が輸出、六％が甘味料、六％がエタノール生産、六％がそのほかの用途に使われている。栽培されているトウモロコシの九〇〜九五％が穀粒として収穫され、残りがサイレージにまわされる。米国でもかつて家畜は牧草で育てられていた。しかし、トウモロコシは牧草にくらべて脂肪に富みカロリーが高いこと、デンプンが多く繊維が少なく家畜が消化しやすいこと、トウモロコシを与えると家畜の成長が速く肉質もよくなることなどから、トウモロコシを飼料として広く用いるようになった。

米国で飼料用とされるトウモロコシの家畜別の内訳は、肉牛が二九％、ニワトリが二九％、ブタが二四％、乳牛が一六％、そのほかが二％である。牛肉一キロを生産するのに、一〇キロのトウモロコシが必要といわれる。

いっぽう、日本ではトウモロコシの栽培はきわめて少ない。栽培面積は九・二万ヘクタールで世界の〇・〇六%にすぎない。ほとんどすべては青刈りトウモロコシにあてられ、二〇一一年現在、全国で四七一万トンが生産されている。子実用の作付けは一九六〇年代半ばからの濃厚飼料の輸入の急増で激減し、一九八六年についに統計から姿を消した。

しかし消費のほうは多く、世界六位である。当然、日本で消費されるトウモロコシのほとんどは輸入されなければならず、世界第一位の輸入国となっている。輸入量は二〇一一年現在で一六一〇万トンである。これは国内におけるコメの年間生産量の二倍に相当する。ただし食用ではなく、八割弱が濃厚飼料、残りがデンプン製造に用いられる。輸入元は九割が米国、残りはアルゼンチン、ブラジルなどである。なお野菜としてのトウモロコシであるスイートコーンは、二〇一〇年現在、二万五三〇〇ヘクタールに栽培され、二三万四七〇〇トンが生産されている。

現代社会ではトウモロコシは、さまざまな使われかたをしている。トウモロコシの産業上の分類は少しややこしい。利用面からは、飼料用、加工用、生食用に大別される。また収穫する時期によって、青刈り（飼料用）、未成熟（生食用）、子実（飼料用、加工原料用、種子用）に分けられる。農林統計上は、未成熟の生食用は野菜、子実は穀類に分類される。なお、子実という語は聞き慣れないかもしれないが、種子や果実の別称で、トウモロコシなど穀類では種子を収穫物とみたときによく使われる。

トウモロコシの大部分は飼料用とされる。飼料用には青刈りと子実の二種類がある。青刈り用とは、成熟期の約二週間前の頃に、トウモロコシの茎、葉、雌穂（めすほ、しすい）（以下、雄穂［おすほ、ゆうすい］と混同するおそれのない場合は単に穂とよぶ）をあわせた地上部全体を刈り取り細断して家畜の餌とする。多くはサイロにつめて乳酸発酵させてサイレージという新鮮な餌の状態で保存し、冬期間に長期にわたって

図 1.1　ラップサイロ（別名ロールベールラップサイロ）
「ロールベールラップサイロ」ウイキペディア日本語版

家畜に与えられる。なお、牧場にみられるトンガリ屋根のサイロは、長い冬の間、雪に覆われる北海道の畜産に不可欠なものであった。しかし近年は、畑でロールベーラという大型機械を使って牧草を三〇〇キロ以上の重さのロール状にしてラップをかけ発酵させるラップサイロ（別名ロールベールラップサイロ）という別の方法が進んだため、従来のサイロが農業用に使われることは少なくなったようである（**図1・1**）。

子実の飼料用は、濃厚飼料というタンパク質の多い栄養に富む飼料にまわされる。これにはトウモロコシの子実を用い、一般には米ぬか、ダイズ油粕などを混ぜて使われ、豚、鶏、肉用牛の飼育に供される。なお濃厚飼料に対して、放牧させて食べさせる生草、乾草、サイレージをあわせて粗飼料という。粗飼料は、草または草からつくられた餌で、繊維質が多い。

農林省の資料によれば、粗飼料と濃厚飼料の家畜に与える割合は、家畜の種類と地域により異なる。北海道の酪農や繁殖用肉牛では半分以上が粗飼料であるが、肥育用肉牛や乳牛の雄の肥育では九割前後が、養豚や養鶏では全量が濃厚飼料となる。畜産全体では、飼料の八割が濃厚飼料である。二〇〇七年現在、粗飼料は国産が七八％、輸入が二二％であるが、濃厚飼料は九〇％を輸入に頼っている。輸入に頼る割合が多いと、トウモロコシの国際価格の変動を受けて飼料価格が変動し、畜産経営が不安定になりやすい。

食用としては、焼きトウモロコシ、缶詰、ベビー食品、ひき割りトウモロコシ、粥、プディングなどとして使われる。なおトウモロコシを主体とする料理として、メキシコ料理のトルティーヤ、イタリアのポレンタ、アフリカのウガリなどがよく知られている。特異な例として、メキシコではトウモロコシ黒穂病に感染して真っ黒になった穂をウイトラコチェの名で食用にしている。

トウモロコシは工業用原料としても貴重である。原料に用いられるのは、ほとんどが黄色デントコーンである。トウモロコシの胚乳はデンプンを八五％含み、純度の高いデンプンが効率よく得られ、コーンスターチとよばれる。また発酵させて糖やエタノールなどさまざまな化学物質に転化される。いっぽう胚芽に含まれる脂質はコーン油の原料となる。製紙、プラスチック、梱包材、絶縁材、接着剤、化学薬品、爆薬、研磨材、ペースト、染料、溶剤、殺虫剤、医薬品、不凍液、石鹸などなど五〇〇種類を超える用途がある。最近ではバイオエタノールとして自動車用燃料への利用が注目されている。なお白色品種は、カロチノイドを含まず白色度の高いデンプンが得られるので、医薬錠剤の充填材などの特殊な用途がある。

トウモロコシは米国では maize または corn とよばれる。maize の名は、アメリカ先住民の名づけた Arawak mahiz に由来する。その意味は「生活を支える物」である。また corn は、一般に小さな種子をつける主要な穀類を指し、英国のイングランドではコムギ、スコットランドではエンバクを指すが、米国ではトウモロコシのこととなる。ちなみにヨーロッパでは、トウモロコシをコーン（corn）とよぶことはない。英国ではメイズ（maize）、フランスではマイス（maïs）、ドイツではマイス（Mais）という。

コムギ、イネとくらべたトウモロコシの特徴

トウモロコシはコムギおよびイネと並んで、世界の三大食用作物とよばれている。これらはどれも植物学的にイネ科（Poaceae）に属する。

現代人が利用しているすべての作物は、それぞれの祖先となる野生植物が人の手で栽培されるようになって順化し、進化してきた。野生植物から作物への転換、すなわち栽培化の過程を順化という。その時期は、作物によってさまざまであるが、三大食用作物については、トウモロコシが九〇〇〇年前、コムギ属が一万一六〇〇年前、イネが一万三五〇〇〜八二〇〇年前と、どれも農耕開始の頃から、それぞれが生まれた地域で作物として主役を務めてきた。それ以来、二十世紀に近代育種がはじまるまでのじつに長い間、農民の手によって改良されつづけてきた。これらの作物が生まれなかったら、それぞれの地域での人口の増加も文明の発展もなかったであろう。いっぽう、栽培し改良する農民がいなかったら、とくに、トウモロコシは栽培化にともなって登熟した種子が拡散する能力が失われたので、次代に伝達され増殖されることさえなかったと思われる。人類と作物とは深い相互依存の関係にある。

トウモロコシは以下のようにコムギやイネとくらべて異なる点も少なくない。

1. 起源地は新世界

コムギはメソポタミア、イネは中国ないしその周辺のアジア地域と、生まれた場所が旧大陸であるのに対し、トウモロコシの故郷は新大陸である。

トウモロコシは一四九二年に、コロンブスが新大陸に到達したときにはじめてヨーロッパ人に知られるようになった（異論もあるが）。それまでは、当然ながら新旧大陸の間の交流は基本的にはなかったので、トウモロコシはアメリカ大陸の先住民によって旧大陸起源のコムギやイネとは完全に独立に改良され進化してきた。

作物はどこで生まれたかによって、栽培化の過程で受ける気候、土壌、植生などの環境が異なり、それへの適応を通して進化が大きく異なる。また、その作物を栽培し改良する民族の食生活、嗜好、農業慣行などにより作物に求められる特性が異なってくる。

2. 繁殖様式は他殖性

夏の早朝に田圃（たんぼ）に行くと、茎から出てまもない稲穂でイネの花を観察できる。花といってもきわめて地味な小さい花で、外穎（えい）と内穎という器官に包まれている。外穎と内穎は籾すりしたときに籾がらとなる。天気のよい朝に外穎が押し出されて内穎から外れ、中から雄しべの先端の葯（やく）が覗く。これがイネの開花で、あまり見栄えはしない。開花しても二時間前後で再び閉じてしまう。また一つの花は一回しか開かない。開花前の花をピンセットで外穎と内穎を開いてやる。そうすると花粉のつまった六本の雄しべと、その下に先端が二本に分かれた一個の雌しべがみられる。イネでは、雌しべと雄しべが一つの花の中に共存している、つまり雌雄同花である。各花の雌しべは同じ花または同じ個体の雄しべの花粉を受けて（自家受粉）種子ができる。これを自殖性という。コムギやオオムギの花は、雄しべ数がイネとちがって三本であるほかはほとんど同様で、地味で小さく、自家受粉する。

それに対しトウモロコシは雌雄異花、つまり一つの花に雌しべと雄しべが共存していない。雄しべは高

図 1.2　トウモロコシの雄穂。開花して雄しべが出ている。1本の雄穂から約5万個の花粉が風に乗って飛んで出る。
R.W.Jugenheimer (1985) *Corn, Improvement, Seed Production, and Uses*. Robert E. Krieger Publishing Company, Malabar, Florida, USA, p128

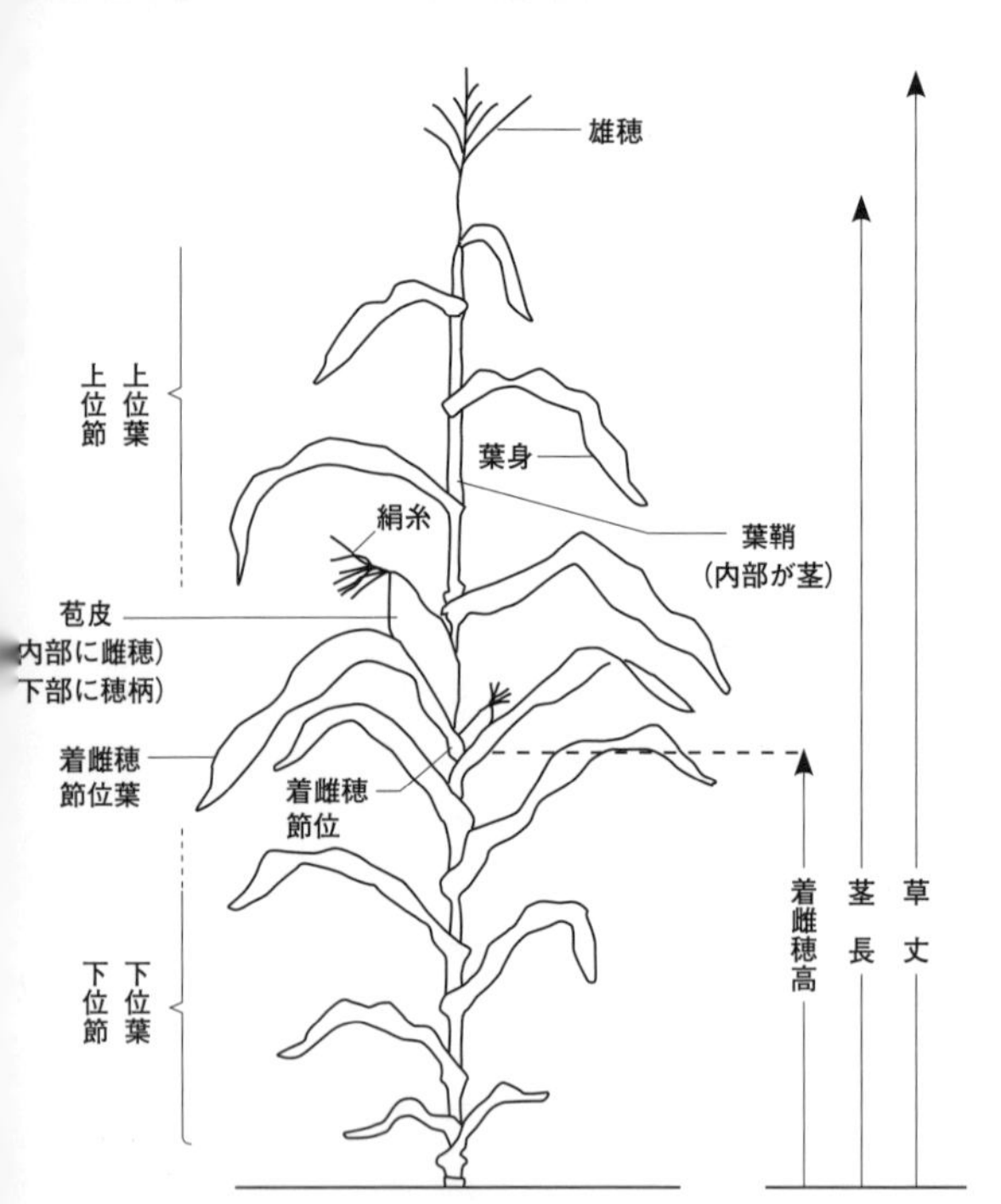

図 1.3　トウモロコシの地上部の形態。植物の背丈を草丈という。トウモロコシのような単子葉植物では、葉は基部の鞘のようになった部分（葉鞘）と上部の平たい部分（葉身）からなり、葉鞘は茎を包んでいる。葉のつく茎の部分を節、節と節の間を節間という。イネやコムギのようにイネ科植物で茎の節間が中空のものでは、茎を稈とよぶ。トウモロコシの茎は中空ではない。草丈は雄穂の先端までの高さをいうのに対し、茎長は雄穂の長さを含まない。雄穂は茎の先端に着くのに対し、雌穂は茎の中間につく。雌穂は苞皮とよぶ皮に包まれている。
戸澤英男 (2005)『トウモロコシ』農文協。p .96.

い茎の先端にあるススキの穂のような形（総状花序）の雄花の中にある（**図1・2**）。いっぽう雌しべは茎の中間の脇につく雌花の中にある。雄花と雌花とは一メートル近くも離れている（**図1・3**）。トウモロコシでは、雄しべと雌しべが離れているだけでなく、熟する時期も少しずれている。雌しべにくらべて雄しべが先に熟し、すでに開花して花粉が飛散した頃に、絹糸が伸びて抽出してくる。そのため、雌しべが受ける花粉は、ふつう同じ個体の花粉ではなく、同じ頃に雄しべが熟したほかの個体から風で運ばれてきた花粉である。これを他家受粉という。トウモロコシの花粉の到達距離は二〇〇メートルにもおよぶ。イネやコムギでは、受精のために花粉が雌しべの先の柱頭に着くまでに一センチも移動しなくても済むのにくらべると、大きな違いである。繁殖様式からいうと、他殖性である。虫ではなく風まかせで運ばれる花粉で受精されるには、大量の花粉が飛び散る必要がある。一個体あたり約五万個、雌しべ数の二〇〇〇倍以上の花粉が畑では舞い散っているので、花粉が足りないために種子が稔らなかったということはほとんどない。

3. 品種は遺伝的にヘテロ性が高く、しかも個体間で異なる

自殖性であるイネやコムギでは、自殖の世代がつづくと、集団内の個体がどれも完全ホモ接合となる。いったんそのようになった系統は、その後何世代栽培しても自殖がつづくかぎり異なる遺伝子型（遺伝子セット）が分離することはなく、同一の遺伝子型が保たれる。さらに近代品種は、育種過程で選抜された一つの純系である優良系統に由来するので、同じ品種の個体はどれも双子のように同一の遺伝子型をもつ。たとえばイネの「コシヒカリ」の苗は、原則として、どの県のどの農家のものでも同じ遺伝子をもっている。

なお、純系とは全遺伝子座についてホモ接合になった同一遺伝子型をもつ個体からなる系統である。また、赤花の遺伝子型を *AA*、白花の遺伝子型を *aa* で表すとき、両者の交雑で生じる雑種の遺伝子型 *Aa* をヘテロ

接合、両親の遺伝子型 *AA* と *aa* をホモ接合という。全遺伝子座がホモ接合である状態を完全ホモ接合という。

いっぽう、トウモロコシのような他殖性植物では、ほかの集団から隔離された集団であっても、その集団内の個体間で自然交雑が行なわれ、何代をへても完全ホモ接合となることはない。同じ品種でも、個体によって遺伝子型は同一ではない。また一世代栽培するたびに、品種中の個体の遺伝子型は個体間交雑とそれにともなう遺伝的分離によって変化する。トウモロコシでも品種と名のつく以上、世代をへても安定した特性を示すことが不可欠であるが、それは主要な形質に限って保たれているにすぎない。

さらに品種ごとにしっかりと隔離して栽培しないと、周辺の異なる集団の個体から飛んでくる花粉により自然交雑して、品種の遺伝的特性が保たれなくなる。

トウモロコシでも、たまに同じ個体の花粉によって雌しべが受精されることがあり、自殖が生じる。その結果は、低収の個体、矮小な個体、ひ弱な個体、葉色が白、黄、淡緑の個体などが出現し、あまり好ましいことにならない。

二十世紀にハイブリッドコーンによる品種が育成されるようになるまでは、トウモロコシが他殖性植物であるということがあまり留意されずに、自殖性作物のコムギやイネに準じた方法で品種の育成や保存が行なわれていた。

4．進化における倍数性の関与

野生植物が順化して作物になるまでのプロセスも、栽培化された後の進化のルートも、作物によってさまざまである。生物が進化してきた道筋は、染色体およびそのＤＮＡに刻まれている。生物、とくに植物は進化の過程で、倍数化という染色体がセットで自然に増加する仕組みが働くことがある。イネは染色体数二四本で倍数化を受けたことがない二倍性であり、いっぽうパンコムギは三種の祖先種をもち二回の倍数化をへて染色体数四二本となった六倍性である。それらに対して、トウモロコシは染色体数二〇本でイネより少なく、かつては二倍性と思われていたが、現在では細胞学的調査やＤＮＡの配列から、進化の初期段階で倍数化を受けていたことが判明している。このような二倍性を古倍数性という。トウモロコシの倍数性については後述する。

5. 形態が大きく、また雌雄器官が特異的である

イネやコムギにくらべてトウモロコシは、成長すると茎が長く伸長し、根も土の中で広く深く張る。茎も根も二メートル前後に達する。

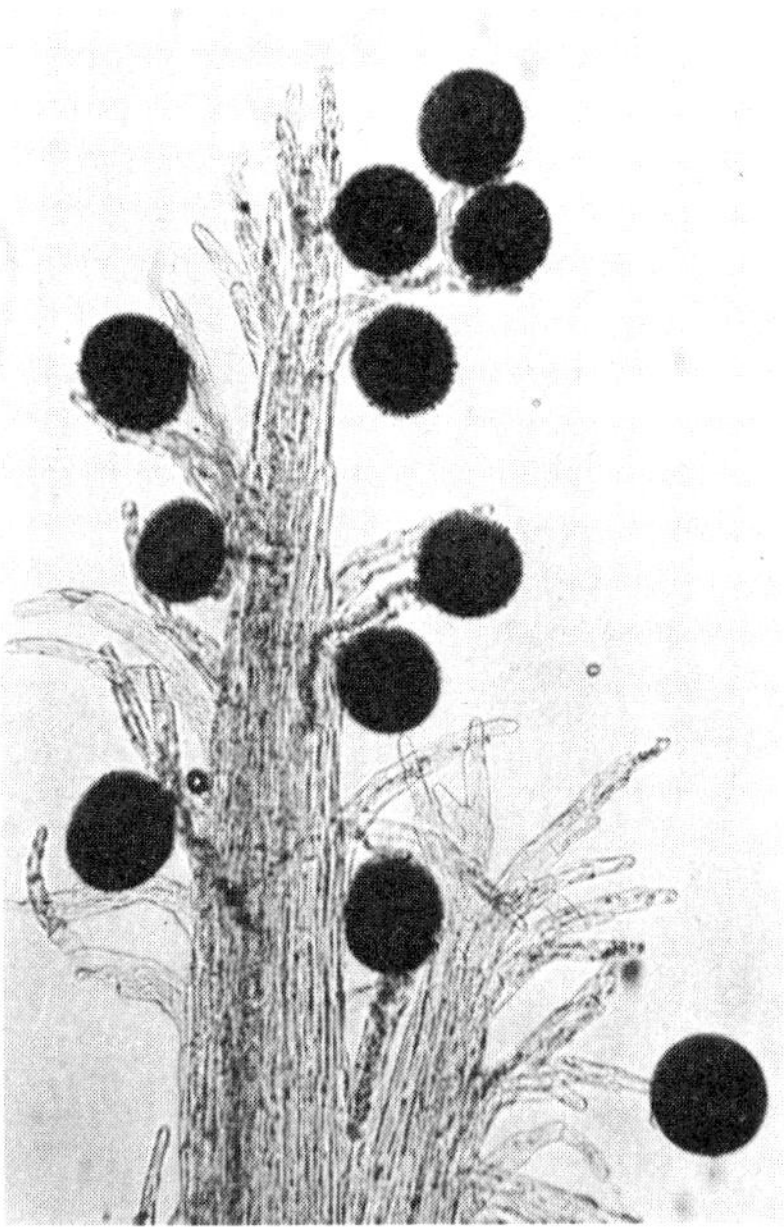

トウモロコシの形態では雌しべがとくに変わっている。イネやコムギの雌しべは一個の小穂の中に収まるほどの短さであるのに対し、トウモロコシの雌しべは、開花期になると髪の毛のように長く伸長して雌穂を包む皮（苞皮）の上部にまで出てくる。このような状態の雌しべは優雅に絹糸とよばれる。

図 1.4 花粉（黒い丸に見えるもの）が雌しべの先端に付着して、花粉管（紐状のもの）を伸ばしはじめたところ。
R.W.Jugenheimer (1985) *Corn, Improvement, Seed Production, and Uses*. Robert E. Krieger Publishing Company, Malabar, Florida, USA, p129.

絹糸は長いものでは五〇センチにも達する。風に乗ってきた花粉が絹糸の先にある柱頭の上に付くと（図1・4）、花粉が発芽して花粉管が長い絹糸の中を伸びてゆき、ほぼ一昼夜のうちに終点である胚に達して受精する。絹糸一本一本が穀粒の一粒一粒につながっている。

受精の結果実った穀粒が（ポッドコーンは別として）、イネやコムギのように内穎や外穎などの皮をかぶることなく露出しているのも大きな特徴である。穀粒は穂軸のまわりにびっしりと付き、その穂全体が数枚の大きな苞皮で覆われている。苞皮は葉鞘の変形したものである。

6. 光合成における炭酸合成回路がイネ・コムギと異なる

周知のように、植物は光エネルギーを使って水と空気中の炭酸ガスからショ糖やデンプンなどの炭水化物を合成する。この合成はC3とC4、その中間のCAMと名づけられた三種類の回路のどれかをへて行なわれる。イネ、コムギ、ダイズ、ソバ、ジャガイモなどの温帯型作物はC3型の回路をとるのに対し、トウモロコシをはじめ、ソルガム、アワ、キビ、ヒエ、サトウキビなどの熱帯型作物はC4型の回路を利用する。C4型植物は高温、乾燥、低い炭酸ガス濃度、土壌の窒素欠乏などの過酷な環境条件下でも炭酸合成の効率が下がらないという特徴がある。そのためきわめて高い収量が期待される。

7. 栄養上のちがい

トウモロコシは、あるときは野菜として、あるときは穀類として扱われる。野菜としては、家庭菜園で栽培して、乳熟期（穀粒を指でつぶすと汁が出る時期）のうちに収穫して、穀粒をスナック菓子にしたり、穂ごとあぶったりして食べる。穀類としては、大規模な圃場で栽培し、完熟して乾燥した穂を収穫して、穀粒を挽いて粉にして食用とされる。周知のように、イネやコムギは未熟のうちに収穫され、利用されることはない。

栄養学的にみると、トウモロコシは野菜に近い。多くの野菜のようにビタミンA、Eに富むいっぽうで、コムギやソルガムのような穀類に豊富なビタミンBが少ない。トウモロコシは炭水化物に富むが、タンパク質、とくに摂取可能なタンパク質の含量が低い。また必須アミノ酸のリジンとトリプトファンが乏しい[1]。トウモロコシのロイシンはビタミンの一つであるナイアシンの吸収を妨げ、タンパク質欠乏を引きおこす。

8．収量と収穫倍率が高い

トウモロコシはイネやコムギより、世界平均でみて、単位面積あたり収量が高い。子実重でみた収量の最高値の記録として、世界では米国ミシガン州でのヘクタールあたり二二・三トン、日本では東北農業試験場（以下、国内の農業試験場は農試と略す）での一五・五トンが報告されている。また植物体の乾燥重についての最高収量は、長野県農試でのヘクタールあたり二七・三トンである。

一粒の種子を播いたとき、それが育った一個体の植物から平均して何粒の種子が収穫できるかを示す数値を、収穫倍率とよんでいる。この値は栽培条件や品種によって大きく変わるが、おおざっぱにみてコムギでは一粒から三本の穂が出て、各穂に四〇粒が稔るとして収穫倍率一二〇、イネでは八本の穂が出て、各穂に七〇粒稔るとすると五六〇である。それに対し、トウモロコシでは粒列を二〇、列あたり粒数を四〇とすると穂あたり八〇〇粒稔り、一個体に一本しか穂をつけないとしても、収穫倍率は八〇〇になる。このような数値の差をもってトウモロコシの生産性が高いとする議論がときどきみかけられる。しかし、農業生産という観点からみると、一個体の植物体あたり栽培に必要とされる面積も重要で、コムギやイネにくらべてトウモロコシでは一個体が大きな面積をカバーするので、一定面積で栽培できる個体数は少ない。したがって異なる作物間での生産性の高低を、収穫倍率にもとづいて評価するのは適切ではない。むしろ単位面積あたり収量で比較するのが良いと考えられる。

9．用途は食用だけでなく、飼料、工業用原料としても用いられる

トウモロコシは、かつて南北アメリカ大陸の先住民にとっては、食料として文字どおり人の命を支え、文明発展の礎となった最重要作物であった。しかし、現在では、ほとんどの国で家畜の飼料または工業用原料として主に消費されている。トウモロコシを主に食用としているのは、メキシコ、グアテマラなどの中米とアフリカ諸国に限られる。イネやコムギが、作物として誕生以来今日まで一貫して人類の主要な食物として役立ってきたのに対して大きな違いである。トウモロコシの生産量は作物中最高なのに、日本でもコメやコムギにくらべると食卓で目にすることが少ないのは、食用が少ないためである。二〇〇七年度の統計では、世界全体で飼料用が六四％、工業用が三二％で、食用とされるのは四％にすぎない。

トウモロコシと近縁野生種の分類

トウモロコシはイネ科のゼア（*Zea*）属の植物である。トウモロコシとその近縁種の植物学的分類についてはいろいろな考えがあるが、以下では米国ウイスコンシン大学のジョン・ドエブリおよび彼の指導教官ヒュー・イルチスによる方法にしたがって述べる。

トウモロコシと近縁種との間には、雄穂、雌穂、草姿について著しい形態の違いがある。トウモロコシの

研究者ならば、そばに近づかなくとも車の窓から双眼鏡でみても両者を識別できる。従来はその形態の差にもとづいて、ゼア属を、トウモロコシ亜属と、そのほかの近縁種すべてを含む亜属の二亜属に分けていた。それに対しドエブリらは、トウモロコシと近縁種との間にみられる形態の差は、どれほど大きくても、コロンブス以前のアメリカ先住民が選抜を加えたために生じた人為的な変化なので、その差には幻惑されずに、系統発生学的な分類を試みることが必要であると考えた。[2][3]

彼らの分類にもとづけば、ゼア属には次の五種がある。これらは一年生または多年生の草本で、メキシコをはじめ中米に起源する。

ペレニス種（*Zea perennis*）
ディプロペレニス種（*Zea diploperennis*）
ルクスリアンス種（*Zea luxurians*）
ニカラグエンシス種（*Zea nicaraguensis*）
マイス種（*Zea mays*）

この中でペレニス種だけが四倍体で細胞核に四〇本の染色体をもち、ほかはすべて二倍体で二〇本の染色体をもつ。ディプロペレニス種とペレニス種はその名のとおり多年生の植物で（ペレニスは多年生という意味）、ほかの種は一年生である。ペレニス種は比較的早くから知られていて、一九一〇年にA・S・ヒッチコックが発見した。ディプロペレニス種は、メキシコのグアダラハラ大学の院生ラファエル・グズマンが一九七七年にクリスマス休暇中の探索でみつけたもので、その発見はトウモロコシの進化を調べていた研究者らに大きな影響を与えた。両種ともにメキシコのハリスコ（Jalisco）南部の山岳地帯で収集されたもので自生地はこの地域に限られている。ルクスリアンス種はグアテマラ南東部とホンジュラスに自生している。ニカラグエンシス種は、ニカラグア北西部の太平洋岸の河口でみいだされた。

五番目の種であるマイスは、さらに

メキシカナ亜種（*mexicana*）
パルヴィグルミス亜種（*parviglumis*）
ウェウェテナンゲンシス亜種（*huehuetenangensis*）
マイス亜種（*mays*）

の四亜種に分類される。

メキシカナ亜種は小穂が大きく、メキシコのプエブラやメキシコ川谷（川の流れる峡谷）から、ミチョアカンを通り北部のトゥランゴ、ノボガメ川谷などでみいだされる。パルヴィグルミス亜種は、小穂が小さく、ゲレーロ、ミチョアカンなど南西部の断崖の太平洋側斜面、とくにバルサス川流域の標高六〇〇〜一四〇〇メートルの岩の多い斜面などでみいだされる。ウェウェテナンゲンシス亜種は、グアテマラ西部の高地ウェウェテナンゴ県の古い畑やその境界などで発見された。小穂が小さい点はパルヴィグルミス亜種と似ているが、それより頑健かつ晩生である。最後の亜種が栽培種のトウモロコシ（*Zea mays L.* subsp. *mays*）である。

マイス種中のほかの三亜種およびマイス種以外の四種はすべてトウモロコシの近縁野生種で、まとめてテオシンテ（teosinte または teosinté）と名づけられた。テオシンテの名はメキシコの古代アステカ王国で使われていたナワトル語の teocintli に由来し、「神の穂」を意味する。なおテオシンテは、これまで日本の多くの書籍ではテオシントとよばれてきた。

なお学名 *Zea mays* は、一八世紀のスウェーデンの植物学者カール・フォン・リンネにより命名されたもので、属名 Zea（ゼア）には穀類を意味する古代ギリシャ語が、種名 mays（マイス）には前述の南米先住民によるトウモロコシの呼称の一部が用いられた。

トウモロコシがヨーロッパ人に知られるようになったのは、前述のとおり一四九二年のコロンブスの新大陸到達のときであったが、テオシンテについてはずっと遅く一八三二年にドイツの植物学者H・シュレーダーがメキシカナ亜種を発見したのが最初である。二番目は一九一〇年にみつかったペレニス種である。メキシカナ亜種もペレニス種も外観がトウモロコシとはずいぶん違っていたので、発見当初はトウモロコシと近縁関係にあることがわからなかったためである。

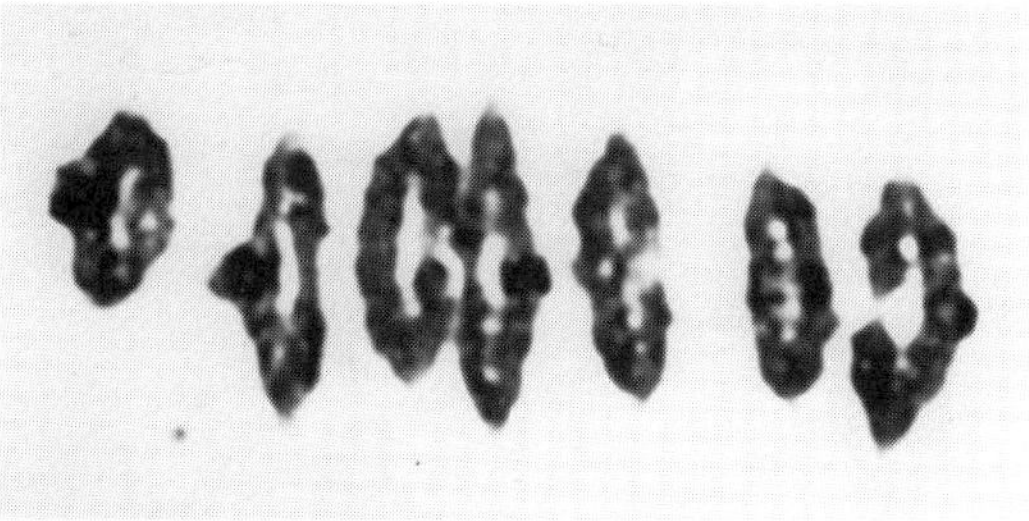

図 1.5　減数分裂中期の染色体。ただしこの写真はオオムギである。染色体の小さい植物ではこのように明瞭な像は得られにくい。

トウモロコシのもつ染色体とゲノム

ヒトを含めて通常の動植物の体細胞の細胞核では、同形同大の染色体が二本ずつたがいに対をなしている。これを相同染色体という。相同染色体は、減数分裂期になるとスキー板のように並列し、染色体部分の乗換えという現象によって遺伝子を交換しあう。そののち中期になると、細胞の反対の極に引っ張られていき互いに離れる（**図1・5**）。相同染色体が二本ずつある生物を二倍体という。たとえばイネは二倍体で、各細胞核では二四本の染色体が二本ずつ一二対になって収まっている。この場合の対の数一二を基本数という。基本数は生物によって必ずしも同じではない。植物ではイネのほかに、オオムギ、ソバ、エンドウ、ソラマメ、トマト、ダイコン、タマネギなどが二倍体である。

しかし、植物には相同染色体が二本より多いものがある。これを倍数体という。相同染色体の数が三本のものを三倍体、四本のものを四倍体などとよぶ。植物では倍数体は決して例外的な存在ではない。種子植物のうちの三〇〜三五%、イネ科に限ればじつに七五%が倍数体に分類される。栽培作物でも倍数体が多く、たとえば生食用バナナは三倍体、ラッカセイ、ジャガイモは四倍体、コムギ、エンバク、サツマイモは六倍体、イチゴは八倍体である。なお自然界にはごくまれに相同染色体が一本ずつしかない植物もあり、それを半数体という。半数体でも生存可能であるが、通常は完全不稔となる。

トウモロコシもかつては一〇種類の染色体が二本ずつ計二〇本ある二倍体（2n=20）の植物と考えられていたが、近縁種に染色体の基本数が一〇でなく五のものがあること、トウモロコシから得られる半数体（染色体一〇本）では、減数分裂期に非相同の染色体間でも対合し部分的な相同性が認められること、染色体が一本欠けて一九本となった異数体（モノソミック）でも生存可能なこと、欠失をもった染色体でも減数分裂期に淘汰されずに次代に伝わることなど、細胞学的研究の結果から、真性の二倍体とはいえず、染色体間に部分的な重複があるのではと予想されていた[4]。

一九八〇年代になって分子生物学が進み、DNAの塩基配列を解明できるようになると、第二と第七、第三と第八、第八と第六の染色体間で遺伝的重複があることが直接に証明された。このような重複がどのようにしておきたかというプロセスは、正確にはわかっていない。最もありうる筋書きはこうである。進化の過程のきわめて古い時代に、染色体を一〇本もつ種（2n=2x=10）に倍数化が生じて四倍体（2n=4x=20）となったが、その後の長い進化の過程で染色体数はそのまま変わらずに、重複した遺伝子間で分化が著しく生じてゆき、ついには二倍体と見誤るまでにまで変化した。このような植物を古倍数性という[5]。ある研究によれば、このような四倍体化の時期は今から一一九〇万〜四八〇〇万年前の間と推定されている。もちろん祖先種の栽培化によるトウモロコシの誕生よりもずっとずっと以前、おそらく初期の人類さえまだ誕生していなかった頃の話である。なお、その後の二倍体化の過程では、多くの遺伝子がタンデム、つまり同じ染色体上で縦に並んだかたちで増えたことも認められている[6]。

トウモロコシがもつ一〇種類の染色体の全長は、減数分裂期での染色体の乗換え頻度で測って一五〇〇センチモルガンである。すなわち、全染色体あたり乗換えが平均一五回おこる。ＤＮＡの全塩基配列が二〇〇八年に同定され、全長は二三億塩基（ヒトゲノムの約八〇％に相当する長さ）で、その上に約三万二〇〇〇の遺伝子が存在することが解明された。

穀粒の粒質により分類したトウモロコシの種類

植物学的分類とは別に、トウモロコシは穀粒の胚乳の物理学的化学的性質からみた分類により、**図１・６**に示す六タイプに分けられる。このような分類は一八九九年に米国の植物学者エドワード・スターテヴァントによってはじめられた。ただし、彼の分類にはまだフラワーコーンとワキシーコーンは含まれていなかった[7]。胚乳の性質で分類されたのは、それによりトウモロコシの利用法が大きく異なるからである。

ポップコーン（pop）（*Zea mays* var. *everta*）爆裂種、はぜつぶ種

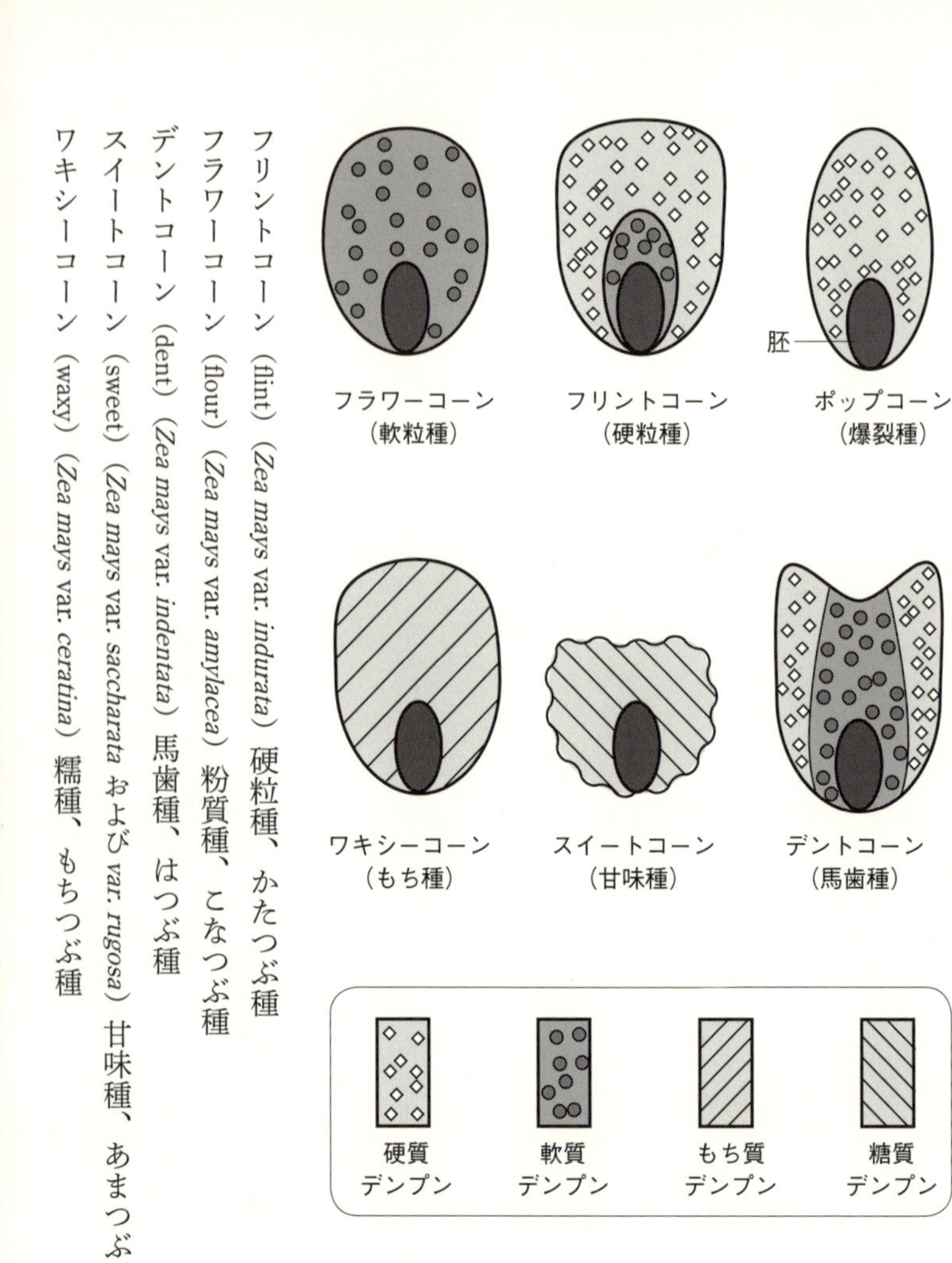

図 1.6　穀粒の胚乳の性質によって分類されたトウモロコシ品種の６タイプ。　戸澤英男（2005）『トウモロコシ』農文協、p89。原図は、ベーカー（坂本・福田訳）(1975)

これらのうちワキシーコーンを除いて、すべてはコロンブスがアメリカ大陸に到達する以前に先住民の手で生まれ、栽培され、改良されたものである。品種の数もその頃までに数百に達していた。

1．ポップコーン

穀粒は硬く小さくやや透明で、多くは黄色か白色である。炭水化物の構成からみるとフリントコーンと同じであるが、粒がいちじるしく硬く、また胚乳内のデンプン含量が高い。胚乳の大部分は硬質（角質）デンプンで、軟質（粉質）デンプンは胚乳内部にわずかにあるだけという点が異なる。熱したときに、デンプン中の水分が蒸気となって胚乳を爆裂させた結果、粒が膨らみ破裂し白い雪片状となる。

ポップコーンは、日本でも古くから縁日などで別名「爆弾あられ」とよばれ、現在では気軽なスナック菓子として食べられているので、六種類の中で最も新しい種類と思われがちであるが、考古学的調査から、アメリカ大陸の古代社会で最も古くから食用とされていたトウモロコシの種類は、ポップコーンであったことが認められている[8]。すなわち、ポップコーンこそトウモロコシの原型である。

2．フリントコーン

穀粒はなめらかで形は丸く、頂部は光沢を示す。穀粒の色は白、青、濃赤、黒など、さまざまな種類がある。フリントとは火打石（flint）のように硬いということを意味する。穂は細長く、粒の列数は少ない。

穀粒は名のごとく著しく硬い。軟らかい胚乳を保護する硬い外層に覆われている。いいかえると、内側にわずかにある軟質デンプンを包むように、硬質デンプンが粒の側方から頂部にかけて存在する。デントコーンとちがって軟質デンプンがないかきわめて少ないので、乾燥したときに歯のような形にならない。軟質デンプンの割合は品種によって異なる。

湿潤な土壌の寒冷な気候でも育ち、高緯度地域でも収穫できる。また温帯ではデントコーンにくらべて発芽がよく、分げつが多く、支柱根が少なく、早熟である。ただし収量は低く、品種改良も進んでいない。粒は吸湿しにくいため細菌や害虫に抵抗性で、貯蔵性に優れている。

米国での生産は植民地時代には多かったが、現在はきわめて少ない。一本の穂にさまざまな色の粒がついたフリントコーンはカラフルで、感謝祭の週にはなくてはならない装飾として、壁やドアにつるされたり食卓の上に飾られたりする。そのため「装飾トウモロコシ」とか「インディアン・コーン」ともよばれる。中米、南米およびヨーロッパ南部では多く栽培され、飼料用または食用として用いられている。日本では北海道で栽培されている品種に多い。

3．フラワーコーン

穀粒の形や大きさがフリントコーンに似ているが、色は白か青である。胚乳はすべて軟らかいデンプンからなり、そのため外観は不透明である。穀粒は大きさのわりに軽く、また磨りつぶして容易に粉にしやすい。

古くからあるタイプで、アステカやインカ帝国の時代の先住民に利用されていた。現在では、主に米国南東部および南米アンデス高地で栽培されている。南米ではチチャという名のビールおよび特別の食物に用いられる。なお、チチャは南米先住民によってつくられるビールの総称で、トウモロコシのほかに、キャッサバ、サトウキビ、果実からつくられるものがある。(9)

4. デントコーン

成熟粒が乾燥したときに、人の奥歯のようなくぼみ（dent）ができることから名づけられた。このくぼみは、粒の側面に硬質デンプンが、中央部に多量の軟質デンプンが含まれているため、粒が乾燥して縮むときに中央部が低下することから生じる。フィールドコーンともよばれる。

デントコーンは現在のトウモロコシの中で主流を占め、最も生産量が多い。大別して白色と黄色の二種類の品種がある。白色品種は、メキシコ、中米、カリブ諸国、南アフリカで好まれ、家畜の飼料やコーンスターチの原料となる。いっぽう、米国で広く栽培されるデントコーンは黄色品種で、家畜の飼養に用いられ乳牛コーン（cow corn）ともよばれる。なお米国コーンベルトで栽培されているトウモロコシの九五％がデントコーンである。日本では本州で多く栽培されている。北海道でサイレージに用いられている品種はデントコーンであるが、もともと本州から移入されたものである。

5. スイートコーン

穀粒は軟らかく白色または黄色で、乾燥すると皺（しわ）が生じる。胚乳がほとんど糖分からなるため、粒は甘味がある。この糖分は、茎葉から運ばれて胚乳に運ばれてきた糖がデンプンに変化せずに、そのまま粒に蓄積されたものである。つまり、通常の代謝過程について遺伝的な欠陥がある。古くからあるスイートコーンの品種は、ペルーの品種である「チュユピ」（Chullpi）の自然突然変異体に由来すると考えられ、コロンブス以前の時代にアメリカ先住民の数部族により栽培されていた。もう一つのタイプのスイートコーンは、メキシコからミシシッピ川上流経由でニューイングランドに伝わったもので、「パプーン」（Papoon）とよばれ、穂軸が赤い特徴がある。[10]

現在は主に米国で栽培されている。デントコーンにくらべれば生産量は少ないが、飼料用でなく人間の食用とされるので重要である。

スイートコーンの利用法はさまざまである。穀粒は乳熟期のうちに採られ、そのまま生食されるか、缶詰や冷凍食品として売られ、コーンフレイクやコーンミールの材料ともなる。ヨーロッパや日本などでは、煮たり蒸したりした穀粒をサラダやピザのトッピングに用いる。穂を、煮る、蒸す、焼くなどしてそのまま食べるのも、夏の楽しみの一つである。油で揚げたコーンナッツは、米国で菓子として売られている。スイートコーンスープという名で、スープとしても利用される。トウモロコシは通常一本の植物体に三本程度の雌穂ができるが、二番目、三番目の雌穂を小さいうちに摘果して茹で、ベビーコーンという名でサラダや煮込み料理にも用いられる。

スイートコーンについては第6章（193頁）で詳しく述べる。

6. ワキシーコーン

イネにウルチとモチがあるように、トウモロコシにもモチ性がある。しかし、モチ性といわずにワキシーというのでまぎらわしい。トウモロコシのワキシーは、イネ、ソルガム、アワ、オオムギ、コムギなどにみられるモチ性と同じ性質をもっている。

穀粒をカッターで切ると、ひび割れが生じ、なめらかだがくすんだ表面を示す。その外観が固いロウのようなので、ワキシー（waxy）と名がついてしまった。この形質は第九染色体の短腕に乗っていて、劣性遺伝子（wx）によって発現される。

デントコーンのデンプンは通常、七三％のアミロペクチンと二七％のアミロースをもつのに対し、ワキシーコーンのデンプンは、アミロペクチンだけから成りアミロースをまったく含まない。アミロースとアミロペクチンを工業的に分離するには経費がかかるので、純粋のアミロペクチンが天然に得られるワキシーコーンは貴重な存在である。

ワキシーコーンの生産は会社との契約栽培の下に行なわれ、デントコーンより数%収量が低い点や品質管理にコストがかかる点が考慮されている。

ワキシーコーンは食品の添加物や工業用デンプンの材料にもなる。ジャガイモやキャッサバのデンプンに似てゼランチ化しやすく、粘りのある表面を形成する。缶詰食品になめらかさやクリーミーさをつけ、冷凍食品の冷凍・解凍の安定性を増加させ、乾燥食品の見栄えをよくする。またワキシーコーンからつくられたペーストは粘着性が高く、また水にも強いので、瓶のラベルを貼る糊、ガムテープ、封筒の糊づけなどに用いられる。

ワキシーコーンの歴史については、後述する（190頁）。

7．ポッドコーン（pod）（*Zea mays* var. *tunicata*）（有稃種（ゆうふしゅ）、さやとうもろこし）

これは、穀粒がイネやコムギなどと同様に、ひと粒ずつ頴により衣のように包まれているトウモロコシのことである。ポッドコーン以外のトウモロコシでは、頴は種子の基部に鞘状で退化したものとなっている。ポッドコーンかどうかはこのような粒の形態で決められ、粒質については問わず、前述の**1**から**6**までのどの種類とも組み合わせがありうる。ポッド（pod）とは、一般に豆のさやなどを意味する。なお、ポッドコーンの遺伝子（*Tu1*）がホモ接合（*Tu1Tu1*）になったトウモロコシは不稔になりやすく、通常のポッドコーンはヘテロ接合（*Tu1tu1*）である。

ポッドコーンは、一六二三年にスイスの植物学者ギャスパール・ボアンがはじめて報告した。一八二九年にフランスの植物学者オーガスト・サンイレールは、原初的なトウモロコシはすべてポッドコーンで、栽培化が進むとともにその性質が失われたとはじめて指摘した。実際に、メキシコのテワカン洞窟（62頁**図3・1**参照）などで発見された古代のトウモロコシの穂軸は、ポップコーンでかつポッドコーンの性質を示していた。しかし最近になって、このポッドコーンの性質はテオシンテ由来ではなく、トウモロコシが栽培化された後のごく初期に生じた優性突然変異（*tu1*→*Tu1*）によって生まれたものであるという報告がなされた。[11]

ポッドコーンには一般的な用途はないので、商業的栽培はされていない。原初的なタイプであるため、もっぱらトウモロコシの遺伝的ルーツを探るための研究材料として用いられている。

第2章

トウモロコシの起源地と祖先を探して

トウモロコシはどこで生まれたか

前述のとおり、トウモロコシは二十世紀の末までミステリアスな作物だった。いつ、どこで作物となったのか、どんな野生植物から生まれたのか、かいもく見当がつかなかった。

現在のトウモロコシの種子は、完熟しても穂軸に固くくっついたままで、自然に離れて種子が周囲に拡散することはない。茎が腐って穂軸ごと穂が地上に落ちることになっても、種子が一斉に発芽するので幼植物が競争しあって、そのままでは十分な成長を期待できない。要するに、人手をかけなければ繁殖できずに絶滅してしまう。裏をかえせば、自然環境の中で繁殖できた野生植物が、古代のいつかどこかで栽培されるようになり、人手により増殖がつづけられているうちに、やがて人手なしではほとんど繁殖できないトウモロコシという作物へと進化したことがわかる。

ヨーロッパでは、一九世紀末になってもトウモロコシを誤って「トルココムギ」などとよんでいた時期があった。日本語のトウモロコシという名にも、唐や唐土（もろこし）が含まれていて、中国で生まれ、そこから来たようにいわれている。出身がわからない作物にはとかく異国の名がつけられて流布されがちなので、名前だけから作物の起源地を決めることはできない。

一九世紀に、ジュネーヴ大学の卓越した植物学者であったアルホンス・ド・カンドルは、作物の起源について包括的な研究をして、晩年に『栽培植物の起源』を著した。その中で彼は、トウモロコシはアメリカ大陸起源であることと、コロンブスの新大陸への到達までヨーロッパ人には知られていなかったという二点を主張した。(1) 実際に現在でもコロンブス以前の旧大陸では、トウモロコシの化石は一つも発見されていない

（203頁参照）。

トウモロコシが栽培植物として誕生したのは、アメリカ先住民のおかげであることは確かである。それでは、アメリカ大陸のどこでトウモロコシが生まれたのだろうか。それについては、なかなか決まらなかった。ド・カンドル自身は、トウモロコシが当時栽培されていた地域から起源地を推測した。トウモロコシはメキシコとペルーでとくに重要な作物であったが、古代にその間で交流があった形跡はない。そこでメキシコとペルーの中間にある地域、ニューグラナダ、つまり現在のコロンビアではないかと提唱した。

旧ソ連の卓越した遺伝育種学者ニコライ・ヴァヴィロフ（**図2・1**）は、生涯をかけて世界の国々をまわり、作物の遺伝資源の調査と収集を行ない、その結果にもとづいて作物の起源地について考察をした。新大陸については一九三〇年および一九三三年に探索している。彼は品種や系統の多様性が豊かな地域こそが栽培植物が発祥した場所であるという判断基準のもとに、世界には八つないし七つの発祥中心地があると主張した。トウモロコシについては、彼は新大陸における品種・系統の地域別にみた多様性の程度を調べ、その中で最も多様性が豊かなメキシコをトウモロコシの起源地（一次中心地）、ペルーをそこから伝播した二次中心地と考えた。「種としてのトウモロコシがこの地（メキシコ）において発祥したこと、またここではじめ

図 2.1 旧ソ連の遺伝育種学者ニコライ・イヴァノヴィッチ・ヴァヴィロフ。

て作物としての栽培が行なわれたことを裏書きするものとして、いまや全地球上に分布するようになったトウモロコシの驚くべき多様な生物学的、形態学的な型がメキシコでのトウモロコシにみられるということがある。」(中村英司訳)と、彼は著作で述べている。[2]

いっぽう、現在のトウモロコシ品種の分布ではなく、その祖先種の分布にもとづいて起源地を決めるべきだと考えた研究者がいた。

トウモロコシの祖先種は野生種のテオシンテであるという説を支持した一派は、テオシンテが豊富に生えている地域であるメキシコないし中央アメリカがトウモロコシの生まれた地域であるとした。南米のペルーにはテオシンテは自生していなかった。なお、ヴァヴィロフもトウモロコシの祖先はテオシンテと考えていたので、その意味からもメキシコ起源説を支持した。

また野生型のポッドコーンがトウモロコシの祖先であると考えた米国ハーヴァード大学のポール・マンゲルスドルフは、一九七四年の論文で、トウモロコシはポッドコーンが多い南米の低地で生まれたと主張した。[3]しかし、メキシコでトウモロコシの花粉の化石が発見されると、起源地は一か所ではなく、メキシコおよび南米の数か所であろうと自説を修正した。

これらの説は結論がまちまちなうえ、推論の根拠も確実とはいえなかった。

植物石を用いた起源地の研究

やがて、トウモロコシの近縁種テオシンテとして四倍体のペレニス種に加えて二倍体のディプロペレニス種が一九七七年にメキシコで発見されると、トウモロコシの故郷はメキシコとする説が有力となった。しかし、メキシコのどこでトウモロコシが生まれたのかについては、なおも論争がつづいた。

　トウモロコシは穀粒、葉、穂軸などが化石として比較的残りやすい。とくに穂軸は硬く、地中でも長い間保存されやすく、一九八〇年代までにアリゾナからグアテマラまでの各地から二万五〇〇〇もの穂軸が発掘された。

　当初は、考古学的調査でトウモロコシの遺物が発見された場所こそ起源地と考えられた。しかし、これらのマクロな植物器官は、乾燥した山地の洞窟では保存された状態で発見されるが、湿度の高い低地では腐って失われがちである。そのため、起源地についての結論を誤りやすい。一般に湿潤地で発見される遺物は、木炭か、同定不能な種子のかけらが多い。

　それに対し、二十世紀に入り、花粉、シリカなどの植物石（ファイトリス phytolith）、デンプン粒など、いわゆるミクロ化石を用いて、前史時代の植物栽培の証拠を探る方法が開発され、研究が大きく進展するようになった。これらミクロ化石は植物から大量に供給され、そのうえ、乾燥地だけでなく湿潤地でもよく保存される。一本のトウモロコシから穂軸は数本しか得られないが、花粉は五〇万個以上も周囲に飛散する。トウモロコシの花粉の外壁は硬く、それに守られて地中の花粉は数千年たっても崩壊しない。

　トウモロコシおよびその近縁種の花粉は、ほかの草種の花粉とは形態が異なるので、たがいに識別しやすい。しかし、トウモロコシと近縁種テオシンテとは、花粉の大きさや形が似ていて区別しにくい。そのため、ある地域でトウモロコシらしい花粉が存在するというだけでは、そこで栽培化が進んだかどうかは判定できない。

　茎、葉、根の細胞間隙に蓄積されるシリカやシュウ酸カルシウムの植物石も、数千年間よく保存される。植物自体が焼けたり、腐ったりしても、植物石は残る。湖や沼の沈殿物中や、古代人が使用した土器や石器に付着した残りかす中でも保存される。都合のよいことに、属や種により固有の特徴があり、トウモロコシかテオシンテかを区別することさえ可能である。

なお最近では、デンプン粒も植物石と同じようにトウモロコシとテオシンテの識別に使われる。一五〇年来の世界中の研究成果にもとづき、たいがいの植物について、デンプン粒の形態を顕微鏡下で観察すれば、もとの植物が容易に同定できるようにデータベースが構築されている。デンプン粒は花粉やシリカなどと違って、調理容器や加工用の石器から採取された場合には、直接に食物として利用されていたと推定できる。また場合によっては、調理に際して熱を加えたかどうかさえ判別できる。

トウモロコシ戦争——トウモロコシの祖先種探しの競争

起源地問題に加えて、どのような野生植物が栽培化されてトウモロコシとなったかという祖先種の問題についても一九世紀から研究されてきたが、最近まで結論が出なかった。そのためトウモロコシは、「出生証明のないパスポートをもつ作物」とよばれてきた。研究者が、栽培作物の祖先種を解明することに執着するのは、単に学問的な興味からではない。祖先種が決定できれば、その祖先種のもつ有用遺伝子を同定し、交雑などにより栽培作物に導入して品種改良に利用できるからである。また、祖先種が地球上から絶滅しないように保存し管理する仕事も重要となる。

トウモロコシの祖先種をめぐっては、テオシンテとする研究者と、仮想的な野生トウモロコシを祖先とする研究者とが対立し、たがいに一歩も譲らぬ激論が五〇年以上繰り広げられた。その争いはトウモロコシ戦争（Corn War）とよばれた。

1．テオシンテ説

トウモロコシに最も近縁の野生種はテオシンテである（**図2・2**）（**図2・3**）。テオシンテはメキシコや中米の低地に自生する草で、前述のとおり生育期間（一年生と多年生）や染色体数（二〇と四〇）が異なるいくつかの種類がある。これらは二十世紀を通して、植物学者の精力的な探索によって一つずつ発見されたものである。

トウモロコシはテオシンテから直接生まれたとする説は最も古く、一八八〇年にP・アシャーソンがはじめて主張した。彼はテオシンテの二列の穂が融合して、トウモロコシのあの不思議な太い穂ができあがったと考えた。この組織の融合という発想は、一九世紀末から二十世紀初頭にかけて、E・ハッケル（一八九〇）やK・シューマン（一九〇四）らにもひきつがれた。しかし、その後トウモロコシの穂の発育過程をいくらくわしく調べても、融合の証拠は得られなかった。そのうえテオシンテは形態学的にはトウモロコシより未発達どころか進化している面さえある。組織の融合を想定して組み立てられた初期のテオシンテ説は根拠を失った。

しかし、テオシンテが祖先だとする説は、そののち別の証拠にもとづいて、A・ロングレイ[4]（一九二四）や、シカゴ大学のジョージ・ビードル（一九三九）により再び主張されるようになり、一九六〇年代後半から は主流となった。

その主な理由は、テオシンテがトウモロコシと同じ染色体数をもち、人手によってたがいに自由に交雑させることができ、人工交雑の結果できた雑種も正常な減数分裂を示し、高い稔性をもつことが判明したことであった。正常な減数分裂ということは、減数分裂期においてトウモロコシ由来の一〇本の染色体とテオシ

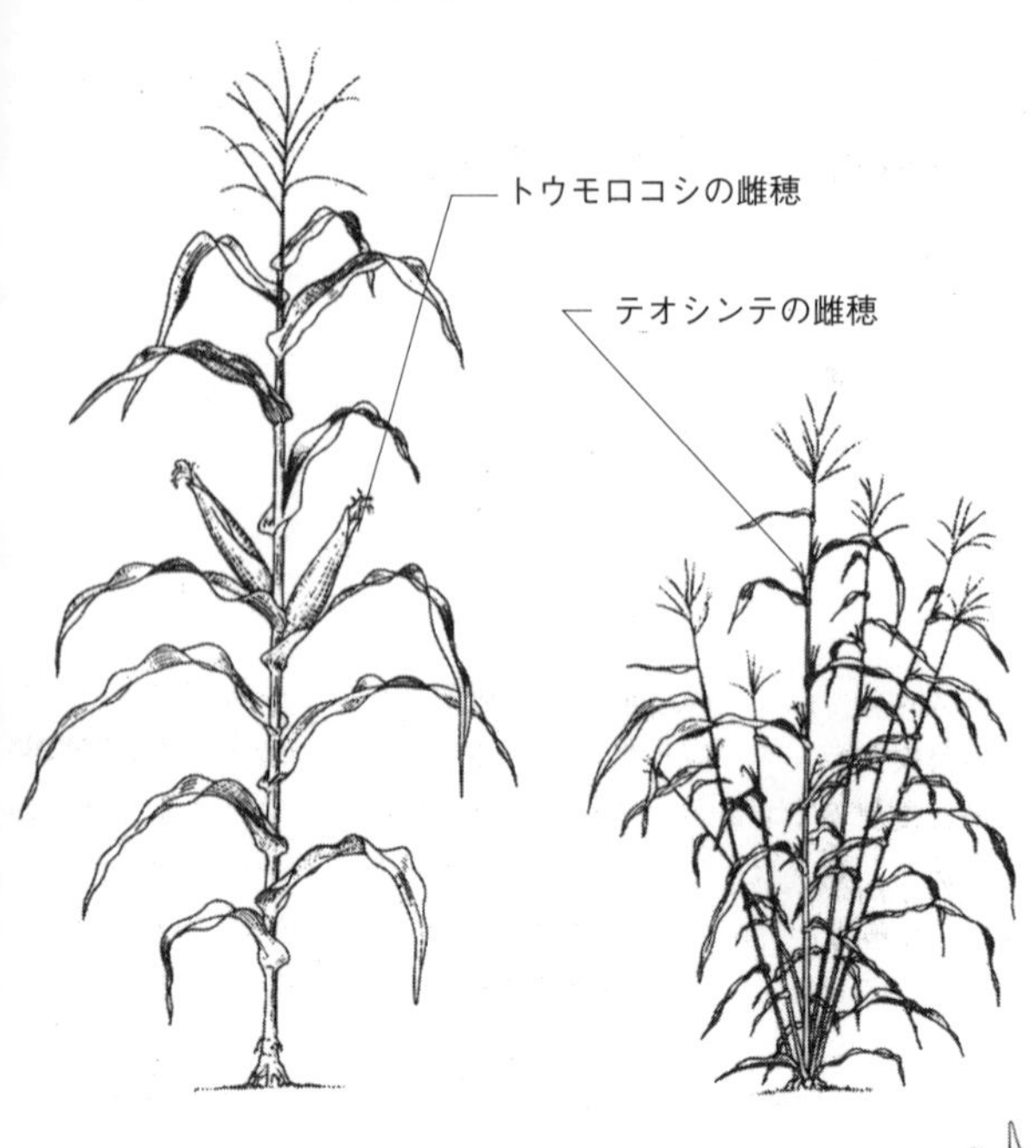

図 2.2　トウモロコシの近代品種（左）と近縁野生種テオシンテ（右）
サイエンス（1980）3 月号、p108

図 2.3　トウモロコシおよびその祖先の穂。テオシンテ（左）、最古のトウモロコシ（中）、トウモロコシ近代品種（右）。原図はトウモロコシ研究者の W.C. ガリナットによって描かれた。
The Society for Economic Botany (1995) Walton C. Galinat *Economic Botany* 49(1) 5, New York Botanical Garden, Bronx, NY 10458, USA

ンテ由来の一〇本の染色体が対合とよばれる向きあった配置を示し、たがいに遺伝子を自由に交換できるということである。いいかえると、このことはテオシンテがトウモロコシと遺伝学的にきわめて近縁であること、たがいに分化したのは生物進化上あまり古くない時期であったことを証明している。雑種の稔性が高いということは、正常な花粉が形成され、種子が正常に稔るということである。近縁でなければ、染色体数が同じで、たがいに交雑できても、減数分裂で対合が乱れ、雑種の稔性は高くならない。

テオシンテとトウモロコシは人工交雑できるだけでなく、ともに他殖性植物で、その花粉は風にのって飛散し、自然にも交雑する。メキシコやグアテマラでは、両者は同じ場所に混じって生育していて、相互に自然交雑を行ない、高い頻度で実をつけることが知られている。

しかし、テオシンテ説にも弱点があった。

その第一は、マンゲルスドルフによれば、アメリカ先住民がかつてテオシンテを栽培したということが、考古学、民族学、言語学、歴史学のどれをとっても証明されず、文字にも絵画にも残っていないということである。トウモロコシについては古代社会の遺跡から多数の遺物が発見されるのに対し、テオシンテの遺物は少ない。またトウモロコシより古い年代のテオシンテが遺物として発見されたこともない。

第二は、テオシンテの穀粒はとても食用になりそうもないことである。テオシンテの穀粒は石のように硬いカップ状の種実殻の中に、しっかりと収納されている。この種実殻は、イネやコムギの祖先種にみられる穎などとはくらべようもないほど硬い。そのため、種子は鳥や動物に食べられても消化されることがない。そのままではどうやっても食べられそうもない。食べる気がおきなければ栽培しようとは思わないであろう。栽培しなければ、それがトウモロコシという作物へと変化してゆくこともありえない。

第三は、テオシンテがトウモロコシに最も近縁であるにもかかわらず、両者の形態があまりにも違うことである。たとえば、（少し専門的になるが）トウモロコシでは雌しべの小穂は二つずつ対になっている（対小穂）のに対し、テオシンテでは対になっていない（単一小穂）。またトウモロコシでは四条構造の十字対生（decussate）であるのに対し、テオシンテでは二条構造の二列対生（distichous）になっている。またトウモロコシでは小穂が小花柄をもつのに対し、テオシンテでは無柄である。

以上のようなテオシンテ説の弱点を重くみて、トウモロコシの起源にはテオシンテは寄与していないと主張する研究者も少なくなかった。そのような説の先鋒となったのはテキサスA＆M大学にいたマンゲルスドルフであった。

2. 三者仮説

マンゲルスドルフ（**図2・4**）と彼の同僚ロバート・リーヴスは、一九三一年にトウモロコシとその近縁種トリプサクム（*Tripsacum*）のある系統とは交雑が可能であることを発見した。彼らは、その後の研究成果をまとめて一九三九年に、テオシンテ説とはまったく異なる三者仮説（Tripartite hypothesis）を提示した。マンゲルスドルフはつねに自派の主張を説ではなく仮説とよんでいた。なお、従来日本の教科書ではこの仮説は「三部説」と訳されてきたが、「三部」の意味があいまいである。元来この説は野生トウモロコシ、トリプサクム、テオシンテの三植物の進化的関係について主張したものであり、tripartite の一つの訳語である「三者」のほうが適切と考え、本書では「三者仮説」とすることを提案したい。

三者仮説の骨子は以下のとおりである。

①トウモロコシの祖先は「野生トウモロコシ」である。そのタイプは、種子が小さくて硬いポップコーン

型の粒質をもつポッドコーンである。

②テオシンテは、トウモロコシとトリプサクムの自然交雑から生まれたものである。つまりトウモロコシの子孫であって、祖先ではない。テオシンテ説は受け入れられない。

③トウモロコシにみられるさまざまな変異は、トウモロコシとテオシンテとの自然交雑によって雑種が形成され、その雑種がトウモロコシとの交雑（戻し交雑とよぶ）をくりかえすことにより、テオシンテの遺伝子がトウモロコシのゲノムに入り込んだ結果である（これは浸透交雑とよばれる現象）。またそれにより、トリプサクムの遺伝子がテオシンテを橋渡しとしてトウモロコシに入った。

マンゲルスドルフは、テオシンテはトウモロコシとは形態があまりにも異なるので、テオシンテが栽培化されてトウモロコシになったとはとうてい考えられないと主張した。「もしトウモロコシがテオシンテから生まれたとするなら、栽培植物とその祖先となった野生種の違いが人知の範囲で最大となった見本といえるだろう。（中略）そのような進化が達成されるには、きわめて長い時間が経過したか、あるいは自然界に未知の大変動がおきたと仮定しなければならない」と彼は書いている。[5]

図 2.4　トウモロコシの祖先に関する「三者仮説」を提唱したポール・C・マンゲルスドルフ

しかし、野生トウモロコシとともに三者仮説の主役とされたトリプサクム（**図2・5**）は、形態的にも細胞学的にもトウモロコシやテオシンテよりも

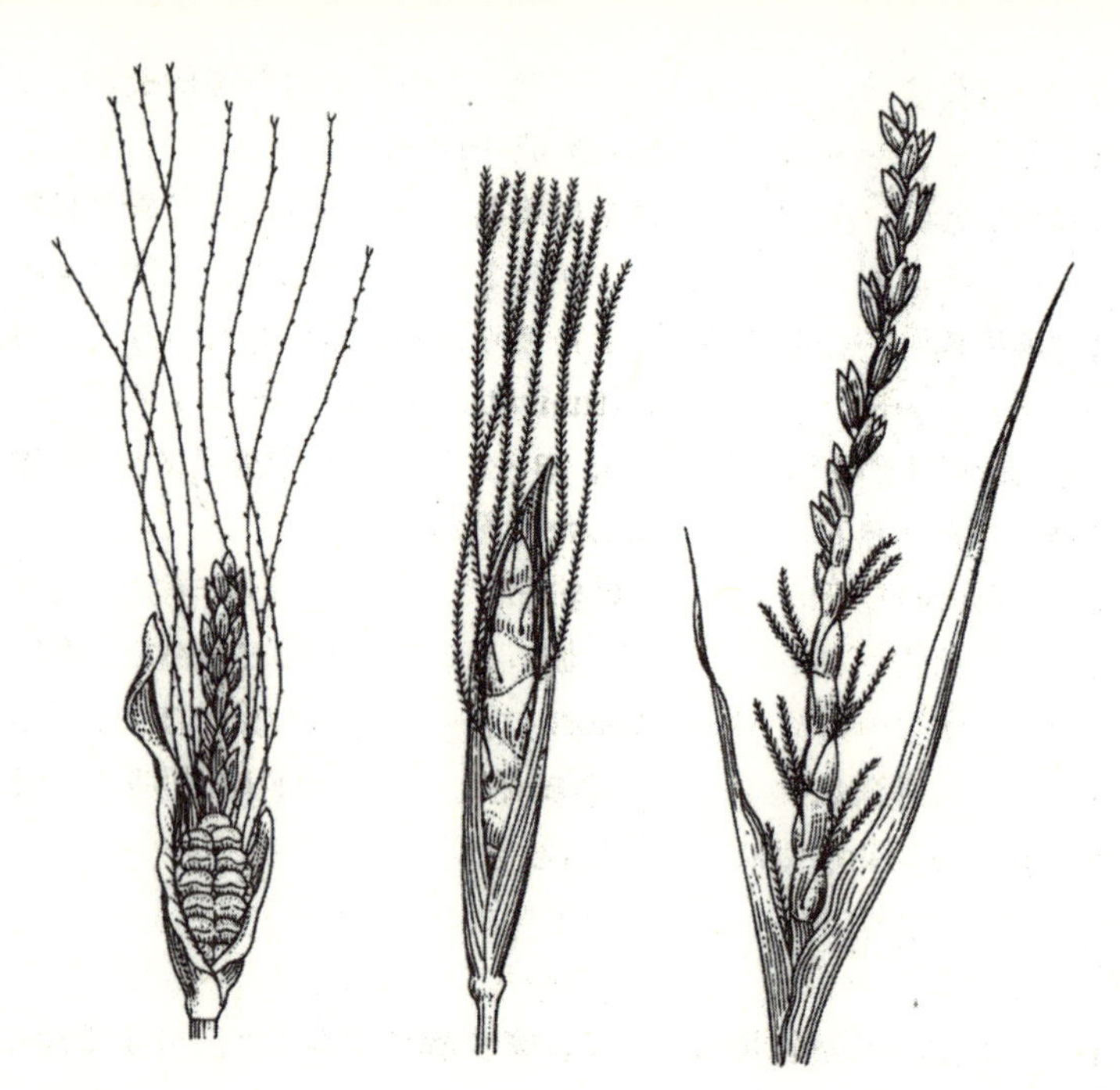

図 2.5 トウモロコシの古代品種（左）、テオシンテ（中）、トリプサクム（右）の穂形。 *Scientific American*（1964）Nov. p19

Manisuris 属に近い。トリプサクムはトウモロコシと *Manisuris* との雑種であるという説もある。

トリプサクムの花序はトウモロコシやテオシンテと異なり、雌花と雄花が穂上で一列に並んでいる。雌花は花序の下部に、雄花はその上部に生じる。種子はシリンダー状に硬くなった穂軸に埋まっていて、穂軸は熟期にばらばらに壊れる。

トリプサクムはトウモロコシとそれほど近縁ではない。トウモロコシと自然交雑はするが、その頻度は低く、またその雑種には種々の程度の不稔がともない、子孫が得られにくい。マンゲルスドルフとリーヴスは、トウモロコシの絹糸を短く切断して、そこにトリプサクムの花粉を大量にかけてやって雑種種子を得た。しかし、その多くは完全に登熟しなかった。得られたわずかの種子に、水をやり穎を除き、殺菌剤で消毒し、無菌の寒天培地上に置いて適温下で発芽させて、やっと雑種個体が育った。雑種の減数分裂では、トウモロコシ由来の染色体とトリプサクム由来の染色体とは対合しなかった。花粉は不稔であったが、卵細胞は倍数化のおかげで稔性をもっていた。それでトウモロコシにもトリプサクムにも戻し交雑が可能であった。この実験は、自然界でもわずかながらトリプサクムの遺伝子がトウモロコシに取り込まれる可能性を示す[6]。

また、トウモロコシやテオシンテの染色体数が一〇を基本数（x=10）とするのに対し、トリプサクムの染色体数はそれとは違って一八を基本数（x=18）とする。染色体の形もノブ（knob）とよぶ特有のコブ状の状態の位置もトウモロコシとは異なる。さらにトウモロコシやテオシンテでは、同じ染色体上に連鎖して並んでいる遺伝子群が、トリプサクムでは別の染色体上に散在している。これらの事実は、テオシンテがトウモロコシとトリプサクムの交雑から生まれたとする説と合わない。またトリプサクムがトウモロコシと*Manisuris*との雑種であるとの説とも合わない。トウモロコシの第四染色体には穂の形成に関与する主要な遺伝子がいくつか存在しているが、トリプサクムの染色体にはみあたらないことが一九七一年に報告されると、マンゲルスドルフの弟子であったウオルトン・ガリナットさえも、人間としての師への尊敬は保ちながらも、テオシンテ説に与（くみ）するようになった[7]。

マンゲルスドルフの説は、端的にいえば、トウモロコシはトウモロコシから生まれたということである。問題は祖先となるべき野生トウモロコシの自生群落が現在までみつからないことである。それに対してマンゲルスドルフとその共同研究者は、アメリカ大陸にスペイン人が侵入した際に敏捷で大食いのヤギを連れてきたために野生トウモロコシが食い尽くされたか、野生トウモロコシと花粉の豊富なトウモロコシの近代品種とが自然交雑したり、野生トウモロコシが近代品種との競争にまけたりして絶滅したのではないかと推測した。

メキシコのテワカン洞窟（62頁図3・1参照）の調査でポップコーン型のポッドコーンの穂軸の化石が発掘されたとき、彼はそれを「野生トウモロコシ」の遺物だと考えた。これらの穂軸は最大でも二・五センチほどの長さしかなく、各粒は小さく、また長い籾がらのような穎に包まれていて、ポッドコーンの特徴を示していた。穂軸は弱く、また苞に包まれていた。このままでは野生種として自然に繁殖するのは難しいが、彼らは、成熟すると苞は開いて、種子が拡散したのであろうと想像した。なおテオシンテ説を奉じる研究者は、テワカンのトウモロコシは野生トウモロコシではなく、栽培初期のトウモロコシにすぎないと判断した。

マンゲルスドルフ自身、約四〇年にわたる研究生活で主張しつづけてきた自説を晩年には大幅に修正せざるをえなかった。[8] 一年生のテオシンテはトウモロコシとトリプサクムとの自然交雑から生まれたという説は、その後の花粉の構造の解析結果から撤回せざるをえなくなった。

そのうえ、一九七八年に衝撃的な発見があった。多年生テオシンテであるディプロペレニス種（19頁参照）が発見され、それがメキシコのグアダラハラ大学のバティア・パジーにより二倍体であることが証明され、またトウモロコシと交雑すると稔性のある子孫ができることがわかった。さらにマンゲルスドルフの院生の指摘にヒントを得て、この二倍性で多年生のテオシンテとトウモロコシの交雑を行なったところ、二倍性で一年生のテオシンテとさまざまなタイプのトウモロコシが生まれた。しかもこれらのトウモロコシは、多年生テオシンテがもつ強い根茎の性質が伝わっていて、もとのトウモロコシより強壮で多収で病害に強かった。これらの結果はマンゲルスドルフにとって決定的に不利な証拠となった。

マンゲルスドルフは、一九八六年八月の『サイエンティフィック・アメリカン』誌に、敗戦の将のごとき記事を発表した。その中で彼は、近代トウモロコシと一年生テオシンテはともに、原初的なポッドコーンと多年生二倍体のテオシンテとの交雑から生まれたと自説を修正した。その交雑により近代トウモロコシは、多年生テオシンテからは優れた根系、強靭な茎、病害抵抗性を、原初的トウモロコシからは特徴的な穂形、強い穂軸、増加した穀粒列を受け継いだと推測した。また多年生テオシンテとトウモロコシの交雑は一回だけのことではなく、たえず交雑が行なわれ、ディプロペレニス種に由来するさまざまな遺伝子がトウモロコシ集団に注入されたと考えた。

いくつかの修正にもかかわらず、彼は、原初トウモロコシの存在を依然として否定しなかった。テオシンテ説のいうような一年生テオシンテがトウモロコシの祖先であるなどということは絶対にありえないと、最後まで譲らなかった。それに対してマンゲルスドルフの論敵イルチスは、「すべては大言壮語だ、狂った説だ」、「マンゲルスドルフは四〇年間も学会に君臨してきたが、彼の説はすべてが誤りだ！」と叫んだという(9)。

マンゲルスドルフは一九八九年七月に九〇歳の天寿をまっとうした。その生涯はすべてトウモロコシに捧げられた。彼の働く場は、研究室内ではなくフィールドにあった。彼の学問的功績は、植物学、考古学、人類学という異なる学問分野間の橋渡しをしたことにあった。彼は、まだ見ぬ野生トウモロコシを求めてメキシコ、グアテマラ、ペルーの各地をまわり、数千品種のトウモロコシを収集し、研究をつづけた。彼は、退職後もノースカロライナ大学の圃場や自宅の庭でトウモロコシを栽培して交雑をつづけた。部屋の中にいてもトウモロコシを象った芸術品の膨大なコレクションにかこまれていた。その中にはドイツのマイセンの陶磁器、イタリアのマジョリカの陶器、日本の根付け、一七世紀中国の象牙のトウモロコシなどもあった。

現在では三者仮説は支持されていない。野生トウモロコシの存在は否定された。英国の著名な細胞学者シリル・ダーリントンがいうとおり、トウモロコシとテオシンテとの形態の差にとらわれすぎ、染色体や遺伝子の相同性が示す証拠を軽くみすぎたのが、マンゲルスドルフの敗因といえるかもしれない。

3. そのほかの説

インディアナ大学のポール・ウエザーワックスは一九五四年に、トウモロコシ、テオシンテ、トリプサクムの三種はすべて、ある共通の一祖先から分化したものだと報告した。

デューク大学のメアリー・ユーバンクスは一九九五年および一九九七年に、トリプサクムの一種で米国中に自生しているガマグラス（*Tripsacum dactyloides*）とテオシンテのディプロペレニス種との交雑から、稔性の高い雑種をはじめて得た。稔性はその後の数代の子孫でも高かった。雑種の穂の形態が初期のトウモロコシの発掘標本に似ていたことから、彼女は両種間の交雑からトウモロコシが生まれたと主張した。[10] しかし現在まで、トウモロコシのゲノム中にトリプサクム由来の遺伝子がみいだされたことはない。

アイソザイムとＤＮＡがついに明らかにしたトウモロコシの祖先種

1. アイソザイムと葉緑体ＤＮＡによる解析

一九五七年にアイソザイムが発見されると、アイソザイムを支配する遺伝子を目印（分子マーカー）として生物の集団の遺伝的構成を調べることが行なわれるようになった。アイソザイムとは、アミノ酸配列が異なるが同じ化学反応を触媒する酵素のことである。一つの民族が二つに分かれた場合、分かれてからの年数が長いほど、たがいに共通の言葉が少なくなる。これに似て、ある生物種から別の種が分化した場合、分化してからの年数が長いほど自然突然変異などによってアイソザイムの種類が異なってくる。この原理にもとづいて、異なる種間でアイゾザイムのタイプがどの程度似ているかを調べれば、たがいの近縁度を推定できる。

ジョン・ドエブリは、数種類のテオシンテとトウモロコシについてアイソザイムを調べた結果、テオシンテのパルヴィグルミス亜種はトウモロコシと区別がつかないほど近縁であることを認めた。パルヴィグルミス亜種は草原、岩の崖、道路脇などに自生していて、周辺にはトウモロコシ畑がみあたらないので、アイソザイムでみられた近縁度がトウモロコシとの自然交雑によって生じたものではないといえる。パルヴィグルミス亜種は野生種、トウモロコシは栽培作物であることから、両者の近縁性は、前者から後者が生まれたということを示す証拠となる。パルヴィグルミス亜種の系統を採集地別にみると、ハリスコや南ゲレーロのものはトウモロコシとの近縁度が低く、バルサス川流域（50頁**図2・6**参照）の中央部のものは近縁度が高かった。

ルクスリアンス種、ディプロペレニス種、ペレニス種、ウェウェテナンゲンシス亜種、メキシカナ亜種については、トウモロコシとは明らかに異なっていた。さらに細胞質内の葉緑体ＤＮＡを利用してアイソザイムと同様の研究を行ない、ほぼ同じ結果を得た[11]。メキシカナ亜種はテオシンテの中で草姿がトウモロコシに最も似ているので、当初はドエブリ一派もメキシカナ亜種こそトウモロコシの祖先種ではないかと考えたが、それは誤りであった。進化の系統樹を考える上では、人による選抜で容易に変化するような形質を基準にして判断してはならないという教訓を与える好例であった。

インゲンマメ、アワ、ワタ、カボチャなどの作物は、進化の過程で複数回にわたり独立に栽培化が行なわれたとされている。現在のトウモロコシも、品種や系統間で形態的にも遺伝的にも多様な変異が認められるので、異なる人の手により何度もの栽培化が行なわれて今にいたっているとそれまでは考えられてきた。しかし、ドエブリは、トウモロコシは野生のパルヴィグルミス亜種の唯一回の栽培化により生まれたものであると推定した。

テオシンテとトウモロコシは自由に交雑する可能性があるので、トウモロコシはテオシンテから分化したのちにも、テオシンテとの自然交雑によってテオシンテから遺伝子が侵入したと考えられていた。ドエブリのアイソザイムの研究結果でも、メキシカナ亜種からトウモロコシへ、また逆方向としてトウモロコシからルクスリアンス種またはディプロペレニス種へと遺伝子が自然交雑によって移った例が検出された。しかし、その頻度はきわめて低く、むしろ交雑による遺伝子の移入はトウモロコシの進化の主因ではないと推測された。

2. 核内DNAによる解析

最近は分子生物学技術の進歩のおかげで、核内DNAを用いてアイソザイムや葉緑体DNAと同様に進化系統樹の研究ができるようになった。核内DNAによれば、これまでの方法よりも、多数の分子マーカーにもとづいて解析できる。

福井県立大学の松岡由浩(よしひろ)は、ドエブリの下での核内DNAを利用した共同研究により、トウモロコシの起源に関する大きな知見をもたらした。彼らはコロンブス以前の時代にトウモロコシが分布した地域、すなわちカナダ、北米東部、アリゾナの砂漠、メキシコやグアテマラの高地と低地、カリブ諸島、アマゾン熱帯雨林、標高三五〇〇メートルを越すアンデス山地、南米の北部チリなどの各地域から、全部で一九三系統のトウモロコシを集めた。またトウモロコシに近縁の野生種であるテオシンテのパルヴィグルミス亜種とメキシカナ亜種についても、それらが分布している全領域から六七系統を集めた。それらの材料についてマイクロサテライトという領域にあるDNAの塩基配列を調査し、進化系統樹の推定や統計解析を行なった。それにより、ドエブリらがアイソザイムや葉緑体DNAによる研究で得ていた結果をより確実な証拠によって追認できた。それだけでなく、トウモロコシの進化についてさらに詳しい知見を得た[12]。松岡らが得た結論は、以下のとおりである。

①トウモロコシはテオシンテのパルヴィグルミス亜種が栽培化されることにより生まれた。いいかえると、パルヴィグルミス亜種がトウモロコシの唯一の祖先であり、メキシカナ亜種などほかのテオシンテは関与していない。

②トウモロコシが生まれた場所は、メキシコ南部のバルサス川流域の中央部の高地である（**図2・6**）。

③トウモロコシの栽培が開始された時期は、今から約九〇〇〇年前である。

④トウモロコシの誕生は、たった一回の栽培化によって行なわれた。

⑤トウモロコシが生まれたあとで、テオシンテのメキシカナ亜種と自然交雑がたまにおこり、遺伝子が後者から前者へ移った形跡がある。

⑥トウモロコシの初期の拡散は二ルートで行なわれた。一つは、メキシコ西部および北部から、北米の南西部に、そこから北米の東部とカナダに伝わった。もう一つは、メキシコ南部の高地から西部および南部の低地へ移り、そこからグアテマラとカリブ海諸島、南米の低地へ伝わり、最終的にアンデス高地へと広がった。

これらの結果について、少し補足説明が必要である。②の結果はアイソザイムでの結果と同じで、それを支持するものである。今後さらに細かな地域区分別にパルヴィグルミス亜種の系統を収集することができれば、さらに詳しく起源地を推定できるかもしれない。ただし栽培化当時の古代と現在では、テオシンテの自

図 2.6　トウモロコシの起源地、メキシコのバルサス川流域

生地が大きく異なっている場合には、この方法では起源地を推定できない。なお考古学的調査からは、トウモロコシの起源地の標高について、高地と低地の二説に分かれている。

③の結果の九〇〇〇年前という時期は、地質時代の完新世(かんしんせい)初期にあたり、この頃地球上の気候が一変して温暖化し、氷河が後退し、森林が増加し、海面が急上昇したとされる。ただし、九〇〇〇年前という値は、推定値の上限ととらえなければならない。実験に用いられたパルヴィグルミス亜種の系統中でトウモロコシに最も近いとされた系統が、必ずしも直接の祖先とはいえないからである。したがってオアハカ（Oaxaca）のギラ・ナキツ洞窟（62頁**図3・1**参照）の発掘で得たトウモロコシ穂軸の測定から推定された六二五〇年前という結論（67頁参照）を否定するものではない。

④の結果は、アイソザイムでの解析でも示唆されてはいたが、結論を得るほど十分に確かな証拠が得られていなかった。

⑤の結果で触れたメキシカナ亜種は、メキシコの北部から中部の高地（一七〇〇メートル以上）にあるトウモロコシ畑の多くに雑草として自生していて、トウモロコシと自然交雑して雑種が生まれている。

3. パルヴィグルミス亜種とトウモロコシの比較

ここでテオシンテ、とくに祖先種のパルヴィグルミス亜種と原初的トウモロコシとの関係について、説明しておきたい。

両者は以下の点でたがいに似ている。

①染色体の数と形――細胞核内の染色体の数がともに二〇本で、形も似ている。
②雌雄同株――雄しべと雌しべが同じ個体にある。
③草丈――長い茎と幅広い葉をもち、人の背丈より大きく成長する。
④雄穂の位置――トウモロコシでは主茎の頂部に雄穂がつくが、パルヴィグルミス亜種ではたくさんの分げつが生じ、そのうちの長いものにだけ末端に雄穂がつく。
⑤雌しべの形状――開花時に雌穂から絹糸のような雌しべが出てくる。
⑥穀粒を熱するとはじける――原初的トウモロコシはポップコーンであり、穀粒を熱するとはじける。パルヴィグルミス亜種の完熟した種子も同様に熱すると実がはじける。

いっぽう異なる点も少なくない。

①分げつ――トウモロコシでは、分げつはごく短く、その数は少ない。それに対してパルヴィグルミス亜種は、細く長い分げつがたくさん生じる。
②雌穂の大きさ――現在のトウモロコシは、穂に八から二四の列をなして各五〇粒ほどの種子をつける。それに対してパルヴィグルミス亜種の雌穂はずっと小さく三センチほどの大きさしかなく、穂の上の種子も六～一〇粒が一列に並んでいるだけである。
③雌穂の形態――トウモロコシの雌穂は数枚の苞に包まれているが、パルヴィグルミス亜種ではトウモロ

コシより少数の苞でゆるく包まれているだけである。

④種子――トウモロコシでは雌穂の苞を剥けば、焼きトウモロコシでみられるように中心にある硬い穂軸の周囲に縦列をなして裸の種子（穎果）がついている。それに対してパルヴィグルミス亜種では、石のように硬くなった種実殻の中に、それぞれの種子がしっかりとおさめられている（**図2・7**）（**図2・8**）。トウモロコシとパルヴィグルミス亜種の間のこの大きな違いには、長年にわたって集積された複雑な進化のプロセスがかかわっているとマンゲルスドルフらは考えていた。しかし、最近ドエブリ一派により、一個の遺伝子で自然突然変異（*tga1*）が生じ、アミノ酸のリジンのかわりにアスパラギンが産生されるようになったことによると判明した[13]。

⑤染色体のノブ――トウモロコシの染色体では、ノブが認められる。テオシンテの染色体にもノブがあるが、染色液での染まり方がトウモロコシより濃く、またトウモロコシとちがって染色体の末端やその近くにも多く分布する。

⑥種子の脱落性――トウモロコシは登熟しても穂軸はしっかりしていて種子も脱落しないが、パルヴィグ

図2.7　テオシンテ *parviglumis*（左）とトウモロコシ近代品種（右）との穂形の比較

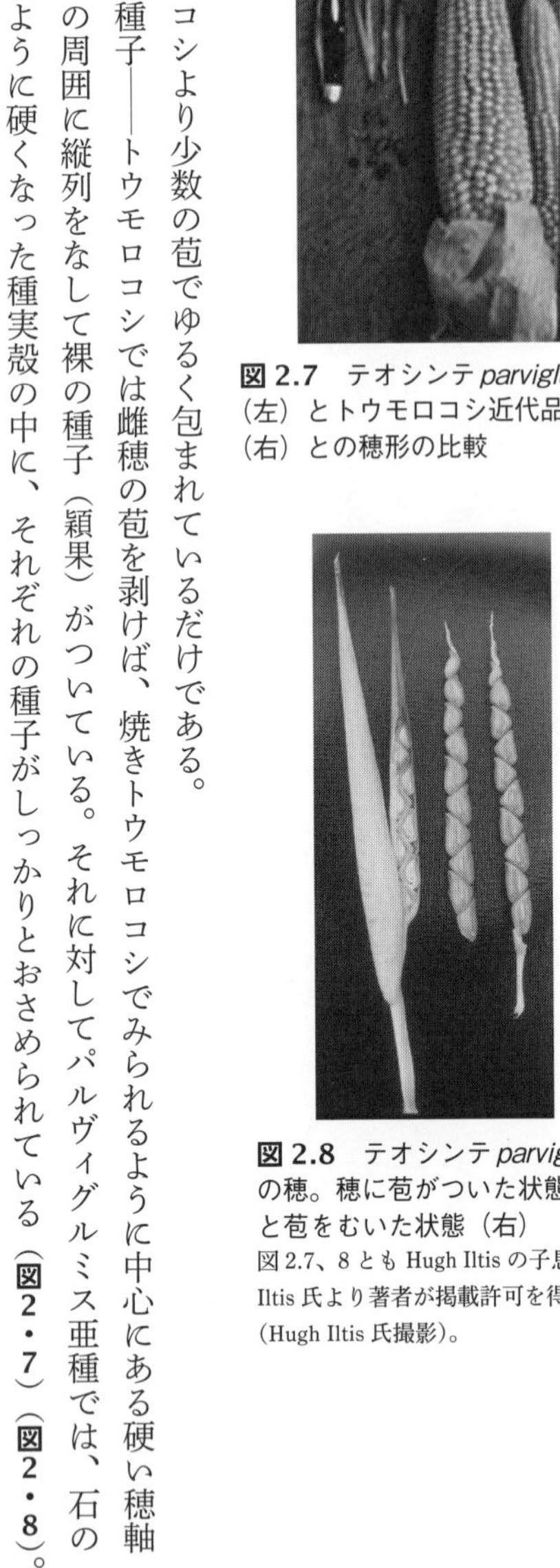

図2.8　テオシンテ *parviglumis* の穂。穂に苞がついた状態（左）と苞をむいた状態（右）

図2.7、8とも Hugh Iltis の子息 Mike Iltis 氏より著者が掲載許可を得る（Hugh Iltis 氏撮影）。

ルミス亜種では登熟すると穂軸はもろく地面に崩れ落ち、種子も脱落する。
以上の違いのうち、種子の脱落性については、トウモロコシが栽培植物であるのに対し、パルヴィグルミス亜種は野生植物であることからくる当然の違いである。

なお、穂の形態上の違いについては、遺伝的にみると大きくはないことが判明している。テオシンテとトウモロコシを交配すると、子孫にトウモロコシ型とテオシンテ型の穂が分離して出現する。その分離の頻度から、両者は外見上さまざまな点で違っていても、その違いの大部分はわずか五つほどの遺伝子の作用で説明できる。[14]

4. テオシンテがどのようにしてトウモロコシへと進化したのか

テオシンテがトウモロコシの唯一の祖先であることが確実になったいま、その具体的なプロセスが問われている。前述のとおりテオシンテの穀粒は堅い殻に覆われていて、そのままではとても食用になるとは思われない。

この点について、一九八〇年にビードルが提示した説がある。彼は、テオシンテの穀粒を熱すればポップコーンのようにポンとはじけることを示し、古代先住民はそのような方法でテオシンテを食べていたのではないかと考えた。また、未熟で硬くなるまえの粒を食べたり、粒を粉に挽いたり、水に浸たすことによっても食べられると述べている。[15]

いっぽうでは、穀粒そのものを食用としたのではなく、茎の糖分を含む甘い汁を吸ったり、糖分からアルコールをつくることから、テオシンテの利用がはじまったとする説もある。テオシンテの茎をサトウキビのようにかじって甘い汁を吸うことは、実際にメキシコ西部の住民でみられている。またテオシンテの汁液を発酵させてつくられる酒は、先住民社会の祭りや宗教的儀式で欠かせないものであっただろう。[16][17]

この説によるトウモロコシ誕生のストーリーはおよそ以下のようである（研究者間で詳細はやや異なるが）。野生植物であるテオシンテの自生地から未熟なうちに採集してきて野菜として食べたり、糖分の多い茎をかじって汁を吸ったり、アルコール原料とすることからまずテオシンテの利用がはじまった。しかし旱魃（かんばつ）などの気象条件でテオシンテの採集量が不安定になるので、それを避けるために住居近くで比較的肥えた土地にテオシンテの種子を播くようになり、栽培がはじまった。こうして土地の一画が畑となり、住民は農民となった。農民は、灌水したり除草したりして畑を管理し、収穫期になると、翌年の栽培用に大きくて病害のない種子を好んで選んだ。長い世代にわたり播種・栽培・収穫・翌年の播種というサイクルが繰り返された。種子は、収穫して食用のため保存するのではなく、もっぱら翌シーズンに播くためだけに使われた。そのため考古学的な遺物として後世に残ることはなかった。やがて、テオシンテに小さな穂軸が形成されるようになった。それでもしばらくは、未熟植物や茎の糖分が目当てで栽培がつづけられた。さらに*Tga1*というたぐいまれな自然突然変異が生じた、その頻度はきわめて低く、約四〇〇万分の一以下である。それにより、殻斗（かくと）が短縮し開くようになり、外護穎が軟らかくなり、それまで硬く穂軸にとりついていた穀粒が穂軸から離れた形をとるようになった。この突然変異体を発見したのがきっかけとなって、農民は穀粒を収穫するようになった。さらにその後、テオシンテ特有の硬い殻が種子からなくなると、乾燥した穀粒の利用価値が急に高くなり、はじめて穀粒の収穫が栽培の第一目的となった。農民による選抜により、穂が大きくなり、穀粒の数も多くなったのは、自然突然変異発見の後のことと考えられる。[18][19]

トウモロコシの栽培は古代から穀粒を目的として行なわれたとふつう考えられてきたので、マクロ化石として穀粒や穂軸の存在がトウモロコシ栽培の考古学的証拠として重要とされてきた。しかし、トウモロコシ栽培の初期では、穀粒でなく、茎がもつ糖分ないしそれからつくる酒のために栽培されたとする説が成り立つとすれば、ある地域で穀粒の化石がみつからないかごくわずかであるからといって、そこでトウモロコシ栽培が行なわれていなかったことにはならないことになる。

第3章

先史時代のトウモロコシの発掘と初期の伝播

西半球最初の農民

1. アメリカ大陸への人類の移住

テオシンテから生まれたばかりの原初的トウモロコシを、数千年かけて今のような長く太い穂にたくさんの穀粒がついたトウモロコシにまで改良したのは、アメリカ先住民である。

人類学者アレス・ハードリチカによれば、最初にアメリカ大陸に渡ってきてパレオインディアン（古代インディアン）となったのは、シベリアのアジア人だとされる。[1] 彼らはシベリアの最東端とアラスカの最西端を結ぶ自然の陸橋を、マンモス、ヘラジカ、トナカイなどの猟をしながら新大陸に侵入したと考えられている。時期は更新世（こうしんせい）末期のヴュルム氷期とされるが、詳しい年代については四万年前から一万四〇〇〇年前まで、諸説がある。水位の低いこの海峡は、約八万年前以降、海面の著しい低下によりベーリンジアとよばれる地峡となり、一万四〇〇〇年前に再び海没した。なお、現在でも冬季ならシベリア最東端のチュコート半島からアラスカ最西端のシューアド半島のプリンス・オブ・ウェールズ岬まで、凍結した氷原の上を歩いて渡れるようである。

ベーリンジアを渡ってアラスカに入ったパレオインディアンは、前途にたちはだかる巨大な大陸氷床に阻まれて、それ以上先に進めなかった。現在のカナダから米国の地域へと南下できるようになったのは、世界の気候が温暖になって大陸氷床が縮小し、ロッキー山脈東側の山麓に沿って一二〇〇キロの無氷の細長い回廊が出現した一万二〇〇〇年前であった。回廊の両側はアラスカと変わらないツンドラやステップであったが、それを抜けた先に彼らがみたものは、大草原とそこに生息するオオナマケモノ、ビーバー、ウマ、ラクダ、リャマ、マストドン、マンモス、アンテロープ類、バイソンなど、豊富な動物の群れであったであろう。ベーリンジアを渡ってきていたのは人間だけではなかった[2]。バイソンは彼らの重要な食料源となった。しかし、これらの動物、とくに大型動物は一万年前に突如としてアメリカ大陸から姿を消した。その原因として、パレオインディアンによる大量殺りく説と環境激変説とがあげられている。

パレオインディアンは、野生の植物を採集し魚をとり動物を狩ることで生活を支えながら、よりよい土地を求めてアメリカ大陸をさらに南下した。ギ・リシャールによれば、現在のメキシコにはおよそ二万一〇〇〇年前、チリには一万三〇〇〇年前に達した[3]。彼らこそが最初のアメリカ大陸の発見者であり、アメリカ先住民(アメリンディアン)となった。

2. アメリカ先住民による農業の開始

アメリカ先住民は西半球で最初の農民となった。カンザス大学のR・ハートによれば、コロンブスがアメリカ大陸に到達したときより七〇〇〇年以上も前から、メソアメリカの先住民は細々ながらも土を耕し、種子をまき、作物を収穫していた。ただし、当初は広大な畑をもちさまざまな作物を栽培していたのではなく、まだ生活の大部分の糧は狩猟採集で得ており、栽培した作物は、カボチャ、ヒマワリ、アカザなどわずかな種類であった。彼らの子孫はその後、数千年かけてゆっくりと遊牧の狩猟採集から定住の農耕生活へと移っていった。その間に、栽培したい作物以外の邪魔で不要な植物、つまり雑草を除くすべを知るようになった。それにより栽培環境がよくなって、作物は成長が促進されて生産量が増し、また人手が加わることに応じて遺伝子のセットが変化していった。作物の生産量の増加は先住民の社会環境をも変え、大きな集団をつくって特定の場所に定住するようになった。なおメソアメリカとは、スペイン人が来住する前の古代文明におけるメキシコと中央アメリカ北西部をあわせた地域をよぶ[4]。

考古学的調査によれば、メソアメリカでの作物の栽培は、いくつかの地域で同時におきたと考えられる。初期の農業の発達についての証拠がメキシコ北東部のタマウリパス（Tamaulipas）と南部のテワカン（Tehuacan）（62頁 **図3・1**参照）川谷で得られている。前者ではカボチャが、後者ではヒョウタンとトウモロコシが栽培された。

北米――ディックらによるバット洞窟の発掘

前述のとおり、松岡らの研究により、トウモロコシはテオシンテから唯一回の栽培化で生まれたこと、その時期は今から九〇〇〇年前、場所はメキシコのバルサス川（50頁 **図2・6**参照）流域であることが推定された。しかし、これでトウモロコシの進化の研究が完成したわけではない。メキシコの古代先住民がどのようにしてテオシンテをトウモロコシに変えていったかというプロセスはまだ不明である。原初的なトウモロコシが古代先住民の生活の中で占めていた役割の程度もつかめていない。これらのことを解明するには、当然ながらマクロおよびミクロの化石の調査による考古学的、人類学的、および植物学的解析が不可欠である。

第二次大戦が終わってまもなくの一九四八年に、ハーヴァード大学で人類学を学んでいた院生のハーバート・ディックは、同じく院生で植物学専攻のアール・スミスを誘い、ハーヴァードのほかの院生らとともに、バット洞窟（Bat Cave）という名の岩窟を調査した。現地までのバス代と寝袋代は、当時同大学の植物園長であったマンゲルスドルフが提供した。場所は、ニューメキシコ州カトロン郡のサンオーガスティン平原の周縁部である。もともとここは古代に存在していた湖の波浪で削られ形成されたものである。湖底は二一〇〇メートルの高地にあり、洞窟はその湖底からさらに五〇メートル上がったところにあった[5]。

その洞窟は、三〇〇〇年前まで初歩的な農業を営んでいた住民の住みかとされたが、その後長い間放置されていた。彼らはそこで数千年の間に堆積した、ごみ、生物遺物、人の排泄物を発見し、その中からマメ類やカボチャの種子にまじって、トウモロコシの穂、粒、皮、葉、雄花などを多数みいだした。

上から三六センチずつの層に分けながら掘り進むと、深い層になるほどみつかるトウモロコシの穂は小さく、より初期の形態をもつものとなった。最下層からはとても小さなポップコーン型の穂が出てきた。それは北米で最も古いポップコーンであった。その穂の粒はそれぞれ長い頴で覆われていて、ポッドコーンの特徴ももっていた。その粒をとって熱した油に投じると、今でもはじけることが確認された。マンゲルスドルフとスミスは二年後に再び洞窟を訪れ、最下層から三本の穂を採集し、放射性炭素による年代測定法を用いて、それらが約四三〇〇年前のものであり、発見当時では最古の標本であると推定した。

なお下から三番目の層およびそれより上の層ではテオシンテの混在が認められた。ただし現在は洞窟周辺にテオシンテの自生はみられない。

ディックらの調査は、それまでに他所で発見されていた古い時代の標本を含んでいたこと、発見された最古の標本は最も初期のトウモロコシであったこと、層の深さに符合して穂の大きさが小さくなり、進化の過程を示す標本が得られたこと、当時最新の技術であった放射性炭素による年代測定を行なったことなど、さまざまな点で画期的なものであった。

図 3.1　原初のトウモロコシを求めて。
メキシコを中心とする発掘場所。

メキシコ——サンマルコス洞窟、ギラ・ナキツ洞窟、バルサス川流域の発掘

1．マクネイシュによるテワカン川谷の洞窟の発掘

メキシコでは、狩猟採集民によるトウモロコシの栽培化を探る場所として、テワカンとオアハカの二つの川谷があげられる（**図3・1**）。

カナダ国立博物館のリチャード・マクネイシュは、メキシコ北東部のタマウリパス洞窟を調査して、トウモロコシの花粉の化石を発見した。その結果から彼は、トウモロコシの栽培化とアメリカ大陸における農業の発祥地を明らかにするには、もっと南へ行かなければならないと結論した。しかし、ホンジュラスやグアテマラでの探索では、何も得られなかった。一九五九年に行なったメキシコ南部のチアパスのサンタマルタ洞窟の調査では、トウモロコシの遺物を発見したが、従来のものを凌駕するほど古いものではなかった。そこで再び調査を北方に転じ、乾燥した気候地帯であるメキシコ南部のプエブラ州のテワカン川谷に焦点を定めた。予備的な調査で発見したトウモロコシの穂をハーヴァード大学のマンゲルスドルフにみせたところ、彼はそれを顕微鏡で調べて原初期のトウモロコシだと判定し、幸運を祝し二人で乾杯した。マクネイシュは翌一九六一年にすぐにスタッフを連れてテワカンに行き、八〇人の掘り手を雇ってコッ

図 3.2　メキシコ南部、テワカン川谷のコックスカトラン洞窟の発掘。
Bruce D. Smith (1998) *The Emergence of Agriculture*. Scientific American Library, New York, 150

クスカトラン洞窟やサンマルコス洞窟をはじめとする二〇の洞窟を精力的に発掘した。マンゲルスドルフ夫妻と当時助手だったガリナットは、発掘が終わった翌年秋に調査に加わった（図 3・2）。

発掘現場の川谷は、主にサボテンや刺のあるマメ科植物からなる乾燥に耐える植物で占められていて、成長に十分な水分を必要とするトウモロコシの栽培には適さないと思われた。事実マンゲルスドルフは、初期のトウモロコシは熱帯または亜熱帯の湿潤な地域でこそみつかるだろうと予想していて、二〇年前にいくどとなくテワカンを訪れていたのに、そこにかつてトウモロコシが生えていたとは想像もしなかった。

川谷の年間降水量は五〇〇ミリに過ぎない。ちなみに日本の年間降水量は、一九七一年から三〇年間の平均で一七一八ミリである。しかし、重要なのは年間降水量ではなく、いつ降るかであった。その川谷では一年分の雨の九割が四月から九月に集中し、真夏にピークを迎える。それはまさにトウモロコシにとって花粉を飛ばし、絹糸を出し、種子が稔りはじめる時期であった。永年生の植物では、少雨の冬に耐えるためには乾燥性でなくてはならない。しかし、一年生植物で冬は種子の形でやりすごせるトウモロコシにとって、冬に雨が降らなくてもなんら妨げにならない。またトウモロコシの生える沖積土壌の台地や深い川谷の扇状地にはサボテンや潅木は育ちにくいので、たがいに生存競争になることはなかった。

発掘した洞窟のうち五つで、総計二万四〇〇〇を超えるトウモロコシの標本がみつかり、うち半分は完全な形の穂軸であった。最古の穂がサンマルコス洞窟で発見され、約五六〇〇年前のものと推定された(**図3・3**)。マンゲルスドルフは、発掘された穂の中に野生トウモロコシが含まれていると確信した。しかし、それは誤りであった。

テワカンで発掘された考古学的年代の異なるさまざまなトウモロコシを調べた結果では、約四四五〇年前までは、人々は最初に、より多くの穀粒をもつトウモロコシを好んで選び、その次に一つ一つの粒が大きいトウモロコシを選抜するようになった。それより後の時期になると穂の形態はあまり変化していないので、穂数の増加や穀粒の味や粉質の改良が重要となったのかもしれない。[6]

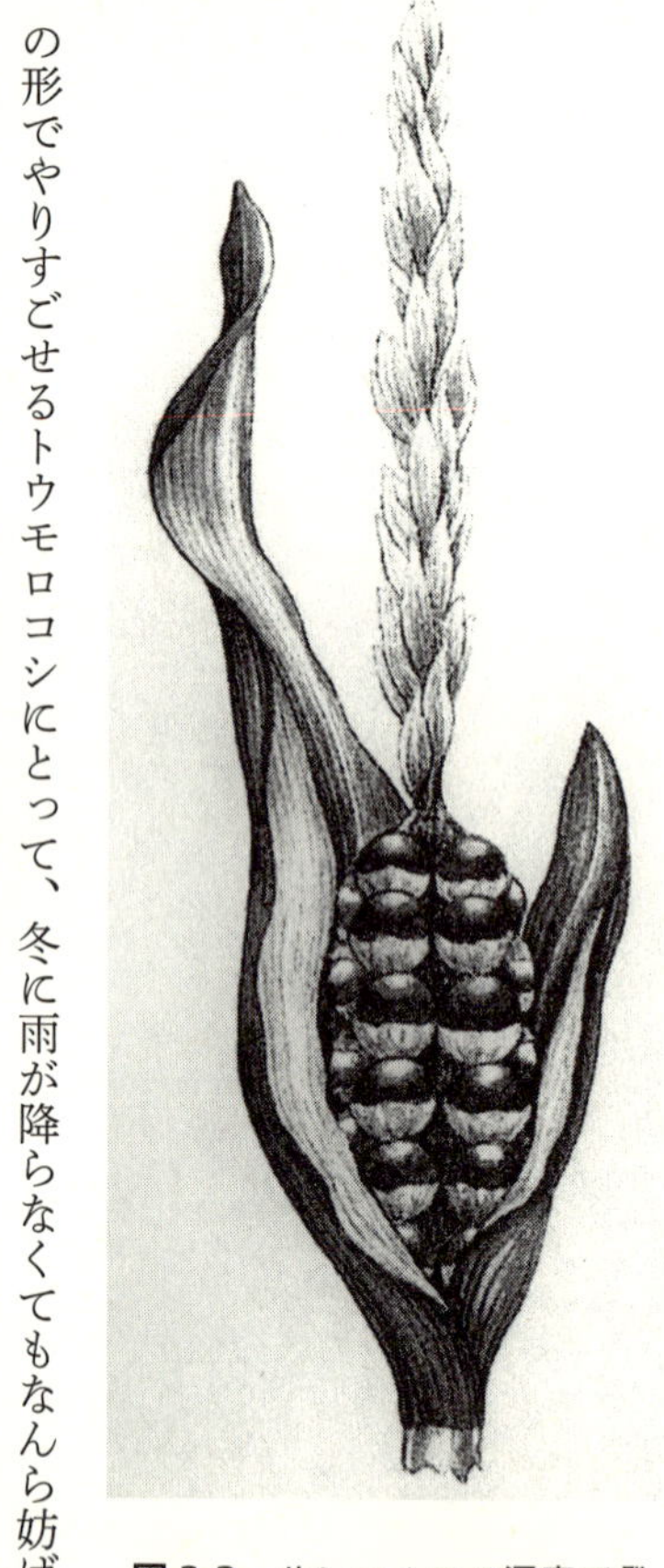

図 3.3 サンマルコス洞窟で発掘された最古のトウモロコシ。
Bruce D. Smith (1998) *The Emergence of Agriculture*. Scientific American Library, A Division of HPHLP Distributed by W.H. Freeman and Company, 41 Madison Avenue, New York, 10010

テワカンにおける農業の発達は以下のようである。この時代、テワカンではトウモロコシのほかに、インゲンマメ、トウガラシ、アボカド、アマランサス、ヒョウタン、カボチャの栽培が行なわれた。しかし、農業だけで一年の生活が保てるほどの栽培が行なわれていた証拠はない。人々は春になると大きな集団となって協同して種子を播き、夏にその収穫を得て、収穫物をすべて食べつくすと、再び家族程度の小さな単位に分かれて狩猟採集に散っていった。

次の五四〇〇~四三〇〇年前になると、農業生産が進み、一部の人は秋や冬にも食いつなぐだけの蓄えができるようになった。栽培地の規模もそれまでの家庭菜園程度から広い畑に移行した。二九〇〇~一三〇〇年前になると、作物の種類もふえて、ベニバナインゲン、テパリービーン、タチナタマメ、ライマビーン、ラッカセイなどのマメ類やトマト、グアヴァが加わり、七面鳥の飼育もはじまった。また製塩や綿づくりも行なわれるようになった。前一〇〇〇年までには、農業はフルタイムとなって食料供給が十分となり栄養も改善され、それにより村落は大規模化し生活環境も改善され、農業にもとづく文明が発達した。畑の規模も大型化したが、村から日帰りで往復できる範囲を超えることはなかった。

なお、平地の農民は、二年間栽培して八年間休耕するミルパとよばれる農法を採用し、乾燥地帯の農民は集約された灌漑農業を営んでいたと考えられる。

2. フラネリによるオアハカのギラ・ナキツ洞窟の発掘

メキシコのミトラの町に近いオアハカ盆地の東側に、ギラ・ナキツ (Guilá Naquitz) という名の小さな洞窟がある (図3・4)。そこは海抜一九二六メートルで、刺のある潅木林の中にある。降雨が非常に少ない地域で、年間降水量は六〇〇ミリを超えない。一九六六年に探索された折に、その洞窟で年代の異なる七

図 3.4　ギラ・ナキツ洞窟での発掘（1966 年）

Bruce D. Smith (1998) *The Emergence of Agriculture*. Scientific American Library, New York. p167

層（上からA、B1、B2、B3、C、D、E）の床が発見された。一九七〇年代、ミシガン大学の人類学博物館のK・フラネリらによる考古学的調査により、そこは八〇〇〇年前から六五〇〇年前の間に、少なくとも六回は狩猟採種民によって住まわれた痕跡があることがわかった。

洞窟内の堆積物からは、カシやエノキの実、それに栽培されていたらしいヒョウタン、カボチャ、マメ類など、さまざまな植物性の食物の残りかすが発見された。B1層からD層にかけて、栽培化されたペポカボチャの種子や遺物が発見され、放射性炭素による測定から、種子はおよそ一万年前のものと推定された。果実の遺物の大きさや色は層によって異なり、農民によるカボチャの形質の選抜が行なわれたことを物語っていた。

さまざまな植物の遺物に混じって、栽培化初期のトウモロコシと思われる四本のトウモロコシの小さな穂軸がみつかった。うち一本はC層から、一本はD層からであった。二十一世紀になって、それらの年代が放射性炭素法により、発掘時からみて約六二五〇年前のものと推定された。[7] テワカン川谷のサンマルコス洞窟で発見された穂軸より約六〇〇年早く、また中米南部や南米北部で発見されたトウモロコシ花粉の年代とほぼ合致していた。

テキサス・ウエスレヤン大学のB・ベンツは、ギラ・ナキツ洞窟で発掘された三本の穂軸の形態を詳しく調査した。[8] その結果、興味深いことがみつかった。第一に、ギラ・ナキツの標本は、節間が自然に折れやすい穂軸をもっていた。このような穂をもつ植物体は自然では繁殖できず、その種子の拡散と繁殖には人手が必要なことを示していた。次に、三本とも二条（two-ranked）であった。ただし、列数は同一ではなく、二本は各条一列（＝計二列）であったが、残る一本は各条二列（＝計四列）であった。つまり、前者はテオ

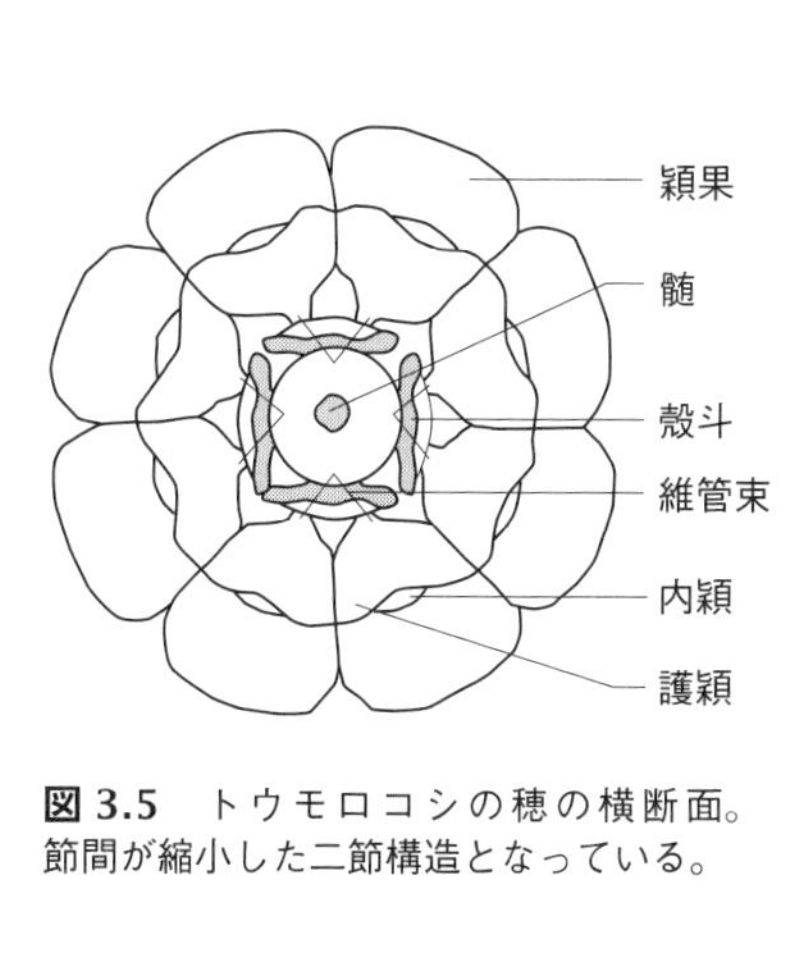

図 3.5 トウモロコシの穂の横断面。節間が縮小した二節構造となっている。

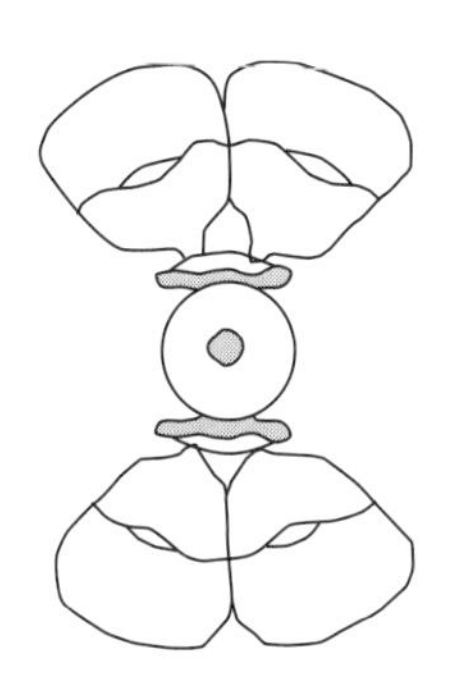

図 3.6 トウモロコシの穂の横断面。一節の構造。

2点ともジャック・R・ハーラン（熊田恭一・前田英三訳）（1984）『作物の進化と農業・食糧』p.103

シンテと同じく二列で、殻斗あたりの小穂に実る種子は一つしかなかったが、後者はトウモロコシと同じく、穂軸節間に対になった二つの小穂がついていた。穂軸の列について異なるタイプが共存していたことは、人々による選抜で穂が四列以上に増加する進化の過程を表していた。

二種のタイプの形態を詳細にくらべると、次のことがわかった。少し複雑なので以下の一九行は読み飛ばされてもかまわない。

ここでまず、トウモロコシの標準的な穂の形態について説明をしておきたい。穀粒（kernel）のついたトウモロコシの雌穂（ear）を横切りすると、**図3・5**の形がみられる。穀粒はつねに列をなしていて、列数はつねに偶数である。ここでは最も典型的な八列の場合を示す。図では、隣り合った二つの節が重なった形が示されている。一つの節だけを取り出した横断面は**図3・6**のようになる。中心に髄（pith）を含む穂軸（rachis）があり、穂軸には、二つの殻斗（cupule）という構造が向き合ってついている。

各殻斗には対になった小穂（spikelet）がついている。この小穂には絹糸（silk）とよばれる長い雌しべ（pistillate）があり、風によって運ばれてきた花粉（pollen）を受け受精して穎果（caryopsis）（種子）に発達する[9]。

二列型は各小穂の護頴が短く、軟らかく、たわみやすい。一粒だけついた小穂が交互にたがいに四五度の角度をもって穂軸についている。穂軸節間がテオシンテ、近代品種のどちらよりも短い。殻斗は広く長く浅い。各穂軸節間に一個の小穂がついている、穂軸が二列である、穂軸はまだらで、滑らかで、てかてかした表面をもつ、交互に重なった穂軸節間をもつ、などの点でテオシンテに似ている。また、小穂が穂軸に対して垂直についている、殻斗が短く浅い、穂軸節間が折れやすい、などの点ではテオシンテと異なっていた。

四列型は、各小穂の護穎が硬い。一粒だけついた小穂が交互にたがいに一八〇度の角度で向き合って穂軸についている。二条であるが、穂軸の各節間は二粒をつける小穂をもつ。一粒は無柄、もう一粒はトウモロコシと同じように有柄である。穂軸節間が交互になっている。つまり、ある条の小穂が対となる条の小穂と交互になっている。二列型にくらべて穂軸節間が二倍の長さをもつ。ただし幅は変わらない。殻斗は浅く、平らにみえる。全体として、テワカン川谷やサンマルコス洞窟の標本と似ている。また、硬い穂軸、対になった小穂、小穂が穂軸に垂直についていることなどの点で、トウモロコシと似ている。

また遺伝学的にも重要な変化があった。それはすでに六〇〇〇年前までに、栽培化されつつあったテオシンテに二つの自然突然変異が生じていたということである。一つは、テオシンテの側枝とその側枝につく花序の穂軸の長さを短縮する遺伝子（*tb1*）である。ギラ・ナキツ洞窟で発見された標本は、二〇〇一年までにみつかっていたテオシンテのどの標本よりも短く、またサンマルコス洞窟の初期トウモロコシの標本と同じくらい短かった。もう一つは穎構造の遺伝子（*tga1*）で、ギラ・ナキツの標本は自生のテオシンテの穂軸や穎ほど硬くない。人々は、収穫しやすい側枝や穂軸の短いテオシンテを選抜するとともに、食べやすい穎をもつ軟らかい穂を好み選んだと考えられる。

ギラ・ナキツとサンマルコスとで、穂軸の形態に違いはみられなかった。これらの洞窟で初期トウモロコシの穂軸が発見されたことは、六〇〇〇年前までには祖先種テオシンテの成熟した種子をすでに食用としていたことを示している。また同時に、人々が少なくともテオシンテの栽培と収穫を行なうシーズンには、土地の管理を行なう時間をもつほどに自給・定住の生活に入っていたことも示している。

なお中米については、パナマ中央部で七六〇〇年前のトウモロコシ・デンプンや植物石が、エクアドル南部で七〇〇〇年前の植物石がみいだされている。

A層からは、トウモロコシの穂とともに、現代のトウモロコシに一致する植物化石がたくさんみいだされた。C層からB1層ではトウモロコシ以外の植物の遺物は豊富に得られたが、テオシンテの実やトウモロコシの穂軸を示す植物化石はみつからなかった。C層からB1層の時代ではまだ、栽培化されたトウモロコシを食物としてまとめて収穫するにはいたっていなかったと著者らは推測した。

3．ラネレとピペルノによるバルサス川流域の洞窟探索

トウモロコシの起源地については、トウモロコシが誕生した頃から現在までに近縁野生種の分布が大きく移動している場合には、松岡らが行なったように現存の系統を収集して解析した結果だけでは、たとえDNAにもとづく研究でも結論を誤る可能性がある。そこで、考古学の側から詳しい検討が行なわれた。
考古学者のアンソニー・ラネレとドロレス・ピペルノは、ともに米国テンプル大学人類学研究室の同窓生であるが、彼らは松岡らの研究結果を踏まえて、メキシコのバルサス川流域に最古のトウモロコシを探し求めた。バルサス川谷は落葉性熱帯林で覆われ、年間平均気温は約二七度、年間降水量は約一一〇〇ミリで五月から一一月にかけて主に夏のモンスーン性の雨が降る。このような地域では、マクロな植物遺物は保存されにくい。そこで彼らは湖の沈殿物中の花粉と木炭を調査し、バルサス川谷では七〇〇〇年前に農地造成のために森が切り払われ焼かれた証拠をつかみ、また、トウモロコシとカボチャの植物石を発見した。[10]
ピペルノらはさらにその地域の洞窟を探索し、数多くの磨砕用に使われた石器や砕かれた石器を発掘した。放射性炭素による測定から、それらの石器は少なくとも八七〇〇年前のものであることがわかった。石器にこびりついたかすや石器の割れ目から、トウモロコシのデンプン粒がみいだされた。石器の直下や周辺から

はほとんどみつからなかったのは、デンプン粒は土にまじると急速に崩壊するからである。

ちなみにトウモロコシとテオシンテなどの近縁野生種とでは、デンプン粒の大きさや形態が異なる。トウモロコシの花粉の直径は、一二〜一七マイクロメートルであるのに対し、テオシンテの花粉の直径は最大でも九・五マイクロメートルにすぎない。トウモロコシのデンプンは、不規則な形をしていて圧縮された小面で表面に割れ目があるのに対し、テオシンテのデンプンはたまご形か鐘のような形をしている。なおバルサスのトウモロコシは、デンプン粒からみて、ポップコーン型またはほかの胚乳が硬いタイプであった。またトウモロコシの穂軸に由来する植物石も得られた。テオシンテには穂軸は存在しない。

このようにして松岡らの結論は、考古学的にも証明された。トウモロコシは確かに、地質時代区分の完新世の初期に相当する九〇〇〇年前にすでに栽培されていたことがわかった。それは旧大陸におけるイネやコムギを中心とする農業の発祥時期と、ほぼ同じである。

ピペルノらは、栽培の目的は、一部の人が唱えているような茎に含まれる糖分の利用でもアルコール醸造のためでもなく、穂上の穀粒そのものの消費であると考えた。テオシンテの種子は硬く、そのままでは食べられない。しかし、水に浸して粉砕することができるし、熱を加えればはじけてポップコーンのようになる。なおピペルノらは、前述のギラ・ナキツ洞窟の標本で示唆されたトウモロコシ種子のリグニン形成を制御し護頴を軟らかくする遺伝子（*tga1*）の選抜が、九〇〇〇年前にすでに進行中であったと推測している。なお彼らは、トウモロコシに加えてカボチャの栽培化も発見している。

トウモロコシの起源地については、松岡らが唱えた半乾燥地で冷涼な高地ではなく、低地の熱帯森林で生まれたとする説を彼らは支持した。この不一致に関連して、最近、分子生物学と統計学を応用した新しい解析法によって、パルヴィグルミス亜種の栽培化によるトウモロコシの誕生というストーリーだけでなく、そ

図 3.7　ジャック・R・ハーラン

こにもう一つの近縁種メキシカナ亜種からトウモロコシへの遺伝子の流入があったとすると、起源地は高地ではなく低地の熱帯森林であろうとする論文が発表された[11]。

4．先史時代のトウモロコシ

現存のテオシンテには長枝型と短枝型があるが、米国の遺伝育種学者ジャック・ハーラン（**図3・7**）は、古代の狩猟採集民は短枝型テオシンテを採集することによってトウモロコシを生み出したと推定している。トウモロコシは未熟な穂を採って煮たり焼いたりして食べることがあるが、ハーランは、テオシンテも当初は完熟種子を採集するのではなく、未熟穂をベビーコーンのように野菜として利用したと考えている。そうすれば、火を通さなくても食べられるからである。また種子の採集についても、現代人が考えるほど困難ではなかったらしい。ハーラン自身がテオシンテの自生地に入って試したところでは、一日三〜四時間採集するだけで、一人が一日間も食べていけるほどの種子が得られたという[12]。

テオシンテの種子は硬く、成熟するにつれて種子が穂軸から離れてばらばらと地面に落下しやすい。種子の採集は、落下してほかの草に隠れてしまいがちなものを拾うよりも、穂にまだ残っているものを採るほうが容易だったであろう。テオシンテの穂に残った種子を収穫し、貯蔵し、また翌年に播くという作業をくりかえすことによって、しだいに成熟しても穂から実こぼれしないトウモロコシへと変化していった。このような種子の変化は、イネやコムギの進化でも同様におきたことが認められている。狩猟採集民が種子を採集しても「播かず、刈らず、倉に収めず」（文語訳新約聖書・マタイ伝七章二六節）という間は、作物に進化はない。

メソアメリカの先史時代の農民は優れた育種家であった。むろん彼らは遺伝や育種の知識があったわけではないが、望ましい個体から意識的に種子を採ることで作物を改良していった。それにより、小さな穂を多数つける分げつの多いトウモロコシを、少数でも太く長い穂をつけて収穫しやすい単茎（一本しか茎をもたない性質）のトウモロコシへと変えていった。このような変化は、単位面積あたりの収量を高めるのにも役立った。

図 3.8　トウモロコシ畑のヒル（小さな土盛り）。
Paul Weatherwax (1954) "*Indian Corn in Old America*" The MacMillan Company, New York, p.71

トウモロコシの穂が長大になった裏には、じつは農民の気づかない著しい形態の変化があった。テオシンテは二条二列構造をしているが、トウモロコシは四条構造をなす二つの節が重なった八列の構造をもっている。それ以外にもさまざまな変化があるが、詳細はハーランの著書（一九八四）を参照されたい。

さらに彼らは、栽培技術にも優れていた。ヒル（hill）（**図3・8**）という小さい土の山に密に植えることにより、トウモロコシは分げつのない形、つまり単茎になりやすくなり、また個体間での自然交雑が増え、自殖による収量の低下を防ぐことができた。また栽培中に何回となく周囲の土を根際に寄せる土寄せという作業を行なったが、それは分げつ根を抑え植物体を強くするのに役立った。さらに彼らの灌漑施設の技術も、賞賛に値する。

南米――ペルーでの発掘

ペルーでは、一九五七～一九六〇年のロス・ガヴィラネスでの発掘で、先土器時代にあたる五〇〇〇～四〇〇〇年前のトウモロコシが発見されている。穂軸の形態から、大部分のサンプルは三つの系統のどれかに分類できることがわかった。穀粒は、ポップコーンかフリントコーンであった[13]。

二〇一二年、ペルーの海岸の丘のパレドネス（Paredones）やワカ・プリエタ（Huaca Prieta）の地から、約六七〇〇～三〇〇〇年前と推定されるトウモロコシの穂、苞皮、雄穂、茎、穀粒など、さまざまな化石がグロブマンらにより発掘された[14]。穀粒は、その大きさ、硬さ、熱するとはじける性質から、ポップコーンと判定された。最も古い年代の化石は穂柄のついた穂で、長さ三・一センチで細く円柱状の形をもち、粒列は八列で、九六粒が稔っていたと考えられた。年代は二〇一二年現在で六七七五～六五〇四年前のものと推定された。これはバット洞窟で発見されたものよりも古く、土器の使用以前のものであることが注目された。容器を使用することなくポップコーンを食することができたと考えられる。なお土器時代以前のアンデスには、少なくとも二種類の品種が存在した。

この最古の穂は、メキシコのギラ・ナキツ洞窟で発見されたトウモロコシといくつかの点で異なっていた。すなわち、後者の花序が左右相称型の二列で、テオシンテの形質を強く残しているのに対して、前者のは硬く伸びた護頴をもたず、小穂は対になり、列数がほとんど倍になり、花序は多列でやや長く、テオシンテの形質が一切認められなかった。

このことは、アメリカ先住民によりいくつかの重要な形質が選抜され、その結果、種子生産が高まるとともに、粒が殻から外れやすいように変化したことを意味する。トウモロコシは、起源地メキシコから南米に拡散する間に大きな進化を遂げたといえる。トウモロコシが南米に入ってテオシンテの自生地から離れ、テオシンテとの自然交雑を免れるようになって、先住民による形質選抜が容易で確実になったのであろう。なお論文の著者らは、植物の化石の少なさから、四五〇〇年前頃までは、この地域ではトウモロコシはまだ主食になっていなかったであろうと述べている。また液体を飲むためのカップや煮るための容器は発見されなかったので、トウモロコシを発酵させて飲むこともなかったと考えている。

時代が下がって、五五〇〇～五〇〇〇年前になると、通常栽培されていたトウモロコシの草丈は低くなり一・五メートル程度になった。また各穂は苞皮によって完全に覆われるようになり、粒が害虫の幼虫に食われる被害を避けられるようになった。

なお、帯化（たいか）したトウモロコシ化石も発見され、トウモロコシの粒列が進化とともに増加したことには、穂の帯化が大きく働いていると考えられた。四〇〇〇年前になると、帯化につづく穂の伸長により、穂における粒の列数と列あたり粒数がともに増し、生産量が向上した。帯化とは、植物の茎頂や根端にある成長点に異常が生じ、本来は点状である成長点が線状になることをいい、茎などの形態が扁平に広がって帯状になることから名づけられた。帯化はタンポポ、ケイトウ、ユリなどでよく知られている。

メキシコの起源地から周辺地域への伝播

トウモロコシが起源地メキシコから周縁の中米地域へ、さらに北米、南米へと新大陸の中をどのように伝播していったかについては、今も活発な研究課題となっている。

松岡らの推論によると、トウモロコシは標高一七〇〇メートルを超すメキシコ高地のオアハカとハリスコ（Jalisco）の間で最初の分化をおこし、それから低地へと広がった。その後の伝播径路は二手に分かれ、一つは、西部および北部メキシコから米国南西部、米国東部をへてカナダへ、もう一つは、メキシコ西部および南部の低地をへて、グアテマラ、カリブ諸島、南米低地、そしてアンデスの高地へと伝わった。この伝播過程も考古学および人類学の調査とあわせて検討されなければならない。

メキシコは熱帯圏に属しているので、トウモロコシはまずグアテマラなど日長がメキシコと同程度の熱帯の地域にまず伝播し、それから夏季の日長が長い南米の北部へと伝わったと推測される。

1. メキシコ内の伝播

フロリダ州立大学のM・ポールらは、メキシコ湾岸のタバスコ州サンアンドレスで採集した古代トウモロコシの花粉にもとづく解析を行なった。彼らは、トウモロコシは起源地のバルサス川流域から南メキシコで最も狭い地域であるテワンテペク地峡を越えてサンアンドレスに伝播し、その時期は遅くとも七三〇〇年前と推定した。この地では、現在も過去もテオシンテの自生は認められない。なお六〇〇〇年前以降と推定される花粉は、それより前の時代の花粉にくらべて一倍半くらい大きかったので、その時期に穂軸の大きさが増大したか、品種の変化があったと推測した。[15]

2．北米大陸と南米大陸を結ぶ架け橋——パナマ

パナマ地峡とよばれる地域は、北米大陸と南米大陸とをむすぶ比較的狭い陸の架け橋となっていて、数多くの栽培植物の地上ルートとなってきた。西パナマ地域では年間降水量が三〇〇〇～三五〇〇ミリに達し、湿潤な森林地帯に位置する。ラネレは一九七一年にここを発掘し、使用されていた石器の種類から八〇〇〇～五二〇〇年前のタラマンカ相と五二〇〇～二一〇〇年前までのブーケー相に時代を区分した。そして前者は完全に狩猟採集の時代であるが、後者では根菜類の利用もあったのではないかと示唆したが、証拠はなかった。

カナダのカルガリー大学のR・ディッカウらは、西パナマ地域で発掘された石器に付着したデンプン粒を調べて、ブーケー相だけでなくタラマンカ相でもキャッサバやクズウコンという根菜の利用がすでにあったこと、それに加えてトウモロコシもそれらの根菜とともに利用されていたことをつきとめた[16]。なお、同じ地域からトウモロコシの花粉も発見されている。ヤムイモなどパナマ自生の植物のデンプンもみいだされたが、これらは周辺から採集されたり、住居近くの菜園で栽培されたりしたのであろう。また、根菜だけでなく、イネ科やマメ科の植物のデンプンも石器から発見された。

なお、年間降水量が一五〇〇～二〇〇〇ミリの中央パナマ地域で発掘された石器からもトウモロコシのデンプンが検出され、七八〇〇年前のものと推定された。そのトウモロコシは、ポップコーンのように胚乳の硬いタイプであった。

結論として、トウモロコシ、キャッサバ、クズウコンがメキシコからパナマ地峡を通過してアメリカ大陸の熱帯圏へと伝播していったことが示された。その伝播は、作物の拡散または交換によって行なわれたもの

で、農業を行なう人々自身が作物をもって移動したことによるのではないと推測されている。当時の人々は、森を切り開いた小さな集落に住み、季節的に利用している岩かげのシェルターの近くに小規模の畑を設けていたと思われる。

なお、パナマよりメキシコに近いコスタリカでは、北東部の発掘で五五六〇年前のトウモロコシの花粉が発見されている。[17]

3．南米エクアドル

エクアドルでのトウモロコシ栽培は、前三〇〇〇〜前二五〇〇年までにはじまっていたと二十世紀半ばには考えられていた。その年代は、エクアドル南西部の太平洋岸に近い村リアルアルトなどでつくられたヴァルディヴィア文化土器に刻まれたデザインや、表面についた穀粒の痕から推定されたものであった。ただし、この推定をすべての研究者が支持していたわけではなかった。[18] ちなみにヴァルディヴィア文化土器はアメリカ大陸最古のもので、日本の縄文土器と類似点が多いことから、日本からはるばる太平洋を渡ってエクアドル沿岸に直接縄文土器を伝えた船乗り集団がいたのではないかという説がある。

カルガリー大学の考古学者J・レイモンドは一九八〇年代はじめに、熱帯の西エクアドルにあるロマアルタという村落の発掘を行なった。ここはエクアドル最古の村落の一つとされ、六四五〇年前から住民が暮らしていたとみられ、海岸から一二キロの地点にある畑に隣接している。

今世紀になってその一派の研究に進展があった。レイモンドの研究室の院生ソーニャ・ザリロらは、その地で発掘された日常に使用されていた陶製の調理容器や植物性物質を粉に挽くための石器の破片から先史時代の食事の炭化した残りかすを採取して、デンプン粒の有無を調べた。熱帯の地にもかかわらず、顕微鏡下でみたデンプン粒はよく保存されていて、どんな植物のデンプン粒かも正確に識別できた。その中にトウモロコシのデンプン粒が含まれていた。デンプン粒の存在は、そのデンプンで構成されていた作物の存在を示していた。それだけでなく、食器用具にへばりついていた古代の食べ物の残りかすは、花粉や植物石とちがって、その植物が食物として利用されていたという直接の証拠となった。それは古代の世界の食事の様相を明らかにする画期的な方法であった[19]。なお同じ方法で、キャッサバ、クズウコン、チリペッパー、タチナタマメなどがみいだされた。トウモロコシにはリジン、トリプトファン、ナイアシンなどが不足しているが、トウモロコシをこのような作物と一緒に食べることで、栄養のバランスが保てたのであろう。

調理用容器から採取された炭化した残りかすからは、トウモロコシのよく保存されたデンプン粒が得られた。大部分のデンプン粒がトウモロコシのものであった。デンプンの性質をみると、フリントコーンやポップコーンのような硬い胚乳のものと、フラワーコーンのような軟らかい胚乳のものとが混じっていた。すでにトウモロコシの胚乳型が分化していたことがわかる。

デンプンのあるものは、石臼で挽いた場合にできる傷があった。さらに興味深いことに、膨れてゼラチン化したデンプンや塊となったデンプンがみつかった。これらは、デンプンがスープやシチューのようにお湯の中で熱せられたことを示している。

当時のパナマではトウモロコシが宗教儀式で用いられていたが、エクアドルでは食べ物としてすでに重要であったことがわかる。

調理容器の残りかすを加速器質量分析法で直接に年代測定した結果、エクアドルの村落ロマアルタでは少なくとも六二〇〇年以上前にすでにトウモロコシが主要な作物となっていたという証拠が示された。当然ながら、トウモロコシがメキシコ中部からエクアドルに伝播した時期はさらに早かったと推測される。

第4章

コロンブス以前のアメリカ大陸における農業とトウモロコシ

南北アメリカ大陸では一〇〇種以上の作物が生まれたが、トウモロコシは唯一の主要なイネ科作物といえる。コロンブスが新大陸にやってくるまで、トウモロコシはアメリカ大陸の各地で先住民により栽培されてきた。九〇〇〇年前にメキシコで生まれたトウモロコシは、その長い間に、メキシコから北は現在の北米やカナダへ、南はペルー、チリにいたるまで伝わった。そして、北米先住民社会、メキシコのオルメカ文明、マヤ文明、アステカ王国、南米のチャビン文明、モチェ文化、ナスカ文化、インカ帝国などの繁栄を支えた。

トウモロコシの穂に実った種子は、自然のままでは拡散できない。タンポポの種子のように風にのって飛ぶこともなく、果物の種子とちがって鳥が運んでくれることもない。トウモロコシは地域から地域へと主に交易を通してゆっくりと伝わっていった。

南北アメリカ大陸の先住民にとって、トウモロコシは単に食生活を支えた主要な作物というだけでなく、出生から死まで、過去から未来まで、生活の隅々にまで浸透した存在であった。比喩的にいえば、トウモロコシは彼らを守る母であり、神力を与える父であり、渇仰の対象であった[1]。ほかの作物はいつでもどこにでも自由に栽培することができたが、トウモロコシだけは播種、栽培、収穫が必ず定められた民族固有の儀式に即して、決められたときに決められた場所で行なわれた。

以下にメソアメリカ、アンデス、北米における古代農業とトウモロコシ栽培について述べる。なおメソアメリカおよびアンデスの農業については、杉山三郎ら『古代メソアメリカ・アンデス文明の誘い』を参考にさせて頂いた[2]。

メソアメリカ

メソアメリカ文明には、大河はない。そこが中東のチグリス・ユーフラテス河をもつメソポタミア文明、ナイルの賜物といわれるエジプト文明、インドのインダス河周辺に発達したインダス文明、中国の黄河中流域に誕生した黄河文明などと異なる。

しかし、水をもたらすのは大河だけではない。年間降水量、とくに作物が成長する時期に降る雨の量が十分なら、あるいは付近の山や高地から流れ下る水量が確保されれば、植生は豊かとなり、農耕を発展させることができる。また農耕技術の発達とともに有効な灌漑システムが設計されれば、天から与えられた水を有効に作物の栽培に用いることができる。メソアメリカ文明における農業はその成功例といえる。彼らは鉄器をもたず、車輪を工夫する知恵がなく、土地を耕す牛馬さえもっていなかったが、その不足を共同の工事作業と栽培における勤勉さで補った。

古代メソアメリカ文明圏の時期区分は、石期（前八〇〇〇年頃まで）、古期（前八〇〇〇頃～前一八〇〇年頃）、先古典期（前一八〇〇頃～二五〇年頃）、古典期（二五〇頃～一〇〇〇年頃）、後古典期（一〇〇〇頃～一六世紀）に分けられる。

1. オルメカ文明の農業

オルメカ（Olmec）文明は、メソアメリカ文明の源とされ、マヤ文明に先立ちおよそ前一五〇〇年に興り、前四〇〇年頃まで栄えた。オルメカとは、「ゴムの人々」を意味する。オルメカ文明の中核地域は、メキシコ湾岸低地南部のタバスコ州西部とベラクルス州南部であった。オルメカ文明は、熱帯雨林の高温多湿の気候の地に誕生した。

　地域の海抜は火山地帯を除けば、一〇〇メートルを超えない沖積平野が広がっていた。六〜一二月および一〜二月の二期に大量の雨が降り、この地帯を潤す。たびたび襲う洪水も、土地に肥料となる養分を運んでくるのに役立った。形成された熱帯雨林は、豊富な動物相とともに、オルメカ人の狩猟採集の生活を支えたと推測される。

　いっぽうでは、彼らはトウモロコシなどを中心とした初期の農業を営んでいた。トウモロコシのほかにも、マメ類、キャッサバ、カカオ、ワタ、ヒマワリなどを栽培していた。その農業では、優れた灌漑システムが注目されている。テオパンテクアニトラン遺跡から出土した水利工事跡では、玄武岩の石材が丁寧に削られ、重ね合わされているのが発見されている。

　オルメカ人は、彫刻に優れ、初期的な暦を用いていた。彫刻では巨石や宝石を加工する技術をもち、巨石人頭像、ジャガー神像、ヒスイの仮面などがのこされている。二〇〇六年には、ベラクルス州カスカハル遺跡でメソアメリカ最古の文字を含む蛇紋岩製ブロックが発見されている。

2. マヤ文明の農業とトウモロコシ

　マヤ（Maya）文明の歴史は、前一〇〇〇年頃にユカタン半島にはじまり、スペイン人の侵略までつづいた。通常は、一五二一年八月にスペインのエルナン・コルテスの侵略によりアステカの王都テノチティトランが攻略されたときをマヤの滅亡とする。しかしマヤ地域の抵抗はそれで終わることなく、一六九七年に密林の中にあった最後の王国タヤサルが滅ぼされるまでつづいた。古典期中の二五〇〜九〇〇年がマヤの全盛期であった。

スペイン人がやってきた頃、マヤ人の居住地域は、現在のメキシコ南東部、太平洋岸低地をのぞくグアテマラ全土、エルサルバドル西部、ホンジュラス西端、ベリーズ全土におよんでいた。彼らの国は、たがいに独立した国家がゆるく連合した集合体で、一つの王国にまとめられ一人の王が統治することはなかった。国家の規模は、広域国家から小都市国家まで時代や地域によってさまざまであり、歴史の中でたがいに戦争や抗争も行なわれた。またマヤ語という共通した言語はなく、マヤ民族という単一民族も存在しなかった。

マヤの土地は、三五万平方キロにわたり、地域により自然環境がいちじるしく異なるが、高度差によりマヤ高地、マヤ低地南部、マヤ低地北部に大きく分けられる。

マヤ高地は、メキシコのチアパス高地とグアテマラ高原を中心とした海抜八〇〇メートル以上の山岳地帯である。気候は冷涼かつ湿潤で、土壌は深く豊かである。針葉樹やブナ科の常緑樹が生いしげる林が広がる。マヤ低地南部は、チアパス州北東部、グアテマラの中央から北部、ベリーズを含む。気候は高温多湿である。五～一二月の雨季には、五〇〇～三七三ミリの降水量がある。それによりセイバやマホガニーのような大木がそびえ、内部に日光が届かない熱帯ジャングルが形成される。

マヤ低地北部は、メキシコ盆地、オアハカ盆地、ユカタン半島北部を含む。気候は乾燥した熱帯サバンナで、低木林が広がっている。広大な地下水脈がある一方で、地表水が少なく川や湖沼がほとんどないことが特徴である。地表は石灰岩質のため、雨で浸食され陥没しやすい。陥没した穴に地下水がたまりセノーテ(cenote)という天然の泉となり、マヤ人の貴重な飲み水となっていた。[3]

青山和夫の『マヤ文明——密林に栄えた石器文化』(二〇一二)によれば、マヤ文明は「機械に頼らない手作りの文明」であった。石器の材料としたのは、主に黒曜石と珪石であった。[4] スペイン人が侵入してきた時代まで、鉄器を使用しなかった。金属を知らなかったわけではなく、銅や金の製品があった。しかしそれらは装飾や儀式用であった。車輪のついたオモチャはつくったが、その原理を応用して荷車を開発することはなかった。飼っている動物はイヌと七面鳥だけで、荷物を運んだり農地を耕したりするのに役立つ大型家畜はもたなかった。乳を搾るための家畜もいなかった。

マヤの民は、巧みな農耕生活を営み、ジャングルを切り開いて道路を整備し交易ネットワークを設け、神殿ピラミッドや王宮など巨大で装飾豊な建築物と象徴的な芸術品を後世にのこした。マヤ人はとくに、文字、算術、暦、天文学に優れていた。マヤ文字とよばれる象形文字を発達させ、日本の漢字カナまじり文のように、表意文字と音節文字を併用して記述した。文字の総数は四万を超える。彼らは、アメリカ先住民中で唯一文字をもっていた民であった。たくさんの蔵書を保存していたが、残念なことに侵略してきたスペイン人によりわずか四冊を残してすべて焼却されてしまった。

算術については、古代インドより先に世界ではじめてゼロの文字と概念をもっていた。また、二〇進法を駆使して非常に大きな桁の数まで表現できた。暦は二六〇日で巡る神聖暦と、三六五日で巡る太陽暦を併用していた。天文学では平均月齢を小数点以下三桁まで正確に求めていた。宗教は自然崇拝の多神教で、トウモロコシもその崇拝対象の一つであった。

トウモロコシが近縁植物のテオシンテから生まれた時期（前七〇〇〇年頃）は、時期区分の古期にあたる。しかし、それからも長い間生活の基盤は狩猟採集にあった。先古典期の前期になると、マヤ低地では、季節的に移住しながら焼畑農業でトウモロコシなどを栽培するようになった。マヤ人は、開墾のために樹を伐採する前に断食と禁欲を守り、大地の神々に供物を捧げた。二〇〇五年に行なわれたグアテマラ北部のサンバルトロ（San Bartolo）の「壁画の神殿」の調査で、マヤ最古の文字と、トウモロコシの神が描かれた壁画が発見された。壁画のそばの木片の放射性炭素の年代測定により、マヤ低地では遅くとも前三〇〇〜前二〇〇年までにトウモロコシ栽培が行なわれていたことが確認された[5]。

マヤ人は焼畑農業を基盤としながらも、天水だけでなく運河を開いて水を引いていた。沼沢地を干拓して畑に変え、棒で土を突いて穴をあけ、そこに種子を播いた。彼らの土地は表土が浅く、その下の石灰層から土壌養分が逃げやすかった。マヤ人はウシやウマなどの家畜を飼わなかったので堆肥を知らず、人間の排泄物を利用することもなかったので、土地の肥沃さを維持することはむずかしかった。そのため、畑を開墾しても数年で地力が衰え収穫が少なくなった。

そうなると彼らは、古い畑を放棄して、また別の場所に新しく畑を開いた。古い畑は、雑草が生え、木がしげり、やがてもとの森林に戻るにまかせた。熱帯圏の土壌は枯渇しやすいため、この方法では長い間土地を休耕にしなければならず、三〇～四〇年も放置されることもあった。しかしマヤ人のこの畑管理の方法には一理あった。熱帯では、使わなくなった畑を雑草が生えたまま放置しておくことは、大雨の際の土壌浸食を防ぐ効果があった。また開墾の際に雑草や樹木を焼き払うことで、次の耕作のために有用な肥料、とりわけカリ成分を増やすことができた。

なおメキシコ南部の高地のオアハカ盆地では、川や泉から得る水量が十分でなかったので、運河による灌漑システムは適さなかった。前七〇〇年頃、そこでは人は井戸を掘り、水をくみ上げていた。井戸は水面まで三メートルほどの浅いものだったので、農家が戸別にたやすく掘ることができた。

栽培化されたばかりの頃のトウモロコシは穂軸の長さが二センチほどの小さなもので、収穫量もわずかであった。しかし、数千年にわたる間の農民による絶えまない選抜により、前一〇〇〇年頃の先古典期の中期になると、穂軸が長く、穂につく粒数の多いトウモロコシが栽培されるようになった。それとともに、農業生産が高まり、生業の中の農耕の比重が高くなった。また、その頃に土器の使用が広まり、トウモロコシといっしょにマメ類やカボチャ類などを煮て食べるという食生活の変革がおこった。トウモロコシとともにキャッサバも主要な食料であった。キャッサバはトウモロコシにくらべて、痩せた土地でも生育し、旱魃にも強い。ほかにトウガラシ、カカオ、アボカド、パパイヤ、サポーテ（アカテツ科植物）なども食された。農業生産の向上と栄養の向上により、定住生活がはじまり、人口が増加した。

それはトウモロコシが生まれてから六〇〇〇年もたってからのことであった。農業や食生活の変革には長い時間がかかった。オオムギやコムギを中心に発展したメソポタミア文明よりも、農耕の発展による定住生活への移行に時間がかかったのは、トウモロコシが他殖性で遺伝的に固定しにくい作物であったことが関係しているのかもしれない。

マヤの農業は焼畑だけでなく、ほかにも独特に工夫された集約農業があった。それは前二〇〇年頃にはじめられた、チナンパ（chinannpa）（95頁**図4・7**参照）、別名「浮き庭園」という畑である。チナンパとは、ナフアトル語で「アシの柵のある場所」を意味し、湖岸近くの浅い湖の床を杭と柵で囲って土を盛った小さな矩形の畑である。大きさは三〇×二・五メートル程度と報告されている。チナンパの周囲には排水用の運河が掘られ、一連の石製の通路が設けられた。海抜一メートルほどの高さに土を盛るために、下に泥灰が置かれた。こうすることで、播種のときに適度の水分が種子に与えられる、土は十分に砕かれ通気がよくなるので根が深く伸びる、周囲の排水溝から加わる表土や養分により土が肥沃になる、などの効果があった。畑ではトウモロコシ、アマランス、ワタ、カカオなどが植えられた。

彼らは、山や丘の斜面に段々畑を設けることもあった。それは斜面の有機物を保持し、土壌の浸食を防ぎ、水分を保持するのに役立った。ただし、段々畑は広く普及することはなかった。

マヤの畑のシステムを維持するには、時間や経費に加えて組織力が必要とされ、それを可能とする指導者が求められた。それに加えて、排水溝、石畳の通路などを作成し維持するための莫大な労働力も欠かせなかった。マヤの農民は勤勉で、その集約的農業の下に、トウモロコシ、マメ類、カボチャ、サツマイモ、キャッサバ、トマト、アボカド、カカオ、トウガラシ、ワタなどさまざまな作物を栽培していた。

マヤの神話では、人間はトウモロコシからつくられたとされる。最初に四人の男性が、つづいて彼らの妻となる四人の女性がつくられた。

> 神々は暗黒の中で、夜の間に、相集って、相談しあった。おたがいに話に話を重ね、考えに考えを重ねた。(中略)やがてパシールとカヤラーという所から、とうもろこしの黄色い穂と白い穂がとり寄せられた。(中略)つづいて神々は、われらの最初の母、最初の父の創造について語りあった。そして黄色い穂のとうもろこしと白い穂のとうもろこしでその肉を創り、とうもろこしをこねて人間の腕や脚を創った。[6](マヤ神話『ポポル・ヴフ』第三部第一章)

トウモロコシはマヤ社会を支える主食として、マヤにとって無くてはならない作物であった。彼らはトウモロコシに特別の生命力を感じ、トウモロコシの神を渇仰し、石彫、壁画、土器などに頻繁に描いた。『マヤ文明の興亡』を著したJ・エリック・S・トンプソンは、「穀物が生き物であり、人間と共に闘ってくれる味方であるという考えは、西洋人には全く馴染みがない。(中略)それは、私たち西洋人が穀物に対しては絶対に感じることのできない感情といえよう」(青木和夫訳)と記している。[7]

マヤでは、トウモロコシに関連したさまざまな象形文字がつくられた。また彼らの一年のカレンダーは、トウモロコシの播種、成長、受精、登熟、収穫のサイクルを表わす言葉でつくられていた。人々は目が覚め

図 4.1　トウモロコシの粒を粉砕するための道具であるマノ（mano 石製磨り棒）とメタテ (metate 石板、石臼)。形状は民族や時代により少し異なることがある。（メキシコ国立考古学博物館所蔵）
Paul Weatherwax (1954) "*Indian Corn in Old America*" The MacMillan Company, New York.p100

図 4.2　1541 年から 15 年間、中南米を探検したイタリアのジロラモ・ベンゾニが描いた先住民によるトウモロコシの調理。マノとメタテでトウモロコシの穀粒を粉に挽き（左)、それに水をくわえて小さなケーキ状にし（中央)、コマル (comal　鉄製容器、鉄板) で焼いている（右)。調理はすべて女性によっている。この図および次図は、コロンブス以後の先住民の姿を描いたものであるが、作業の基本はコロンブス以前の時代と大差ないであろう。
Girolamo Benzoni (1565) *La historia del Mondo Nuovo* p.57

図 4.3　マノとメタテにより水に浸したトウモロコシ粒を砕く作業。
Paul Weatherwax (1954) "*Indian Corn in Old America*" The MacMillan Company, New York, p13

ている時間の大部分をトウモロコシとその栽培に影響を与える季節、天候、動植物についての会話で費やすほどであった。人の身分はミルパとよばれるトウモロコシ畑で評価され、男も女も会話の中心はトウモロコシ畑であった。また、焼き器から焼けたトルティーヤ（tortilla）という薄焼きパンを直接とって食べると誰かに殺される、トウモロコシの貯蔵倉が一杯になった夢をみた人は健康になる、黄色いトウモロコシの穂をひとりぽっちの子供に残しておいてやると子供の魂が盗まれずに守られるなど、トウモロコシにまつわる言い伝えも多かった[8]。

トウモロコシの播種には掘り棒と鋤が用いられた。収穫したトウモロコシ粒は、石灰水またはマホガニーの樹皮からつくった灰汁とともに煮て外皮をとりさり、メタテとよぶ石盤の上で石棒（マノ）を用いて練り粉にした（**図4・1**）（**図4・2**）（**図4・3**）。その作業は杵などで餅をつくような上下運動ではなく、水平運動だった。練り粉を熱した石板の上で焼いてトルティーヤなどのパンをつくった。粥や煮物料理にすることは少なかった[9]。

トルティーヤは、マヤ低地では後古典期頃に、マヤ高地ではそれ以前から普及した。先古典期および古典期のマヤ低地では、切りきざんだ肉とつぶしたトウモロコシを苞でつつみ蒸したタマリ（tamale）や、トウモロコシの練り粉をベースとした温かい飲みもの（アトレ）も用いられた。グアテマラのサンバルトロ遺跡でみいだされた前一世紀の壁画には、トウモロコシの神にタマリを捧げる女性の姿が描かれている[10]。

3．テオティワカン文明

テオティワカン（Teotihuacan）文明は、前一五〇年頃から興隆した。その文明はメキシコ中央高原を中心とし、メキシコ湾岸、オアハカ盆地、マヤ低地に影響をおよぼした。しかし六五〇年頃に、内乱または外敵

図4.4　アステカの首都テノチティトランにおけるトウモロコシを商う市場（1945年作成の壁画）。
Bruce D. Smith (1998) *The Emergence of Agriculture*. Scientific American Library, New York. p147

の来襲によるのか、突然大火で滅亡した。

首都テオティワカンは緻密な計画の下に建設され、その人口は最盛期には一二万人以上に達し、南北アメリカ大陸最大の都市であった。そこには太陽のピラミッド、月のピラミッド、ケツァルコアトルの神殿などの施設とともに、上流階級や庶民の住宅、職人の工房、異民族の居住区画などが整然と配置されていた。壮大な首都の地下には下水用の暗渠（あんきょ）がめぐらされ、住宅を囲む石壁にはフレスコ画が描かれていた。テオティワカンとは、「神々の場所」を意味し、廃墟となった巨大なピラミッド群をみてアステカ人が驚嘆して名づけたものである。

住民の食料は豊富で、トウモロコシをはじめインゲンマメ、カボチャ、アマランサス、トマト、アボカド、トウガラシ、ウチワサボテンなどの遺物が発掘されている。(11)

4. アステカ王国の農業

アステカ（Azteca）王国は、マヤとよく並び称されるが、マヤよりも二〇〇〇年以上遅く現れ、その栄華は一〇〇年たらずであった。地域もマヤから一〇〇〇キロ以上離れていた。

アステカは、一三世紀にメキシコ川谷に進出し、一四二八年頃には、テスココ、トラコパンと三都市同盟を結び、メキシコ中央高地に栄えた。現在のメキシコ・シティがある場所である。当時そこには大きな塩湖であるテスココ湖が広がり、その中の島に首都が建設された。首都はテノチティトランとよばれ（**図4・4**）その人口は一〇万を超え、江戸、北京、上海について世界四位であった。アステカ王国は、インカ帝国とともに、当時のヨーロッパにくらべても劣らない高度な文明を築いていた。一六世紀初頭には、領土は二〇万平方キロ、人口は六〇〇万に達していた。しかし一五二一年八月に、スペイン人エルナン・コルテスの軍勢により首都が攻略され、王国は滅亡した。

図 4.5　アステカのトウモロコシの男神。

図 4.6　アステカのトウモロコシの女神チコメコアトル。右手に二股に分かれたトウモロコシの穂を掲げている。

Paul Weatherwax (1954) "*Indian Corn in Old America*" The MacMillan Company, New York. p16（図 4.5)、p17 (図 4.6)

アステカ王国は一枚岩の大帝国ではなく、政略結婚や政治同盟で結ばれたつぎはぎの王国だった。ちなみに二〇〇〇人の妻と一四四人の子をもつ王もいた。アステカ王国は領土の拡張よりも貢ぎ物を要求した。テノチティトランには、各地から七〇〇〇トンのトウモロコシ、それぞれ約四〇〇〇トンのマメ類、アマランサス、チア（シソ科サルビア属植物）などが貢納された。[12]

マヤと同じくアステカでも主食はトウモロコシであった。農耕に関連した祭礼では、雨とトウモロコシの神が崇拝された。農耕暦では、アステカの元日の二月一二日、トウモロコシの種子を播く四月三〇日、雨季の絶頂の八月一三日、トウモロコシの収穫の一〇月三〇日には、とくに盛大な祭礼がとり行なわれた（**図4・5**）（**図4・6**）。

メキシコ川谷に進出した頃、農民たちは焼畑農業と灌漑技術を行ない、また湖沼ではマヤと同様にチナンパを形成した。ただし、マヤよりも区画は大きかった。浅い湖沼の区画を木杭などで囲って、カヌーで芝、アシ、イグサ、水草類を運んで敷きつめ、水底の肥沃な泥土をつみあげて造成した。ここでは、乾季でも沼の水が作物の根を潤おした。敷いた芝や水草は肥料となり、周囲の運河から有機物に富む養分が得られた。肥料には人糞も使われた。

チナンパの生産性は、トウモロコシに換算してヘクタールあたり二・四～四トンに達し、アジアの水田稲作にも匹敵した。チナンパではトウモロコシ、インゲンマメ、カボチャ、アマランサス、ハヤトウリ、トマト、トウガラシ、チア、薬用ダリアなどが栽培された。テノチティトラン周辺とテスココ湖の南岸地帯に多くつくられ、一六世紀には一二〇平方キロに広がり、「アステカ王国の穀倉」とよばれた（**図4・7**）。

なお、今も世界で使われるアボカド、チョコレート、トマトの語は、アステカの言語に由来する。前述のとおり、カカオは古くオルメカの時代から利用されマヤでも栽培されたが、アステカでは王、貴族、戦士ら

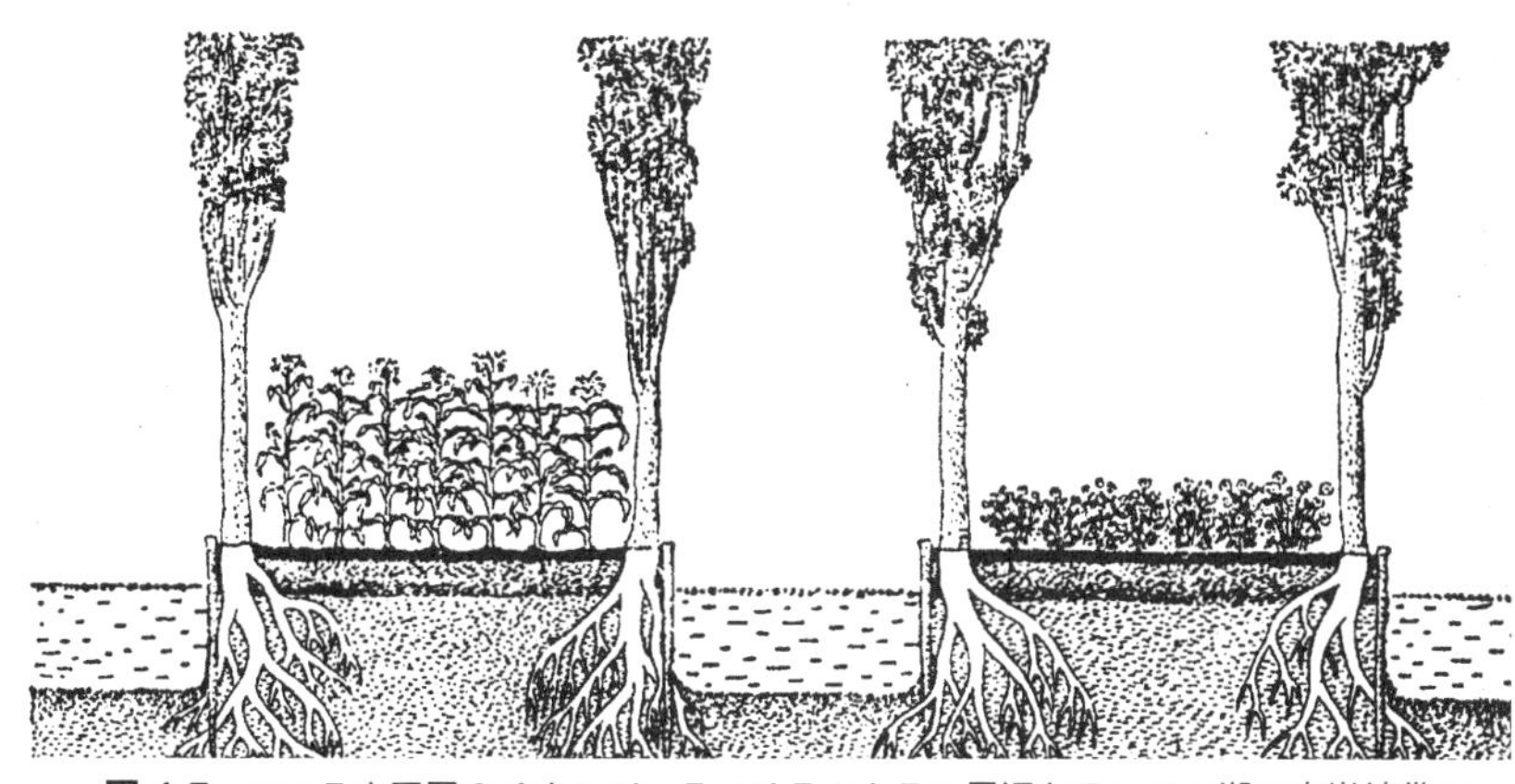

図 4.7 アステカ王国のチナンパ。テノチティトラン周辺とテスココ湖の南岸地帯に多く存在した。　サアグン、コルテス、ヘレス、カルバハル（小池佑二訳）(1980)『征服者と新世界』大航海時代叢書　第 II 期 12、岩波書店、p41.

の嗜好飲料ショコラトル（チョコレートの語源）として珍重され、またその豆は貨幣の代用となった。

チナンパでつくられた作物のうち、とくにトウモロコシ、カボチャ、マメ類の三点セットは、食卓に基本的な栄養バランスを与えた。トウモロコシは収穫量が多くエネルギーの確保に役立つが、必須アミノ酸のリジンとトリプトファンが少ない。その不足分はマメ類で補われた。

季節により地域により、トウモロコシ、カボチャ、マメ類のセットが得られず、トウモロコシだけを主な糧とするしかない場合があった。しかし、それでもリジンやトリプトファンの欠乏から来る栄養障害を受けることがなかった。彼らみずからが開発した簡便な方法でトウモロコシの栄養価を高めていたからである。それはトウモロコシの粒をアルカリ水溶液で処理する方法で、スペイン語でニシュタマリサシオン（nixtamalización）、英語で nixtamalization とよばれる。具体的には、雌穂からとった粒を、砕いた石灰石、木灰、または貝殻を含む液につけるかその中で料理する。それにより粒の外皮がゆるみ、洗うだけで粒がとれ、粉にしやすくなる。

それだけでなく、ナイアシン（ビタミンB3）が抽出され、またタンパク質のグルテリン成分中のリジンが利用しやすい形となる。処理によってデンプンがゼラチン化し、デンプンに結合するカルシウムの量が三倍に増加し、マグネシウムとおきかわる。タンパク質含量は一四%以上となり、リジン含量はタンパク質中四%にもなる。このようにして、昔も今もメキシコの食卓の主役で栄養豊かなトルティーヤをつくるのに適した粉ができあがる。彼らの会得した方法は、後述のトウモロコシの栄養成分の欠乏に起因するペラグラという重篤な疾患（188頁参照）の発症を未然に防いでいた。

集約的な農業を展開していても、旱魃が襲うときには、王国は食料不足となった。旱魃の年にはモミなどの樹木の年輪幅が小さくなることから、古い時代のことでも、いつの年に旱魃となったかをさかのぼって推定できる。アステカ王国では五二年サイクルのカレンダーが使われていたが、八八二〜一五五八年の一三サイクル中で、「一の兎の年」の前年には一〇回も旱魃に襲われた。旱魃はそのつど深刻な飢饉をもたらした。このため「一の兎の呪い」といわれた[13]。一四五四年の大飢饉の折には、モクテスマ一世がカヌーに乗って首都の飢えた人々にトウモロコシを配ったことが知られている[14]。旱魃のほかにも、雹、霜、雪、洪水、バッタ害などにも悩まされた。

南米の古代アンデス文明

トウモロコシがメキシコから南米にどのように伝わったのかを辿ることは、証拠がきわめて乏しいため難しい。しかし、南米に到達してからのトウモロコシの伝播や栽培の様子については、それよりずっと明らかになっている。

南米大陸の太平洋側に縦にはしるアンデス山脈の周辺に、古代の文明が数多く展開した。それらをまとめてアンデス文明とよぶ。その地域は、現在のペルーを中心に、北方のエクアドル、南方のボリビア、チリ北部、アルゼンチン北部を含む。環境は地域ごとに多様で、太平洋に面した海岸砂漠、アンデス山脈の高地、アマゾン側の熱帯雨林に大別される。

1．先土器文化

アンデス文明は神殿の建設からはじまった。前三〇〇〇～前二五〇〇年頃と思われるカラル神殿をはじめ、エル・バライソ神殿、コトシュ神殿などの遺跡が知られている。それらは旧大陸のメソポタミア文明に匹敵するほど古い。神殿では神官集団が祭儀を司った。しかし民を統べる王はまだ存在しなかった。

土器をもたない時代を先土器時代という。作物を煮炊きしたり、貯蔵したりするには土器が必要である。作物からつくる酒を飲むにも土器は欠かせない。土器は農耕社会がはじまったというしるしである。通常はまず農耕がはじまり定住生活となり、その農耕の社会が発展して余剰の富が生まれ、巨大な施設や神殿の建設へと発展する。しかし、アンデス文明では、土器より先に神殿が建てられ、その後も土器のない時代が二〇〇〇年以上つづいた。

アンデスでは、カラル神殿をはじめ多くの神殿は海岸地帯にある。ここは砂漠が多く、水資源に乏しかった。人が住める主な地域は、アンデスの山岳地帯から流れ落ちる河川の流域に限られた。このことからアンデス社会は、最初に農耕ではなく漁労により形成され発展したと考えられている。ただしワタやヒョウタンは栽培されていた。魚網や浮きをつくるための工芸作物としてであった。

土器の使用がはじまるのは、ようやく前一五〇〇年頃であった。それは農耕用というより、神殿で祭司が使う儀礼用であった。土器が農耕に使われ数が増えてきたのは、さらに三〇〇年以上後であった。

一般に先土器文化の時代には、トウモロコシやジャガイモの栽培はまだなく、魚介類、イモ類、それに採集した自然の植物に頼って生活していたと推測されていた。しかし、T・リンチによれば、前三〇〇〇～前二七〇〇年のものと推定されるトウモロコシが、アルゼンチン北部およびチリでの発掘によりみいだされている。それよりスチュアート・フィーデルは、ペルー高地には前三二〇〇年までに伝わっていたと考えている。[15] 前述（74頁）のグロブマンらによる最新の発掘の成果とあわせて考えると、南米でのトウモロコシ栽培は二十世紀に推定されていたよりもずっと早い頃からはじまっていたと思われる。

二〇〇六年にスミソニアン国立自然史博物館のリンダ・ペリーらは、古代ペルー人はすでに約四〇〇〇年前にトウモロコシを栽培し食べていたという証拠を得た。彼女らはペルー南部のアレキパ州のワイヌナ(Waynuna) で先土器時代後期の住居の残がいをみつけた。ワイヌナはコタワシ渓谷にそびえるケロアイカノ山の斜面高地にあり、標高三六二五メートルで季節的な降雨がある。

古代住居の床からトウモロコシ、ジャガイモ、クズウコンのごく細粒が発見された。マクロ化石としてトウモロコシの葉や穂軸もみつかった。さらに、同時にみつかった道具は作物の残滓で覆われており、トウモロコシの粒は粉に挽かれていた。この粉から一種のパンをつくっていたと考えられた。これより、そこの住民は食べ物を自ら栽培し加工していたこと、そして、栽培も加工も住居周辺で行なっていたことが示された。

トウモロコシには二種類あり、一つはフラワーコーンで、もう一つは、硬い胚乳をもつのでポップコーンかデントコーンとみられた。なお、ジャガイモについては野生種か栽培種か区別できなかった。クズウコンについては、低地の熱帯雨林を適地とし、発見場所のような高地では育たない作物であるので、交易によって入手していたと考えられた。

ワイヌナは斜面の上部のジャガイモ栽培地と下部のトウモロコシ栽培地の境界に位置し、その上黒曜石の掘削場に近く道具の製作に便利であり、定着生活をするのに最適の場所であったと推測された[16]。

2．プレ・インカの時代（1）――チャビン文明

アンデス地域では、チャビン文明、ペルー北海岸のモチェ文化、南海岸のナスカ文化など各地に独自の文化が誕生し、六〇〇年頃から南海岸に興ったワリ文化が各地に影響を与え、一〇〇〇年頃からはチムー、シカンなどの王国が出現した。

チャビン（Chavín）文明は、「ペルー最初の高地文明」とよばれ、前八〇〇頃～前二五〇年までの間栄えた。その文明の巨大な神殿チャビン・デ・ワンタルの遺跡が、現在のペルーの首都リマの北方三〇〇キロ、標高三一五〇メートルのアンデス山脈の東斜面にある。この頃神殿は海岸だけでなく、山岳地帯にも建設されるようになった。チャビン文明は石の彫刻や石づくりの建造物で知られており、また、表面にヘビ、コンドル、ピューマを思わす怪物などを複雑に組み合わせた彫刻をもつ石版や石柱を数多く残している。チャビン文明は前二〇〇年頃に消滅する。その原因はまだ確定されていない。

チャビン文明の時代にすでに、トウモロコシはその文明を支える重要な作物となっていた。ただし、炭素の安定同位元素を使った人骨の解析では、当時の人々はトウモロコシというC４型植物よりも、ジャガイモやキノア（Chenopodium quinoa）のようなC３型植物のほうを多く食べていたことが判明している。とくにジャガイモはトウモロコシより生産性が高いことと、高地の寒冷な環境に適しているため、主食とされた。

炭素には通常の原子量が一二の軽い元素のほかに原子量一三の重い安定同位元素がある。重い炭素／軽い炭素の量比を同位体比とよぶ。通常、体重五〇キログラムの人には、軽い炭素が一一・四キログラム、重い炭素が一三七グラム含まれる。しかし人体の炭素の同位体比は、人によって必ずしも同じではない。その理

図 4.8　アンデス文化の地域

由はこうである。同位体比はC３型植物とC４型植物の間で異なるので、どちらのタイプの作物をたくさん食べたかで人体の炭素の同位体比が若干異なってくるのである。いいかえると、人間のもつ炭素の同位体比を調べれば、ふだんC３型とC４型作物をどの程度の割合で食べているかが推定できるというわけである。

3．プレ・インカの時代（2）――モチェ文化

モチェ（Moche）文化は、一〇〇年頃～八〇〇年頃まで栄えた（**図4・8**）。その名はペルー北海岸にそそぐモチェ川に由来する。モチェ川の河口からやや内陸に、「太陽の神殿（ワカ・デル・ソル）」と「月の神殿（ワカ・デ・ラ・ルナ）」がたっている。モチェの社会は北と南で文化が異なる。北では金細工や金と錫の合金細工が、南では美しい彩色の土器が、副葬品として発見されている。

ペルー北部の海岸地帯は雨が少ないため砂漠が多い。それにもかかわらずモチェでは農耕が急速に発達した。それを可能にしたのは、アンデスの山から流れ落ちる河川の水を利用してはりめぐらした灌漑施設で

あった。とくにペルー北部のモチェ谷を中心として灌漑農業が発達し、大土木事業により長さ一一〇キロにおよぶ運河や巨大な貯水槽などがつくられた。灌漑水の水利権を守り、水路を維持するために軍隊も組織されていた。[17]

この時代、食料生産は大規模となり、作物の種類も豊富となった。出土した作物には、穀類ではトウモロコシ、雑穀ではアマランサス、キノア、豆類ではインゲンマメ、ラッカセイ、パカエ（別名アイスクリームビーン）、イモ類ではサツマイモとキャッサバ、そのほかカボチャ、アボカド、バンレイシ、ルクマなどがあった。ジャガイモは出土しなかったが、土器の図像にはよくみられることから、考古学的に残らなかっただけで、当時重要な食糧源であったことは疑いない。モルモットやアヒルも食料だった。トウモロコシからは、チチャとよばれたビールがつくられ、それを入れるための鐙（あぶみ）型土器もつくられた。鐙型土器の胴部には人面、作物、動物が立体的に象（かたど）られたり、筆で描かれたりしていた。農業だけでなく、漁業、狩猟、採集、交易も行なわれ、狩猟の様子は土器にも描かれた。

二十世紀後半にペルー北岸のペカトナムで、モチェ時代の墓が六〇以上保存のよい状態で発掘された。その墓の遺体には食べ物が供えられていた。食べ物として最も多いのはトウモロコシの穂で、ほかにラッカセイ、西洋カボチャ、インゲンマメ、ライマビーン、ルクマという果実、海草、貝、魚、肉もわずかながらみいだされた。食べ物はヒョウタンの容器に入れられていた。トウモロコシの穂は大きさも形もさまざまで、粒列数は八〜一六まであった。不思議なことに、墓からはトウモロコシが多くみいだされたのに、モチェの人々が主に食べていたのは貝であった。墓にトウモロコシを備えるというこの風習は、モチェの地にのちに出現したチムー文化やほかの地域で開花したインカ文明にもひきつがれた。[18]

4. プレ・インカの時代（3）――ナスカ文化

ナスカ（Nazca）文化は、巨大な地上絵や多彩色の土器で知られている。その生活は狩猟や農業で支えられ、わずかながら漁業も行なわれていた。ナスカの人々が住んだ場所は、モチェにもまして乾燥した土地であった。アンデスから流れ出る川も、ほとんどが途中で涸れた。そこで人々は穴を掘って伏流水をくみあげ農業などに利用した。また地下水路を敷設して、農業用水を供給していた。

出土した作物には穀類のトウモロコシ、イモ類のアチラ、アヒバ、キャッサバ、マメ類のラッカセイ、インゲンマメ、ライマメ、パカイ、そのほかルクマ、トウガラシ、ワタ、コカなどがあった。[19] リャマやアルパカを家畜とし、テンジクネズミ（別名モルモット）も飼っていた。

アチラという植物は、日本人にはなじみが少ないが、食用カンナである。観賞用のカンナよりはるかに大きい。学名は *Canna edulis* で、南米北西部原産の単子葉植物の多年草で、肥大した根茎をもちデンプンがとれる。アンデス地方ではアチラという菓子がつくられる。ナスカでは、このアチラが重要な食料であった。アヒバはマメ科の植物で、生食される。モチェとちがってナスカでは、ジャガイモもサツマイモも土器の図像にみられない。

5. プレ・インカの時代（4）――ワリ文化

アンデスの山岳地帯では、五〇〇～九〇〇年頃、現在のペルー中部のアヤクーチョ州を中心にワリ（Wari）王国が繁栄した。ワリの社会は、王が統治し、北高地のビラコチャパンパ遺跡や南高地のピキリャクタ遺跡などにみられるような地方支配のための行政センターが設けられた。ワリの地は乾燥した高原地帯で、一年のうち三か月しか雨が降らない。そこで、乏しい水資源を活用して農耕を展開するために、運河と

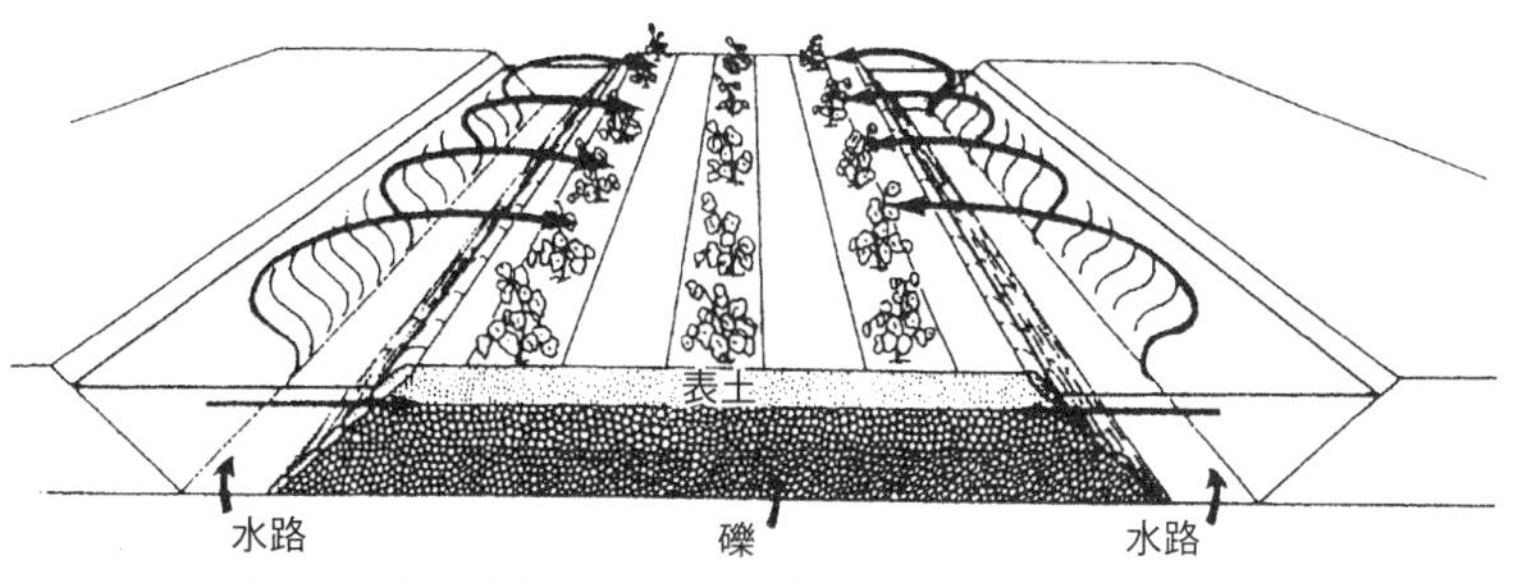

図 4.9　盛り土によって造成された畑スカコラス。盛り土の高さは 1.2 メートル、幅は 2 ～ 20 メートル、周囲の水路の幅は 1.6 ～ 4.5 メートルであった。設けられた総面積は 82,000 ヘクタールに達した。矢印は、水による保温効果の方向を示す。
Kolata,A.（1993）*The Tiwanaku: Portrait of an Andean Civilization*. Blackwell Publ., Cambridge.

ダムを建設した。また、山岳地帯の限られた畑面積を有効に使い、農作業をより安全にし、さらに灌漑水をむだなく循環させるために、アンデスの山を開墾して段々畑をつくった。ちなみに段々畑はアンデネスとよばれ、地名アンデスの由来となった。段々畑は、灌漑水により土壌が浸食され表土が流失することを防ぐ効果もあった。そこに植えられたのはトウモロコシで、食用のほか、酒としても大量に消費された。

リャマやアルパカの飼育も盛んで、運搬に使うだけでなく肉を食用とした。アルパカの毛からは織物がつくられた。人間および動物の骨に付いたコラーゲンに含まれる炭素と窒素の同位元素を最近調査した結果では、ワリ王国では、トウモロコシは人だけでなく動物にとっても重要な食べ物であったこと、およびアヤクーチョでは前八〇〇年頃から主要な作物となっていたことが判明した。[20]

6. プレ・インカの時代（5）――ティワナク文明など

ボリビアの高原地帯では、ティワナク（Tiwanaku）王国が五〇〇年頃に興り、一一〇〇年頃までつづいた。首都はティティカカ湖南東の標高三八〇〇メートルの高地にあった。ティワナク王国では農業上のさまざまな工夫がなされていた。スカコラス（suka kollus）またはレイズド・フィールドとよばれる土盛りをした畑が造成され、まわりに溝を掘った。溝にはティティカカ湖からの水を流して、灌漑に役立てるとともに、昼間の太陽光を吸収して気温上昇をやわらげ、夜間に放熱して作物の保温に利用されるようにした（**図4・9**）。溝に堆積した物はくみ上げて肥料とされた。溝の水路には魚が放たれていた。

近年の実験結果では、ジャガイモをスカコラスで栽培すると、化学肥料や農薬を利用する近代農法によるよりも多収になったという。スカコラスは湖の豊富な水を効率よく利用する技術であった。そこで栽培された主要作物は、ジャガイモ、とくに有毒物質ソラニンを多く含むが霜に強い品種であったと考えられている。ティティカカ湖周辺では、寒冷すぎてトウモロコシは栽培できなかった。標高三四〇〇メートルを超えると、トウモロコシは育たなかった。

いっぽうでは、降水量の多くない地域では雨水を集め貯えるために、コチャ（qocha）とよばれる広くて浅い池のような人工の貯水地もつくられた。コチャは中央アンデスの標高が高く乾燥したアルティプラノ高原ではとくに重要であった。なおティティカカ湖沿岸の山岳地帯では、段々畑もつくられていた[21]。

トウモロコシが栽培されたのは、ペルー南海岸のモケグア谷やボリビア東斜面のコチャバンバ地方など、より温暖な土地に限られた。なお、三〇〇〇年頃のペルーで用いられたと推定される有柄の浅い鍋の形でポップコーンを炒る容器が発見されている。

その後、北海岸北部にシカン文化が、北海岸南部にチムー王国が興った。

シカン（Sicán）文化はモチェ文化の末裔と思われ、ラ・レチェ渓谷に建設した首都バタン・グランデを中心に七五〇年から栄えたが、一三五〇年にチムー王国に征服された。シカンは周辺王国から、貝類、エメラルド、琥珀、青石、金などを交易によって得ていた。彼ら自身も土器製造と金属加工について優れた技術をもっていた。農業施設としては大規模な灌漑用水路を設けていた。ちなみにシカンの名は南イリノイ大学の島田泉教授によって与えられたもので、「月の神殿」を意味する。

チムー（Chimú）王国は、首都をチャンチャンにおき、八五〇～一四七〇頃まで存在したが、インカ帝国に征服された。黒色の陶器や精巧な金属加工品で知られている。チムーでも灌漑水路が大規模に設けられ、集約的農業が行なわれた。

また、ペルー中部海岸のチャンカイ川流域でチャンカイ（Chancay）文化が花開く。人型を模した素焼きの土器で有名である。さらに、六〇〇年頃にリマの南三〇キロにある神殿を中心にパチャカマ（Pachacámac）文化が花開いた。

ティティカカ湖沿岸では、ティワナク社会が崩壊した後、アイマラ族による諸王国が鼎立し、覇を争うようになる。インカはこの争いに乗じてこれらの王国を征服し、さらにティティカカ湖南岸なども征服し、一四七〇年頃までにティティカカ湖沿岸を平定した。

7. インカ帝国

インカ（Inca）帝国はよく「古代インカ」とよばれるが、その時代は日本の鎌倉時代、室町時代、戦国時代に相当し、古代と名づけるほど古くはない。インカは一三世紀にはじまりペルー南部の標高三四〇〇メートルの高地クスコに首都をかまえ、一五世紀中頃から数十年のうちに周辺民族の領土を攻めとり、南米太平洋側のアンデス山脈にそった大帝国となった。

その版図は、第一一代皇帝ワイナ・カパックの統治の時代に最大となり、面積は一〇〇万平方キロ、南北の距離は四〇〇〇キロに達した。領土は現在のコロンビア、エクアドル、ペルー、ボリビア、アルゼンチン、

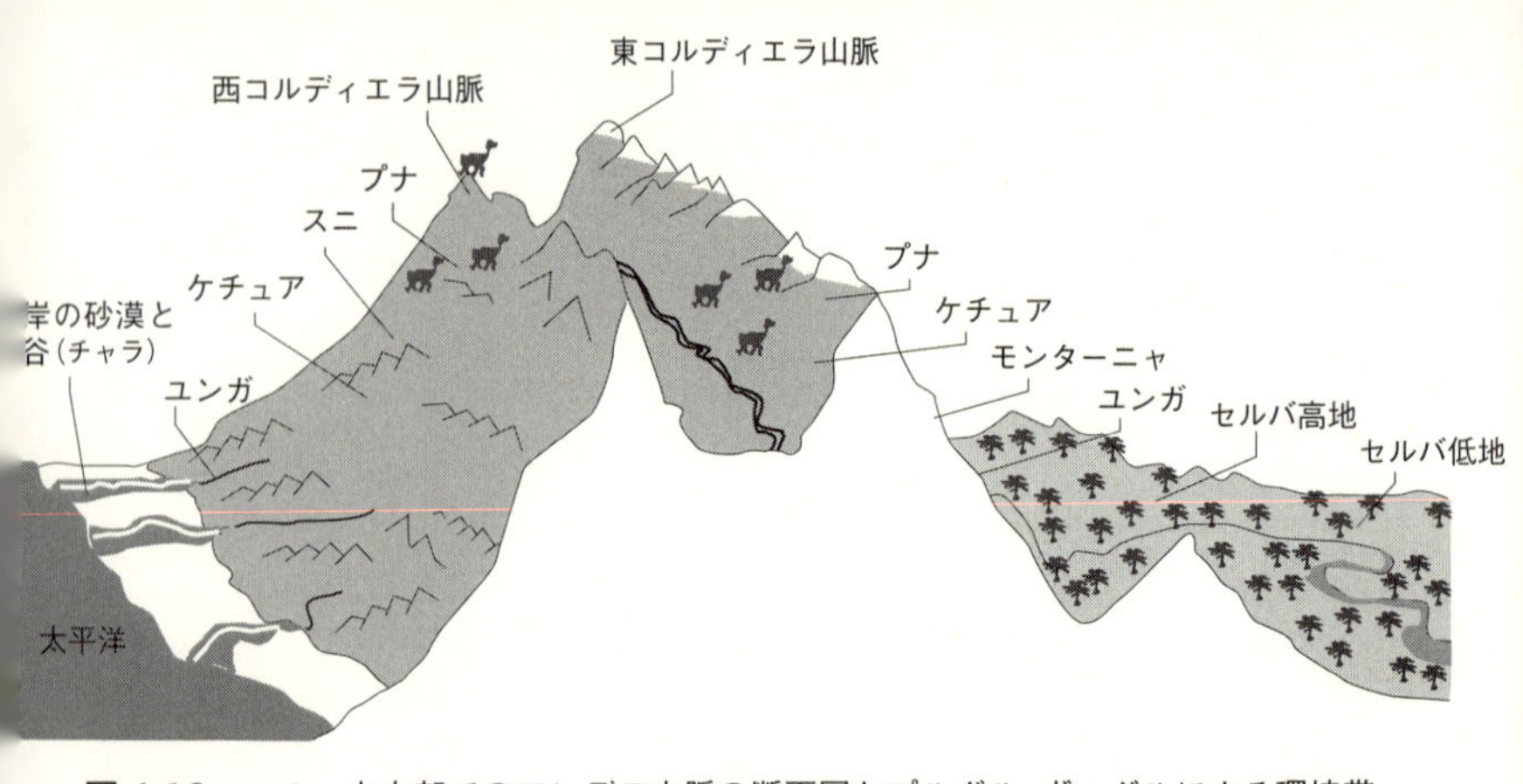

図 4.10　ペルー中央部でのアンデス山脈の断面図とプルガル-ヴィダルによる環境帯の分類　島田泉・篠田謙一編著（2012）『インカ帝国』東海大学出版会、p124（一部改変）

チリなどの全域または一部を占めた。人口については確かな数字がなく、四〇〇万〜三七〇〇万人と推定されている。

国立サンマルコス大学の地理学者ハヴィエル・プルガルーヴィダルによれば、ペルーの地域は、つぎの八つの環境利用帯に分類される（**図4・10**）。

①チャラ――太平洋側の海岸沿いの陸地は、細長い帯状の砂漠で、ペルー北部からチリ中部まで延びている。ここでは古代には海と陸の動植物の狩猟採集で生活がなりたっていたが、人口が増えた前一八〇〇年頃から背景の山々から流れおちる川を水源とする灌漑農業が発達した。食用作物はトウモロコシ、カボチャ、マメ類、工芸作物はヒョウタン、ワタが栽培された。

②ユンガ――アンデス山脈の東西両側斜面の標高三〇〇〜二三〇〇メートルの山麓は、温暖でトウモロコシ、コカ、トウガラシや熱帯性果実が育つ。

③ケチュア――アンデス山脈の西側斜面および東西コルディエラ山脈の間の谷底の標高二三〇〇〜三五〇〇メートルの高地では、農業生産が最も豊かで人口密度も高い。ここではトウモロコシ、マメ類、キヌア、多様な根菜類や園芸作物が栽培

できる。インカの総人口の六割がこの高地に住んでいた。三五〇〇メートルを超える高地では、降霜のためトウモロコシ栽培はむずかしく、マメ類、アカザ科植物、根菜類が植えられた。とくにジャガイモは品種が五〇〇を超え、この地帯の人々の主食とされた。

④スニ——四〇〇〇メートルまでの地帯は、丘、尾根、深い谷が多く、気候は寒冷で、キヌアやマメ科のタルウイが収穫された。

⑤プナ——四八〇〇メートルまでの高地には、寒冷で湿潤な草原が広がり、リャマやアルパカの放牧地として利用された。また凍結乾燥（チューニョ）に適した苦味のある品種のジャガイモが植えられた。

⑥ハンカ——八〇〇〇メートルを超す地帯では、鉱物資源が豊富で何世紀も利用された（島田らの図4・10では不記）。

⑦モンターニャ——コルディエラ山脈の東側のアマゾン熱帯雨林の上端に位置する地帯では、トウモロコシ、コカ、果樹などが育てられた。

⑧セルバ——東コルディエラ山脈の東側にはアマゾン熱帯雨林が広がっていた。[22]

サルミエント・デ・ガンボアの『インカ史』には、

マンゴ・カパックらはワナイ・パタ（Huanay-pata）に戻り、畑に種子をまいたところ、トウモロコシがたくさんとれた。（中略）彼らは（クスコから一マイルほどにある地に住む）先住部族を急襲し多くの住民を虐殺した。部族長は捕われたが、家、土地、住民を見捨てて逃げだし、二度と戻らなかった。彼らはクスコの谷のふたつの川の間に定住し、インティ・カンチャ（Ynti-cancha）とよばれる「太陽の家」を建

設した。(著者意訳)

と、他部族の土地を強奪してなしとげたインカの国づくりのいい伝えが紹介されている。[23] なお、ここに出てくる太陽の家は、名称から想像されるほど壮大なものではなく、わら葺きの小さな石小屋にすぎなかった。

インカの文明は、旧大陸の文明と大きく異なっていた。その特徴は、文字がない、暦がない。貨幣がない、市場がない、鉄をもたない、車輪の工夫を知らない、農耕や運搬用の牛馬がいない、というないないづくしであった。[24] これらの特徴のいくつかは、メソアメリカのマヤ文明と共通である。しかし、マヤには文字があり、暦があった。家畜は、マヤではイヌと七面鳥であったが、インカではラクダ科のリャマとアルパカであった。

インカでは、文字のかわりにキープという紐の結びかたで数を表した。ロクロやふいごを知らないため鉄のように融点の高い金属は精錬できなかった。狩りの手段も槍、槍投器、投石器だけで弓矢はもっていなかった。貨幣経済が発達しなかっただけでなく物々交換による交易も活発とはいえず、さまざまな仕事の分業化も進まず、生活は基本的に自給自足であった。

いっぽうでインカは、金銀の鋳造技術に優れ、神殿や宮殿を黄金で飾った。スペイン人がはじめて太陽の神殿(コリ・カンチャ)に入ったとき、壁には幅二〇センチの金の帯がつけられ、中庭には金の泉と金の石を敷いた畑があり、金製の葉や穂がついたトウモロコシが植えられているのをみて驚愕したという。また、インカは彫刻で飾った石柱をもつ石造建築を残した。さまざまな形の大きな石がナイフの刃も挿し込めないほど密接に組あげられた石壁は、どうやってつくられたのかミステリーだといわれるほど見事である。山脈をめぐる道路網はよく整備され、深い谷の上にも荷車がとおるほどの幅広い橋がかけられ、各所に旅人のための宿泊所も設置されていた。これらすべては計画性の高い公共事業の下で、大量の労働力と辛抱強い時間を投じて生みだされたものである。

インカ帝国の農村は、アイリュとよばれる共通の祖先をもち、同じ土地に住むという血縁と地縁でつながった人々の集団から構成されていた。アイリュは前インカ時代から自然発生的に組織されたものである。土地は個人や家族の私有ではなくアイリュが共有し、その土地にある動植物もアイリュのものであった。食料の主役はトウモロコシであった。

インカ・ガルシラーソ・デ・ラ・ヴェーガの『インカ皇統記』には、

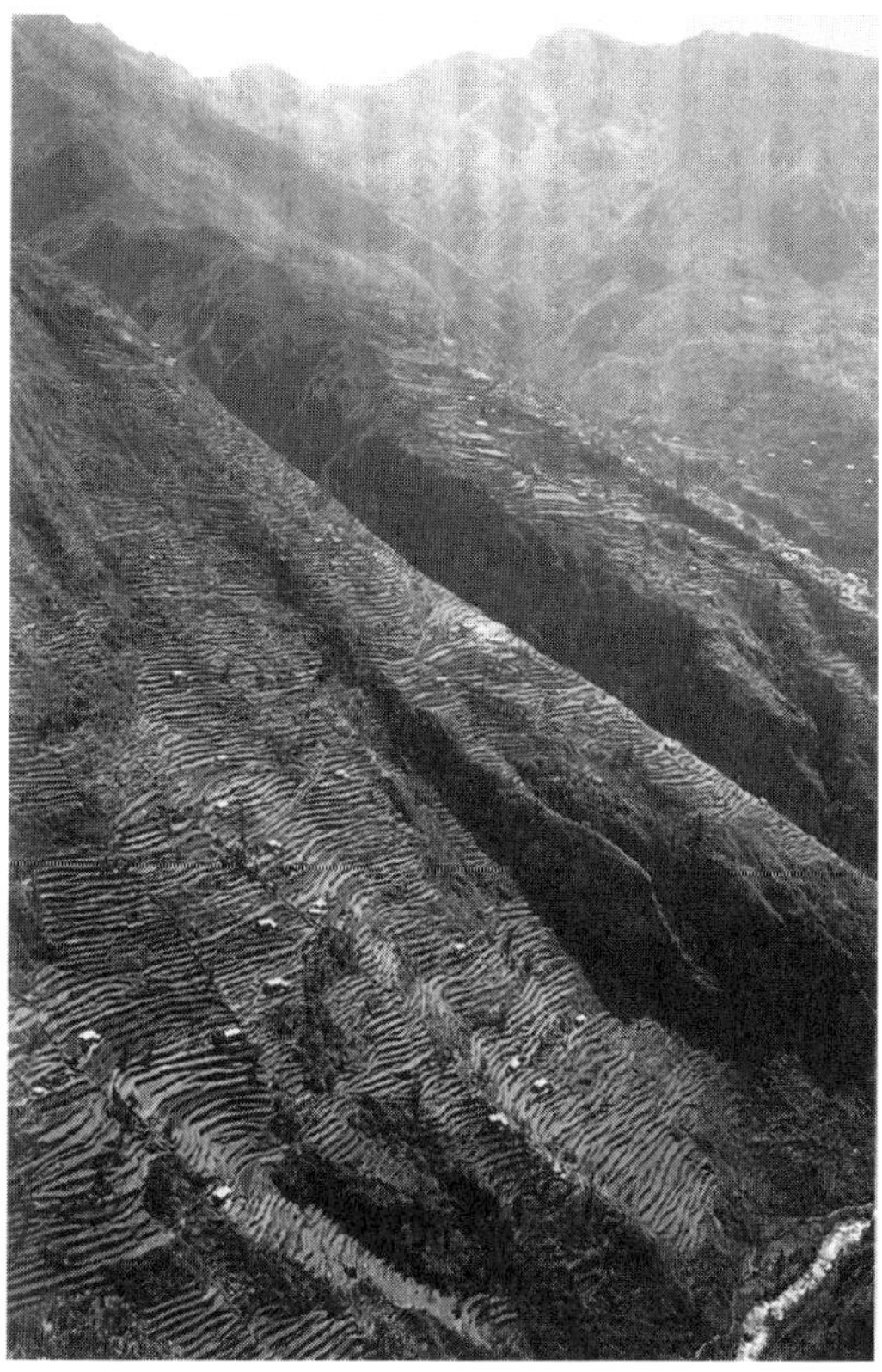

図 4.11 ペルー、プーノ州クヨクヨ地方にある段々畑。インカ時代に築かれたもの。 山本紀夫(2004)『ジャガイモとインカ帝国』東京大学出版会 p.158

スペイン人の到来以前から、ペルーの人々が食料としていた作物は多様であって、その中には地上に生えるものもあれば、地中に生育するものもある。そして地上に生る作物のうちもっとも重要なのが、メキシコ人とバルロベント諸島の住民がマイスと呼び、ペルーの人間がサーラと呼ぶ穀物、つまりトウモロコシで、

言ってみれば、これが彼らのパンであった[25]（『インカ皇統記』第八の書第九章）

とある。

トウモロコシは全領土に広く普及していたが、その栽培の多くは山岳地帯の急斜面を開墾した段々畑で行なわれていた（**図4・11**）。段々畑は日本でも、たとえば愛媛県宇和島や群馬県南牧村へいけばみられる。インカでは、段々畑は王の命令でつくられた。段々畑にすることにより、急勾配の土地でも平らな耕地を確保することが可能となり、耕作と灌漑を容易にし、土壌の浸食を防ぐことができた。段ごとに石壁をもつ整然とした段々畑をつくりあげるには、緻密な設計、共同作業、手抜かりのない技術が必要である。ひとたび造成された段々畑は、数世代にわたって利用されるほど堅固であった。金銀を採掘し納税することのできない地方では、家の数に応じて段々畑でとれたトウモロコシの何千もの荷が代わりにおさめられた[26]。

もともとペルーの土地の多くはひどく痩せていて、農耕に適さなかった。また熱帯圏に属していたので、農耕に灌漑は不可欠であった。高度な技術で段々畑を開き灌漑施設を整備し耕地の飛躍的拡充に成功したことが、一地方国家であったインカを急速に大帝国へと変化させたといえる。

インカ王は新たに王国あるいは地方を征服すると、まず太陽崇拝とインカの規律に従って統治の礎（いしずえ）を築き、さらに住民の生活様式を定めた後、耕地を増やすようにと命じたが、この耕地とはトウモロコシのなる畑のことであり、この目的のために灌漑技師が派遣された[27]（『インカ皇統記』第五の書第一章）

土地を耕し、作物を栽培するにも順序が定められていた。最初に「太陽の土地」を耕し、つぎに寡婦と孤児の土地、そして高齢者や病人や身体障碍者の土地を耕し、それらが済んではじめて自分たちの土地をたがいに助けあって耕すよう定められていた。その後に各地の首長（クラーカ）の土地、最後にインカ王の土地が耕された。太陽の土地や王の畑を耕しにいくときは、皆が晴れ着を装い、頭に大きな羽飾りをつけてお祭り気分で出かけたという。

種子播きは九月に行なわれ、収穫祭は翌年五月に行なわれた。農耕は完全に手作業であった。男が長さ二メートルほどの木の棒を足踏み鋤として用いて土を掘り起こし、女がそのうしろについて短い棒で土くれを砕いて、種子を播いた。トウモロコシの肥料には下肥が用いられた。段々畑の斜面を登り降りして栽培し、収穫し、家まで運ぶのもたいへんな苦労だったと想像される。収穫されたトウモロコシは苞をつけたまま乾燥され、貯蔵された。

必要な時期がくると、乾燥した穀粒をとりトウガラシや香草とともに煮たり、粒を石臼の上でつぶして粉にし、粥としたり熱した灰に入れてパンをつくった。ポップコーンの場合は熱を加えてはじけさせて食べた。**図4・12**、**13**、**14**および**15**は、ペルー王族出身のワマン・ポマが一六世紀末〜一七世紀初めに描いたインカ時代の先住民によるトウモロコシ栽培の作業を示す。これらの図は一九〇八年にデンマークのコペンハーゲンの図書館で発見されたものである。また**図4・15**は、インカの貯蔵庫を示した図である。人物の左後ろの貯蔵庫には特別にトパ・インガ・ユパンギと名前が書いてあり、左側の人物が皇帝であることがわかる。右側の人物は貯蔵庫の管理人で、トウモロコシの数量の計算にでも使うのか、キープをもっている。

トウモロコシからはチチャという名のビールがつくられた（**図4・16**）。インカの高地では、それは女性の夜の仕事だった。彼女たちはトウモロコシをゆでて、これを噛み唾液と混ぜ、大きな甕に吐きだす。トウモロコシのデンプンが糖化したら水を加えて火をいれる。やがて発酵がはじまり、一日たつとチチャがで

きあがる。[28] チチャは、インカ独特の形である頸が長く下ほど細くなった尖底壷という容器に入れ、ケロとよぶ木製のコップで飲んだ。この容器は缶ビールのような独りでたしなむものではなく、食事の折に傍においてゆっくり飲むものでもなく、たがいにチチャを勧めあって飲むためにつくられたものであろう。チチャは、前インカ時代からアンデスの人々にとって重要な飲み物で、祭りや葬儀で必ず飲まれ、また畑で働く農民のもとへも運ばれた。とくに全国から選ばれて太陽の神殿に仕えた「太陽の処女」が口噛みでかもしたチチャは、特別な品として、国の祭礼の際に太陽神にささげられた。

なお、ペルーのD・ボナヴィアとA・グロブマンは、アンデスのトウモロコシはメキシコのトウモロコシが伝わったものではなく、ほぼ同じ頃アンデスで独立に栽培化されたものであると主張している。またアンデスのトウモロコシは、形態、染色体、ミトコンドリアDNAの点から、メキシコ起源のトウモロコシとは異なるという。[29]

図 4.12（右ページ上段） インカ時代のペルー先住民によるトウモロコシの種まき作業。男性が足鋤を使って播種孔を畑につくってゆき、そこへ女性が種子を播いている。左図が示すように、作業は多人数で共同して行われた。ワマン・ポマによる絵画。

図 4.13（右ページ中段） インカ時代のペルー先住民によるトウモロコシ栽培の作業。幼苗期における貯水池からの灌漑用水の供給（左）と成長期の中耕（右）の様子が描かれている。ここでは農作業は夫婦共同で行なわれている。ワマン・ポマによる絵画。

図 4.14（右ページ下段） インカ時代のペルー先住民によるトウモロコシ栽培の作業。野生動物や畑泥棒による被害の防除（左）と収穫（右）の様子が描かれている。夫が防除のために村から離れた畑で働いている間、妻は畑の脇で火を焚いて待っている。収穫作業も夫婦共同で行なわれている。なお1個体に3本ほどの穂がついている。ワマン・ポマによる絵画。

Paul Weatherwax (1954) "*Indian Corn in Old America*" The MacMillan Company, New York, p21（図 4.12）、p22（図 4.13）、p23（図 4.14）

図 4.15（左）　インカにおけるトウモロコシの貯蔵庫。左側は皇帝、右側は貯蔵庫の管理人を表す。ワマン・ポマにより描かれた。　John E.Staller (2010) *Maize Cobs and Cultures: History of Zea mays* L. Springer, New York, USA, p54

図 4.16（下）　チチャをつくる女性たち。画面中央では、斜めに座った一人の女性が自分の左脇に置いた容器から茹でたトウモロコシの粒を少しずつとって、口で噛み唾液とまぜ、右脇の容器に吐き出している。画面左奥では、二人の女性が向き合って、噛み出されたトウモロコシを布で濾して、大きな甕に入れている。画面右奥では、一人の女性が、濾された溶液中のトウモロコシのデンプンが糖化したので火にかけている。この絵はプリメグリオの作で、1565 年にベンゾニにより彫られたものである。描かれた情景は、中米アンティル諸島のものであるが、南米でも本質的には変わらないであろう。Bonavia（2013）*Maize*. Cambridge Univ. Press, p259.

インカの人々が食用としていた作物はトウモロコシのほかにもいろいろあった。地上になる作物でトウモロコシについで重要なのはキノアであった。キノアは粒の形がコメに似ているがイネ科ではなく、アカザやホウレンソウに近縁のヒユ科植物で、煮込み料理に用いられた。また三、四種類のマメ類やカボチャもあった。マメ類の多くはソラマメに似ていたが、それより小ぶりであった。ワタも多く栽培され、織物技術も優れていた。

地中からとれるものとしてはジャガイモが利用され、とくにティティカカ湖周辺のような寒冷の高地でトウモロコシが生育しない地域では重要な作物であった。ジャガイモはチューニュという乾燥した保存食に加工されることも多かった。サツマイモも利用され、赤、白、黄、それに紫がかったものなど皮色の異なる品種があった。サツマイモのような味がするオカ（*Oxalis tuberosa*）も重宝がられた。オカは主に地中にできる塊茎を利用するが、葉や若芽も食べることができる。イモの形、皮色、肉色などが異なるさまざまな品種があった。トウモロコシ以外の作物の肥料には、家畜や海鳥の糞が用いられた。

北米の農業とトウモロコシ

1. 北米の地形と気候

北米の地形と気候は複雑である。北部では冬は長く夏は短いが、南部は亜熱帯気候である。農業は土地とそこにおける気候にじかに影響されるので、ここでその概略を述べておきたい。

第二次大戦後の大規模な工業化の影響をまだ受けていない一九五〇年頃の北米を、大西洋側の東海岸から航空機で太平洋側の西海岸に向けて飛んだとしよう。

まず夏には海水客でにぎわう東海岸の長い海岸線が、窓下に眺められる。すぐに水路に富み漁業の盛んな海岸地帯が現れ、つぎに平野がくる。その平野は北部で狭く南部では広い。砂質で農業に向いている。土地の標高が上がりはじめ、なだらかに起伏した丘がみえると、そこはピードモント台地とよばれる丘陵地帯である。カシなどの落葉樹やマツの原生林がところどころにある中で、広い畑や牧草地や二次林がみられる。

丘を越えるとアパラチア山脈である。大西洋から西へ流れてくる雲は、この山脈でさえぎられ大量の雨を降らす。多くの川がこの山脈から流れ下る。山脈の東側にくるとミシシッピ川谷とよばれる、幅約二〇〇〇キロ、長さ二五〇〇キロの広大な中央平原(Central Plains)が現れる。ここは現在優良な農耕地である。その心臓部をミシシッピ川が流れ、東西からは多くの支流が流れ込む。中央平原の北部はかつて高い草で覆われていてプレーリ(Prairie 大草原)とよばれていた。

ミシシッピ川を越えた西側は再び一三〇〇キロにわたって標高が高まり、最大一五〇〇メートルに達する。降水量は少なく、樹木もまばらである。ここはグレート・プレーンズ(Great Plains)とよばれる大平原である。標高の変化は北部ではゆるやかで、土地はなだらかである。大平原の西には、ごつごつとした岩肌で草木のないロッキー山脈が控えている。土地は起伏に富み乾燥している。雨が降るのは最も高い山地だけである。それは太平洋側から入ってくる空気が海岸から約一六〇〇キロの内陸にあるシエラネバダ山脈で雨を降らしてから、乾燥した状態で越えてくるからである。

太平洋岸の近くには小さな山脈があり、その山脈とシエラネバダ山脈との間に低い谷間があり、そこは灌漑すれば良好な農耕地となる。[30]

2. 北米の農業

本書では、北米はアメリカおよびカナダを指すことにする。北米では、今から九〇〇〇～八〇〇〇年前に氷河が消え堅木（かたぎ）を主とする森林が出現すると、クルミ、ペカン、ヒッコリー、バターナッツ、ドングリなど木の実が食料となった。四〇〇〇年前頃に、ナッツ類から草本性植物の種子に食料の主体が変わった。それらの植物は、人の住居周辺の攪乱された環境で多くみかけられた。北米中部で栽培化されたと考えられているヒマワリやデンプン性種子をつけるアカザ属植物（*Chenopodium berlandieri*）が、この頃利用されていた。タデ（*Plygonum erectum*）、キャロライナカナリー（*Pharalis caroliniana*）、コオオムギ（*Hordeum pusillum*）などの北米原産の雑草も、二〇〇〇年前に用いられていたことが考古学的にみいだされている。野生のブドウやプラムも先住民の食卓を豊かにしていた。

北米でいつ農業が開始されたかは、明らかでない。民族学によれば、古代では男は狩猟と漁労に従事し、女は植物の採集を行なっていたという。最初に農耕をはじめたのは女性と考えられる。農耕はゆっくりと発展した。

北米東部で最初に栽培されたのは、カボチャの一種である小さなペポカボチャ（*Cucurbita pepo*）であった。このカボチャはメキシコ原産といわれる。少なくとも前五〇〇〇年には、現在のイリノイの谷でこのカボチャが利用されていた。栽培されていたかどうかは不明である。ミズーリでは前二二八〇年、ケンタッキーでは前二三〇〇年に、カボチャの栽培が行なわれていた形跡がある。またテネシー川谷では、前二〇〇〇年にカボチャとヒョウタン（*Legenaria ciceraria*）の栽培が行なわれていた。前一〇〇〇年までにはサンプウイード（*Iva annua*）の栽培がはじまった。この植物は、可食部に三二％のタンパク質と四五％の脂質を蓄えていて、先住民の主要な作物となり、アーカンソーからノースカロライナまで普及していた。しかし、アレルゲンをもち、扱うときに皮膚がかゆくなるなどの欠点もあり、やがてトウモロコシにとって代わられた。

南西部では前一三〇〇年頃に農耕がはじまっていた。そこでは、紀元一〇〇〇年頃までにかけて、トウモロコシ、ペポカボチャ、東洋カボチャ（*Curcurbita moschata*）、ミクスタカボチャ（*Curcurbita* mixta）、インゲンマメ、テパリービーン、ライマビーン、タチナタマメ（ジャックビーン）、ワタ、タバコなどが栽培されるようになった。[31] テパリービーンは乾燥に強く、ほかのマメ類が生育できない高温の砂漠地帯でもよく育った。ワタはアリゾナ南部によく適応し、また地域の先住民が綿織りにすぐれた技能を発揮し、南西部全域に栽培が広まった。

3．北米のトウモロコシの伝播

トウモロコシがメキシコ中部からどのようなルートで北米に伝わったかについては、確実な説がない。しかし、トウモロコシは旧オランダ領アンティルやテキサス沿岸の古代先住民にはあまり知られていなかったことから、北米最初の到達点として、フロリダなどの南東部やテキサスなどの南中部は考えにくいとされている。メキシコ中部から東西シエラマドレ山脈をへて、現在のメキシコ北部にまず伝わり、そこから北へ進み東部森林地帯を越えて伝わったとする説が有力である。[32] メキシコ北部のチワワ州北西部で発掘されたトウモロコシの穀粒や穂軸の質量分析により、その地には前一三〇〇年までに伝わったと推定された。[33] トウモロコシの北方への伝播は、南米への伝播にくらべてずっと遅かったようである。

メキシコ北部に伝わったトウモロコシは、その地域の狩猟採集民の食糧に少しずつ組みこまれていった。そのトウモロコシは、粒が小球状で、穂軸は短く一二列からなり、湿潤な高地に適応したポップコーンの品種で「チャパロテ」（Chapalote）とよばれた。この品種が北米南西部、現在のアリゾナやニューメキシコに伝わり、「アリノソ・ド・オチョ」（Harinoso de Ocho）という大粒で八列で低地に適応したフラワリーコーンの品種と自然交雑して「ピマ・パパゴ」(Pima Papago) という品種が生まれた。リオ・グランデ川の現在のアルバカーキ市に近い谷で、この品種が三七〇年に栽培されていたことが報告されている。[34]

やがてニューメキシコの先住民は、自分たちの住む地域の環境に適した個体を選抜し、乾燥した低地でも栽培できる品種を生みだした。この品種は穂軸が長く、粒列も多く、そのうえ種子を深播きしても成長できた。彼らの畑は乾燥した砂質土であったので、五月に種子を播いたとき、浅播きではたまたま降った雨で発芽し、その後の高温と乾燥で枯死してしまう。六月末〜七月はじめまでは地表から芽を出さずにいて、夏の雨の恵みを受けることが望ましかった。この品種は先住民のプエブロ族の主食となった。

なお、南西部では、ほかの地域とちがって、インゲンマメをトウモロコシの間に栽培するようなことはせず、別々の場所に離してつくった。南西部では、トウモロコシとインゲンマメを接して植えると、土壌水分をとりあうので、かえって不都合だったからである。彼らは、インゲンマメについてはつる性でなく立性で、支柱がわりのトウモロコシを必要としない品種を選んだ。

南西部でのトウモロコシの栽培と利用の方法は、メキシコで行なわれていたものをそっくり真似たものだった。トウモロコシとそれに関連する技術をもち込んだメキシコからの移民がいたのかも知れない。播種には掘り棒が使われた。穀粒はメタテの上で粉に挽かれ、熱した石板の上で焼かれてパンとなった。酵母の利用もあったが、これもメキシコから伝達されたのであろう。ただし、粥や煮物料理もよくつくられた点はメキシコとは異なっていた。なおトウモロコシの外皮を剥くのに、石灰水を用いずに樹皮からつくった灰汁の中で煮たり漬けたりして行なったが、これも南西部独自の手法と考えられる。

南中部のテキサスには、メキシコから直接伝わったという説がある。トウモロコシ、ワタ、ブタ、そしてときにはそれにコムギが加わった組み合わせの農業が発達した。

南西部に入ったトウモロコシもテキサスのトウモロコシも、そのまま北へ伝播することはなく、東に移動した。現在コーンベルトとよばれる平原は、当時バイソン狩りの場となっていて、トウモロコシは栽培されなかった。テキサスからはメキシコ湾岸の平原をへて東部に伝わったといわれる。

北東部には南西部のニューメキシコから伝わった。品種は「ピマ・パパゴ」の子孫品種「マイス・ド・オチョ」(Maiz de Ocho) というフリントコーンで八列の大粒からなる穂をもつ品種であった。

北東部でのトウモロコシの栽培と利用の方法は独特であった。掘り棒は全域で知られていたが、播種と栽培には鋤が重要な農具であった。この鋤には大型動物の肩甲骨、鹿の枝角（えだつの）、貝、石、硬い木片などが用いられた。鋤はインカ帝国でも使われていたが、そこから伝来したのではなく、北東部で発明されたものである。もともとトウモロコシが伝来する以前に、野生植物の根を掘り起こすのに使っていた可能性が高い。森林を開墾した畑は表土が固くふつうの掘り棒では役立たなかったのであろう。

穀粒の皮むきには灰汁や木灰が用いられた。イロコイ族がドングリの苦味を除くのに灰汁を使っていたように、北東部の先住民も野生植物を食べやすくするために灰汁を加える知恵をもち、それをトウモロコシに適用したと考えられる。

穀粒を砕く道具として石製のメタテは南西部との境界領域を除き使われなかった。そのかわりに、大きな木製の臼と長い木製のすりこぎが用いられた。この独特の臼も、トウモロコシがくる前から野生植物の穀粒や堅果を砕くのに使われていたのであろう。ほとんどすべてのトウモロコシは煮て食され、パンに焼くことはなく、酵母も知られていなかった。北東部のトウモロコシは、ゆっくりとした地域的拡散により伝わり、その拡散の間にトウモロコシと元来セットになっていた栽培と利用の技術が失われていったと考えられる。[35]

中西部では、一〇列で苞につつまれた炭化した雌穂がオハイオ川谷で発見され、放射性炭素法により前二八〇年のものと推定された。それは熱帯フリントコーンであった。中西部でのトウモロコシの栽培は、熱帯由来のカボチャやヒョウタン、北米原産のヒマワリやサンプウイードより遅れてはじまった[36]。

栽培開始からその頃までに、トウモロコシは雌穂のつく茎の位置が低くなるように改良され、収穫作業がしやすくなるとともに、冷涼なこの地方でも播種後三か月で収穫できるようになった。またトウモロコシは単独ではなく、つねにインゲンマメやカボチャと一緒に栽培されるようになり、この三作物は「畑の三姉妹」(three sisters)といわれた。インゲンマメはトウモロコシの茎を支柱として育ち、カボチャは穀類では得られにくい栄養を補ってくれた。三姉妹の中では、インゲンマメは最後に加わった。

なおカナダでは、一〇〇〇年頃に、オンタリオ州でトウモロコシ栽培が盛んとなった。この頃のカナダのトウモロコシは、穂軸が小さく、生産性も低かった[37]。

4. 北米先住民が用いたトウモロコシ品種とその栽培

八〇〇年頃に、農耕の舞台は庭園から畑へと変わった。一〇〇〇年頃にヒューロン湖に近いジョージア湾とシムコー湖の間の地域に住んでいたヒューロン族の間にトウモロコシが出現する。その後一四〇〇年までにヒマワリ、マメ類、カボチャも加わった。

北米では、デントコーン、フリントコーン、ポップコーンなどが栽培されていた。大草原に居住したポーニー族が、少なくとも一二五〇年にはフリントコーンを栽培していた証拠が考古学的にみいだされている。ポップコーンについても、一〇〇〇年前の穀粒がユタ州南西部のプエブロ族の祖先が住んでいた洞窟から発見されている。

オハイオ、五大湖周辺、ミシシッピ川谷の先住民の社会では農耕への依存が高まり、人口の増加とともにトウモロコシ栽培が拡大した。無霜期間が一九〇日を超える地域は、トウモロコシの二期作が行なわれた。主に使われた品種は栽培期間の短い北方型フリントコーンであった。のちに、先住民が植民地のヨーロッパ人に伝えたのもこの種類の品種である。北方型という名が示すように、緯度の高い地方での栽培に適していた。また、なめらかで丸い粒が八列にならんだ細長く尖った形の雌穂をもっていた。この品種はメソアメリカの高地で生まれ、メキシコ北部からニューメキシコのリオ・グランデ川谷へ伝わり、さらに大平原を通って、ヨーロッパ人がくる五〇〇年も前にミシシッピ川の東部の主要な作物となった。なお、北米では北方型のほかにも、ニューイングランド型フリントや熱帯型フリントの栽培がみられた。

大量のトウモロコシを栽培するには一定の広さをもつ畑が必要である。新大陸では多くの土地はまだ森林で覆われていた。しかし、彼らは鉄をもたなかった、あるのは、あまり鋭利でない石製の斧だけだった。これでは樹木を切り倒すことはできない。そこで大きな樹は根元で火を焚いて焼き払い、小さな木はその周囲に潅木を置いて火をつけて枝を焼き枯死させた。焼け残った木株の間にトウモロコシ、マメ類、カボチャを播いて、株が腐るのを待った。そのようにして、村に近い森林の中に陽のあたる土地を開いて畑とした。畑はしばしば計画的に焼き払われた。それにより土壌にカリウムなどが加えられ、植生も豊かになった。また藪が焼き払われて視界がよくなり、植物の採集や動物の狩猟もやりやすくなった。

畑はたがいに一、二メートルほど離したいくつもの小さな盛り土した区画からなり、トウモロコシとマメ類がそこに播かれた。マメ類は近くに生えたトウモロコシの茎を支柱として蔓をのばして成長した。カボチャとメロンは区画の間に植えられた。

耕作には木製をはじめ、さまざまな農具が工夫された。ある地域ではシカの肩甲骨を鍬とし、またある地域では海亀の甲羅を半分に切ったものを鋤として、種まきのための穴を掘った。ノースカロライナでは、木の棒にシカの角をくくりつけた小さなつるはしのようなものが使われた。これらを使って女性が地面に穴を掘り、穴あたり四、五粒を播いて土をかけた。土が軽い砂地の所では、種々の木製の鋤も使われた。旧世界でコムギ、ライムギ、エンバクなどの種子は、ジャン・フランソワ・ミレーの「種まく人」やフィンセント・ファン・ゴッホの同名の絵画にみられるように、散播、つまりバラ播きで行なわれるのがふつうであるが、新大陸でのトウモロコシの種まきは点播、つまり粒単位で丁寧に行なわれていた。

トウモロコシの種まきと収穫の際には感謝祭が行なわれた。その日には村を離れていた者も帰ってきて加わった。余分にとれたトウモロコシの種子は、乾燥してトウモロコシの苞とシナノキの繊維で織ったマットに積まれた。ナラガンセットの家族の例では、四〇〇〜七〇〇リットルのトウモロコシをのせたマットが、三つほどできた。収穫がさらに多いときには、草を念入りに敷いた地下の穴に蓄えられ、冬の食料とされた。

粉にしたトウモロコシを袋にいれてもち歩けば、三〇〇キロの旅もできた。トウモロコシは、穀実が食料となるだけでなく、穂をつつむ皮がマット、袋、靴の材料として役立った。

トウモロコシの粒は、熟して乾燥した粒を搗き砕いてホミニーとよばれるひきわりトウモロコシにして主食のように用いられた。これには主にフリントコーンが用いられた。またときには、粒を焦がしてから搗くこともあった。このひきわりはノキックとよばれ、料理の手間をかけずに少量の水と一緒に食べられるので、狩や戦さにいくときに用いられた。彼らは未成熟のヤングコーンも好み、熱した灰の中で穂を蒸し焼きにして食べた。

先住民はトウモロコシの改良も行なった。彼らは畑の中から最も大きな粒をつける雌穂をとり、その中央部の粒をとって次のシーズン用の種子とした。その方法は、近代育種にくらべれば単純で効率のわるい方法であったが、一〇〇〇年以上の長い間の絶えざる選抜によって目にみえる効果が生みだされた。彼らは、ポップコーン型の祖先から、デントコーン、フリントコーン、フラワーコーンなど胚乳タイプが異なるトウモロコシをつくりだした。また同じ胚乳タイプでも、生育期間の短い品種、乾燥に強い品種、湿潤な高地に適した品種などなど、さまざまな品種を育成した。さらに品種改良だけでなく、栽培技術にも工夫をこらした。乾燥地域と湿潤地域の両方でトウモロコシを栽培することにより、旱魃の年でも降雨が多すぎる年でも、被害が最小限になるようにした。

とくにすぐれていたのは現在のアリゾナの乾燥地に住んでいたホホカム族による灌漑技術である。大きな川から引いた水路を延べ数百キロも網の目のように掘り、広大な面積の畑にむだなく水分と養分が補給されるシステムをつくり上げた。灌漑された畑には、トウモロコシ、ワタ、テパリービーン、さらには半野生のアマランサス、アカザなどが育てられた。灌漑システムは一二〇〇〜一四〇〇年の間がピークで、その後は急速に衰退し、ホホカム族も一五世紀半ばに突如として姿を消した。表土に塩類が集積した結果、農耕ができなくなったのが一因といわれる。

5. 北米先住民のトウモロコシ神話と儀式

一五世紀末には、現在の北米の地だけでも二〇〇以上の部族がいて、それぞれに豊かな農園をもち自給自足していた。彼らが耕作していた作物には、「三姉妹」のほかに、ワタ、ラッカセイ、トマト、ライマビーン、メロン、ヒマワリ、アマランサスなどがあった。

先住民は部族ごとに固有の神話を代々伝承してきた。それらの神話には共通してトウモロコシがよく登場する。

たとえばオマハ族の神話では、人間がまだ形をもたない霊であった時代に、カラスが人間に形を与えてくれた。形をもつと飢えがやってきた。そこで彼らの胃袋を満たすためにトウモロコシが与えられた。オマハ族は、カラスがトウモロコシ畑を荒らしても決して追い払うことはなかった。

ナバホ族の神話では、トウモロコシが世界の最初に創造され、トウモロコシの白い穂と黄色い穂の二つから最初の男と女が生まれたと伝えられている。

一八世紀には大平原をウマにまたがりバイソンを追って完全な遊牧生活をつづけていたことで知られているシャイニー族も、もとは農耕民であったという伝承がある。

ある日、若者が狩に出かけた。しかし何も獲物がなかった。それは世界の始まりのころであり、食べ物があまりなかった。彼はとても喉がかわき、疲れ、元気を失っていた。そのときある泉のほとりで飲むために立ち止まった。絶望に近く、また食べ物がなくて気を失いそうな彼をみて、泉に住む老婆が憐れに思った。南に行きなさい。そうすればたくさんの肉が見つかるでしょう。そこにはバイソンがいるから」と彼女はいった。若者が南へ行ったところ、老婆が言ったとおり、たくさんの肉があった。そのち、彼は同じ老婆に教えられたもうひとりの若者に出会った。「北へ行きなさい」と老婆はその若者に言った。彼は北へ旅して。そしてそこでトウモロコシをみいだした。ふたりの若者が互いに出会ったとき、たがいの宝を一緒にし、たくさんの食べ物が得られるようになった。

神話の中の神と精霊は伝承の世界だけのものではなく、今も生きた存在であった。先住民は狩に臨んでこう祈る。「兄弟なるシカよ、来たりて、わが家族を養うためにあなたの肉を与えてください。」動物に対してだけでなく、トウモロコシ、カボチャ、マメ類などの作物に対しても、彼らの生存のために食物として犠牲になってくれるように祈りが捧げられる。トウモロコシがはじめてもぎとれるようになる七月後半から八月はじめに、グリーンコーン祭が行なわれる。祭りは四日間にわたる。

さらに進んで収穫時の豊作が確かめられると、「われらは、命を与えてくれるトウモロコシとその姉妹であるマメとカボチャに感謝をささげる」と祈る。万が一、天候不良や病虫害によってトウモロコシの収穫がわるい年には、トウモロコシの精霊を喜ばせることができなかったと自らを責め、信心が足りなかったとか、祭りの儀式に不備があったとか、祭壇の設営や歌にまちがいがあったのではと思い悩む。[38]

新大陸先住民によるトウモロコシの改良

前述のとおり、野生植物のテオシンテが今からおよそ九〇〇〇年前に、メキシコの先住民の手によってトウモロコシという栽培植物になった。そのきっかけは、先住民がテオシンテについて播種、栽培、収穫、貯蔵を行ない、そして翌シーズンに再び播種から貯蔵までの作業をくりかえすようになったことにある。テオシンテからトウモロコシへの移行には、そのサイクルが数百年くりかえされる必要があったといわれる。[39]

栽培化されて間もない頃のトウモロコシは、テオシンテとあまり変わらない姿と性質をもち、集団中の個体間変異が少ないため、中米という熱帯圏の限られた地域でしか作物として使えないものであった。それがコロンブス以前の時代に、すでに北は今の米国から南はペルー、ブラジル、チリにまで普及し（**図4・17**）、さらに現在では、北緯五〇度のカナダの州から南緯五〇度におよぶチリの地域まで熱帯を挟んで広い地域に栽培される作物となった。この範囲には、土壌、日長、気温、降水量、高度などの環境条件がさまざまに異なる多様な地域が含まれるが、それらの地域それぞれに適応する品種が生じたわけである。

茎や穂の形態も多様に変化した。メキシコなど中米では茎長が六メートルに達し、屋根や垣根用に使われたものがあるいっぽう、熱帯高地や栽培北限地では一メートル未満のものも存在した。穂長も、三センチに満たないものから六〇センチもあるものまで分化した。粒列は、わずか四列のものから二四列以上のものまであり、一穂あたり粒数は、一〇〇以下から一〇〇〇を超えるものまである。穀粒の胚乳の性質についても、原初的なポップに加えて、デント、フリント、フラワー、スイートなど異なる胚乳タイプが出現した。トウモロコシの大きな改良は、コロンブスが新大陸に到達するまでの間に、ほとんどすべて先住民によってなしとげられたといえる。

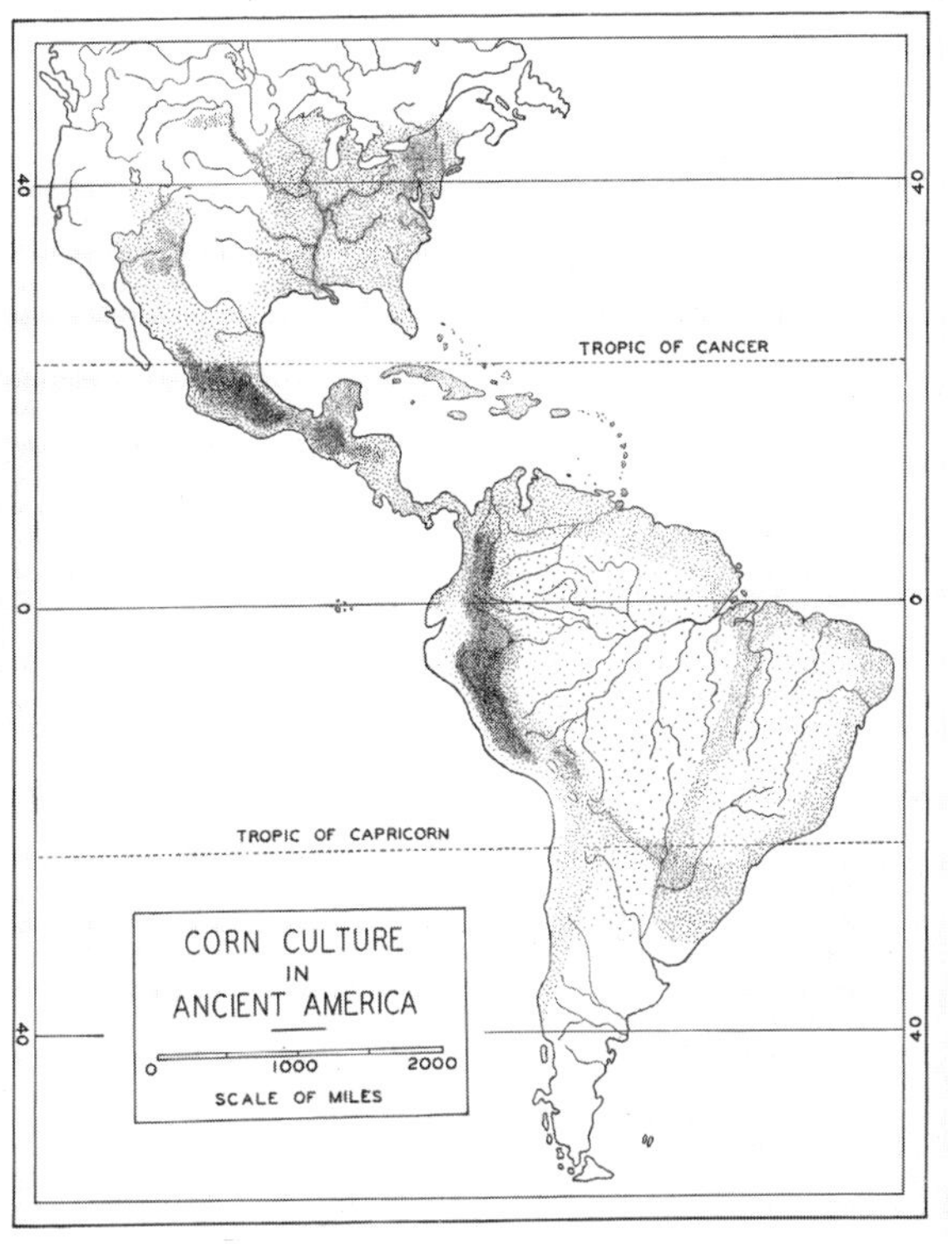

図 4.17　古代アメリカ大陸におけるトウモロコシ栽培の普及状況。おおざっぱな概念図であると思われるが、普及の大要が読みとれる。　Paul Weatherwax (1954) "*Indian Corn in Old America*" The MacMillan Company, New York, p52

このような改良が成功した理由として、米国インディアナ大学のポール・ウエザーワクスはつぎの三点をあげている[40]。

第一は、トウモロコシはほかの作物にくらべて自然突然変異率が高いことである。生物の細胞には、ある染色体からほかの染色体へと転移するDNAがあり、トランスポゾンとよばれる。トランスポゾンによるDNAの転移は、自然突然変異の原因となる。トウモロコシではDNAの八〇%以上もがトランスポゾンで占められている。

突然変異でも著しい変化をもたらすものは、生物個体を致死にする結果、のちの世代には伝わらない。しかし、倍数性の高いゲノムをもつ生物では、致死性の突然変異がたとえ生じてもほかの重複した遺伝子による補償作用のおかげで致死を免れることが多い。トウモロコシは、ゲノムにおける高いトランスポゾンの割合と、古倍数性(23頁参照)という特性があいまって、自然突然変異が誘起されやすく、かつ保持されやすいと考えられる。

第二に、先住民の英知である。先住民はむろん育種の知識も技術ももちあわせていなかった。しかし、トウモロコシを何千年という長い間栽培してきたその様式が、トウモロコシの集団を改良する方法に有効であったのである。

トウモロコシは長い年月をかけて、起源地の周縁から外の地域へと伝播していった。伝播先の気候や土壌などの条件は、トウモロコシの生育にとって必ずしも最適ではなかった。トウモロコシは元来、高温で日照が豊富でしかも土壌水分が十分な場所に適している作物であった。しかし先住民は、最適でない環境条件下でも優れた成長を示す個体を選び、収穫期にその雌穂をとり、実りのわるかった穂は除くという作業をくりかえした。それは彼らの神であるトウモロコシの神の恩恵に応え感謝する行為でもあった。

しかしいっぽうではそのやり方は、近代育種における選抜方法のひとつ、つまり選抜淘汰を個体単位にくりかえす個体選抜という方法に適っていた。このことによって、彼らが栽培するトウモロコシの集団中に不利な環境条件にも適応した個体が年々増えていき、ついには集団全体がそのような個体で占められるにいたった。これを遺伝的固定という。固定した集団はそれまで用いていた集団と遺伝的に異なる。新品種の誕生である。

彼らは新品種の栽培にあたって、従来の集団から離れた場所に植えるようにした。そうしないと、色の異なる穀粒がまざった穂が出現したり、優れた性質が失われたりすることを経験から知っていたからである。育種の基盤となる遺伝学も、植物の構造や生理も、まったく知らなかった先住民が、優れた育種家になれた理由はここにあった。

第三の理由は、先住民が用いた特徴的な栽培法である。古い時代のヨーロッパでは、コムギやオオムギの種子を播く際に、散播といって種子を手でにぎってそのまま投げるように播き、収穫も個体の区別なしにまとめて行なっていた。そのような栽培では、生育中に一つ一つの個体を注意深く観察することがない。それに対し、アメリカ先住民によるトウモロコシ栽培では、まず畑にヒルというごく小さな山を一定間隔でつくりそこに穴をあけ、穴に少粒ずつ播いた。そして生育中は毎日のように畑にでかけていき作物の成長を見守るとともに、個体ごとの緻密な観察を行なった。個体間に生育の違いがあれば、見逃さなかった。それが作物改良の第一歩となった。収穫も穂単位で行ない、脱穀のときにも混ぜることはしなかった。興味をひかれる個体や穂は、ほかのものとは別に保存して、翌シーズンには隔離して栽培した。このような栽培慣行が、トウモロコシを改良するのに大きく役立った。

第5章

コロンブス以降の南北アメリカ大陸におけるトウモロコシ

時代の幕開けとなった。

コロンブスの目的は新大陸でみつかるであろう金や銀をもち帰ることにあり、自分が「発見」した土地に住む先住民に敬意を払うどころか、最初から先住民など銃さえあれば服従させることができる存在と考えていた。事実、彼は第一回の航海で金銀をえることに失敗すると、その代償として先住民狩りをして捕らえた人々を奴隷としてスペインに連行した。

当時、南北アメリカ大陸は決して無人の荒野でも過疎の地でもなかった。総面積四二〇〇万平方キロのアメリカ大陸の隅々にまで先住民が住んでいた。その人口は、推定値に大きな差があるが、四〇〇〇万〜一億二〇〇〇万人と考えられている。場所によっては、ヨーロッパの賑やかな町に匹敵するくらいの人口密度があった。単に人口が多かっただけでなく、アメリカ大陸の広大で多様な環境に対応して、多様な文化や社会形態が成り立っていた。現在のカナダ、北米北部、南米南部の寒冷地では狩猟採集社会があり、それに隣接する北米南西部や南米ペルーなどの乾燥地帯では、農耕に従事する部族社会があった。また北米南東部や南米北部では部族連合や階層をもつ首長国が、アマゾン流域の熱帯雨林地帯には固有の農耕村落があった。

図 5.1 クリストファー・コロンブス

コロンブスが出会ったトウモロコシ

七〇日の航海ののちに、一四九二年一〇月一二日、三隻の船で約九〇名の乗組員とともにやってきたクリストファー・コロンブス（**図 5・1**）が、バハマ諸島の東端にあるサンサルバドル島（英名ワトリング島）に上陸したことが、新大陸の先住民にとっては、惨劇と屈従の

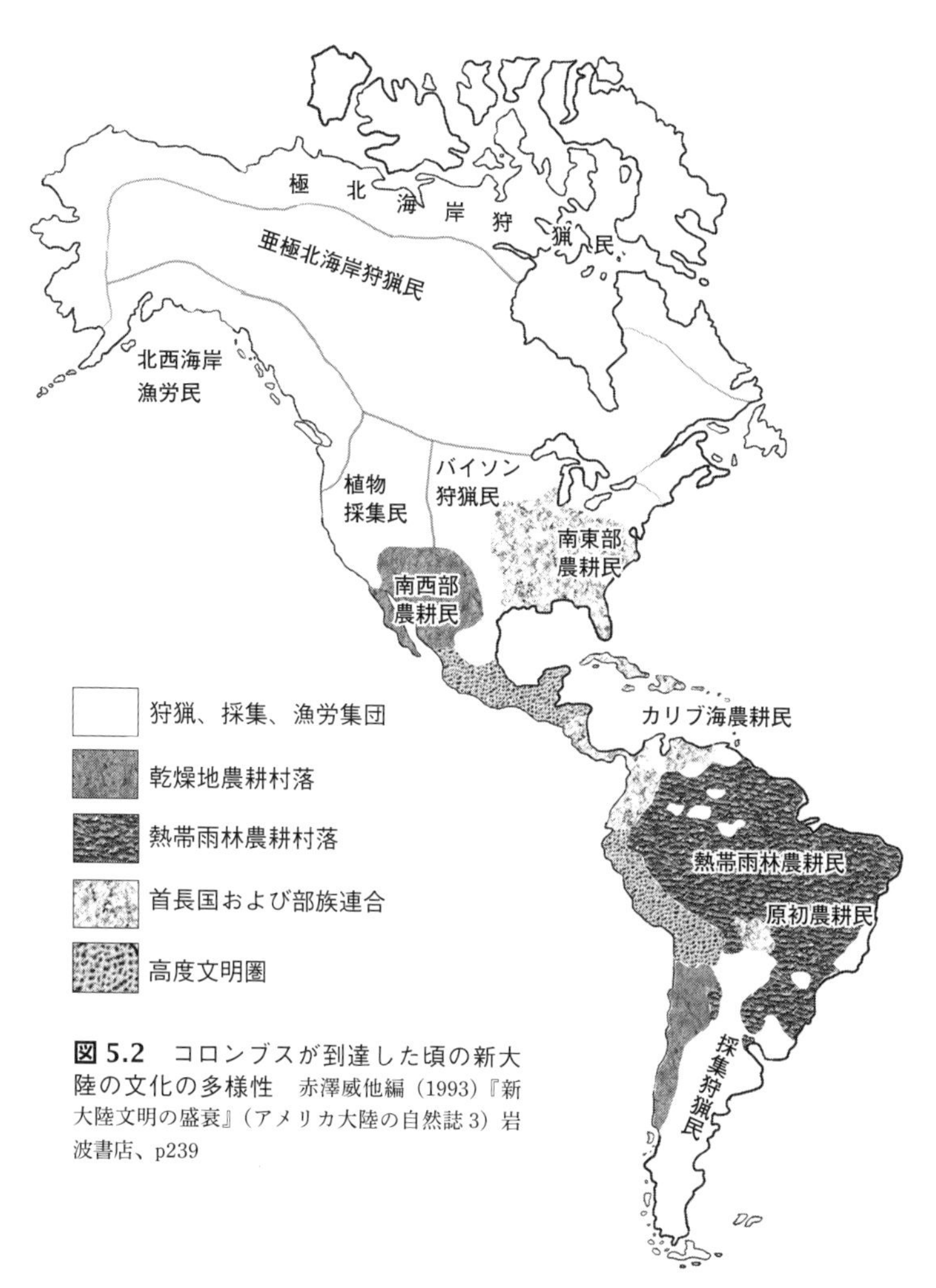

図 5.2　コロンブスが到達した頃の新大陸の文化の多様性　赤澤威他編（1993）『新大陸文明の盛衰』（アメリカ大陸の自然誌 3）岩波書店、p239

メソアメリカおよび中央アンデスの亜熱帯圏の山岳地帯では、高度な文明をもつ国家社会が育っていた①（**図5・2**）。

コロンブスの新大陸到達を契機として、作物、動物、病原菌が新大陸から旧大陸へ、また逆に旧大陸から新大陸へと海を渡って大きく移動した。米国の歴史学者アルフレッド・クロスビーが提唱した「コロンブスの交換」である。交換といっても対等な交換ではなく、新大陸側にくらべて旧大陸側がはるかに潤った交換であった。作物ではトウモロコシをはじめ、ジャガイモ、サツマイモ、キャッサバ、インゲンマメ、ラッカセイ、トマト、トウガラシ、カボチャ、タバコなど、新大陸起源の多くの作物がヨーロッパにもたらされた。

いっぽう、旧大陸からはコムギ、イネ、ソルガム、サトウキビ、キャベツ、コーヒーマメがもちこまれた。また家畜やペットとして、ウシ、ウマ、ブタ、ヒツジ、ヤギ、ウサギ、ネコなどが入ってきた。ただし、これらの導入された動植物の恩恵に浴したのは、先住民ではなく旧大陸からやって来たヨーロッパ人であった。

先住民が長い間享受してきた安寧な生活圏の中に突如として侵入してきたヨーロッパ人の群れは、文字通りの厄病神となった。ヨーロッパ人移住者にともなって入りこんだコレラ、ペスト、インフルエンザ、天然痘、はしか、結核などの危険な病原菌によって、抵抗力をまったくもたなかった先住民が大量死することになった。その死は、ヨーロッパ人による侵略が本格的になる前からすでにじわじわとおこっていた。

コロンブスの到達は、トウモロコシを旧世界へデビューさせた。残念ながらコロンブスの航海日誌そのものは現存していない。スペインのカトリック司祭ラス・カサスが抜粋したものだけが残っており、それによれば、コロンブスは一四九二年の一〇月一六日に、パニソ (panizo) とよばれていたトウモロコシに出会っている。また一一月六日に、二人の部下をキューバ島の内部の探索にやらせたところ、彼らはコロンブスに

土地は非常に豊かでよく耕されており、例のニアメスや、豆（ファソン）や、我国のものとは非常に異なるそら豆（ファーバ）が作られていた。あのトウモロコシもあった。

と報告した。ラス・カサスによれば、トウモロコシは二期作であった。[2][3] コロンブスは第一回航海の折にトウ

モロコシを積み込み、帰路の海上で食料の不足を補うために船員に食べさせたが、船員たちはまずいまずいと不平を言った。

いっぽう、彼の息子による"*Life of Columbus*"（コロンブスの生涯）の中には、「美味で煮たり焼いたり粉に挽いたりする maize とよばれ、パニックグラスに似た穀物」についての発見が書かれている[4]。「吠えない犬がいた。すべての樹は我々の土地にあるものとは昼と夜ほどちがっていた。果樹も草も岩も、そしてすべてが」と、コロンブスは第一次航海から帰国したのちにバロセロナ法廷で報告している。そこには、はじめて遊園地か動物園を訪れた幼児のような興奮が伺われる。トウモロコシについてもその報告にある[5]（第7章参照）。

コロンブスの到達の頃までに、アメリカ大陸では三〇〇を超える在来品種がそれぞれの適地で先住民により栽培されていたといわれている。その栽培地は、カナダ南部（北緯四五度）からチリ中部（南緯三五度）に達していた。

スペイン人による侵略と植民政策

コロンブスもその報告を聞いたヨーロッパ人も、コロンブスが到達した新しい土地はアジアの一部と考えていた。しかし、イタリアの探検家で地理学者のアメリゴ・ヴェスプッチは一五〇三年に出した論文で、その土地は未知の大陸であることを示し、「新世界」と表現した。当時のヨーロッパでは世界はアジア、アフリカ、ヨーロッパの三大陸からなるという世界観が信じられていたため、この主張は驚きをもって迎えられた。それはヨーロッパ人による南北アメリカ大陸の侵略のはじまりでもあった。

図 5.3　エルナン・コルテス

コロンブスの到達からわずか半世紀余りのうちに、スペイン人たちは、北は現在の米国南部から南は南米南端にあるフェゴ島にいたるまでを征服し、スペイン王室の支配下に置いた。彼らはその土地をインディアスと名づけ、そこに住む先住民を誤ってインディオとよんだ。いっぽう彼ら征服者はコンキスタドールとよばれた。

1. コルテスとアステカ帝国

一五二一年のはじめ、コンキスタドールのエルナン・コルテス（図5・3）が、五万を超えるスペイン兵とインディオの連合軍を率いて、中米で当時栄えていたアステカ王国を襲い首都を陥落させ、四年後には国王クアウテモックを反乱の疑いで処刑した。ここにアステカ帝国は滅亡し、メキシコはスペインに併合された。

コルテスはメキシコに侵入したときにはじめてトウモロコシに出会った。それはポップコーンだった。ポップコーンはアステカの人々の重要な食料であり、また儀式での頭飾りやネックレス、さらに彼らが祭る神々の像の装飾として用いられていた。スペイン人でメキシコを征服したコルテスの従者の報告に、

メキシコの畑にはふしぎな植物が栽培されている。
草丈は一メートル以上になり、
純金の実をつけ、葉は銀でできている。

と記されている。

フランシスコ派の宣教師として一五二九年にスペインからメキシコに遣わされたベルナルディノ・ド・サアグンは、任地で説教し聖礼典を司るなど宣教に献身するとともに、病人を介護し、ペストが蔓延した際には数万の病死者を埋葬した。またアステカ王国の公用語であったナファアトル語を学び、アステカの文化や宗教を調べあげ、新大陸で最初の人類学者となった。彼は自著の中で、アステカでは、良い売人は、清潔で、なめらかで、まるく、傷がなく、硬い種子を売り、また白、黒、黄、赤など穀粒を色別に慎重に分けて売るが、いっぽう悪い売人は、良い種子に、腐ったり病気に罹ったり、ネズミに食われたりした種子や、古い種子をまぜて売ると、述べている。[6]

図5・4はサアグンが描いたアステカ帝国滅亡後まもない頃のメキシコ先住民によるトウモロコシ栽培の作業である。

また、彼はポップコーンについて次のように述べている。

彼らは彼の前にモモチトルとよばれる焦がしたものを撒いた。
それは熱すると爆裂し、中身をむきだしにし、真っ白な花のようになる、
トウモロコシの一種であった。
彼らは、それを水の神に捧げられた霰であると言っていた。

図 5.4　アステカ崩壊後まもない頃のメキシコ先住民によるトウモロコシ栽培。宣教師ベルナルディノ・ド・サアグンによる絵画。点播による播種（左上）、中耕（右上）、収穫（左下）、貯蔵（右下）の作業が描かれている。
Paul Weatherwax (1954) "*Indian Corn in Old America*" The MacMillan Company, New York, p18

2. ピサロとインカ帝国

南米アンデスを中心に栄えていた広大なインカ帝国も、スペイン人の侵略によりあっけなく滅亡した。インカ帝国第一三代皇帝アタワルパ・ユパンギは、二〇〇人にも満たない部下とともに攻めのぼってきたフランシスコ・ピサロ（**図5・5**）の謀略により捕らえられた。彼は幽閉の部屋を満たすだけの金と大家屋に入る二倍の銀と引き換えに釈放を願ったが、太陽の神殿の財宝をすべて奪われたのち、一五三三年七月に絞首刑にされた(7)。その後もマンゴ・インガやティトゥ・クシらによる反乱があったが、一五七二年に四〇年近くつづいたインカの反乱がついに終結し、インカ帝国は事実上崩壊した。それによりスペイン国王による支配体制が敷かれた(8)。

一五四一年にピサロが暗殺されると、スペイン政府はペルーに新総督と多数の行政官を送り込み、ここに本格的な植民地統治がはじまった。

図5.5　フランシスコ・ピサロ

3. 南米の惨状とラス・カサスの告発

新大陸にヨーロッパから最初に大挙してやってきたのはスペイン人であった。彼らはメキシコ、中米、南米、カリブ諸島に侵入し荒しまわった。スペイン人らはインカの国中から金や銀でつくられた品々を奪えるかぎり奪い、実用品も芸術品もすべてを熔かし延べ棒にして、本国に送った。

当時、南米大陸だけでも数千万人の先住民が生活していた。スペイン人は先住民を武力で制圧し、その土地を奪いとり、鉱山の採掘、グアノ採集、チリ硝石採掘、大農園の労働に酷使した。それればかりか、彼らは先住民に対して破壊や虐殺のかぎりをつくした。先住民の部落を襲って家を焼き、老若男女を問わず部落全員を殺害した。子供の耳や鼻をそぎ、女性を犯し、幼児を切り裂き飼犬の餌として与えた。また多数の家族を騙して船に誘いこみ、船ごと他所へ運び奴隷として売りはらった。コロンブスの到達から五〇年後に、カトリック司祭ラス・カサスは先住民の余りの惨状をみて、スペイン政府の植民政策の実態を告発するため、訴状をフェリペ皇太子に提出した。(9)

4. スペインによる征服後のメキシコ

スペイン人がくるまでは、メキシコの地には二五〇〇万もの人々が住んでいた。しかし、急性伝染病の蔓延と鉱山などでの苛酷な労働が先住民の人口を激減させ、一六世紀末にはわずか一〇〇万人になった。先住民の人口減少を補完するように、アフリカから黒人奴隷が運ばれてくるようになった。

一六世紀の征服時代がすぎ、次の世紀では副王領の経済が発展した。副王とは、スペイン国王の全権を植民地で代行する権力者であった。繊維、鉱山、通商が盛んとなり、農業についても変革があった。植民地で財をなしたスペイン人は、その頃売りに出された国王の土地を買い取り、灌漑設備や牧場を備え、さまざまな作物を栽培するアシエンダという封建的大農園を発展させた。アシエンダの収穫物を購入したのは、入植者の子孫、ヨーロッパ人と先住民の混血者、鉱山労働者などであった。先住民は自家栽培のトウモロコシを主食していた。アシエンダで栽培されていたコムギ、サトウキビ、タバコ、コーヒーなどでは、栽培法の変革が行なわれ増産がもたらされたが、先住民のトウモロコシ栽培にはめだった改良がなかった。

一八世紀に入ると、メキシコの先住民を中心に人口が増加し、六一〇万人にまで回復した。一八二一年にメキシコは独立し、つづいて一八〇四～一八二五年に、チリ、アルゼンチン、ブラジルをはじめとする中南米一七か国が独立した[10]。

コロンブス以後の北米大陸のトウモロコシ

1．スペイン人エルナンド・デ・ソト

一五三九年に、スペイン人のエルナンド・デ・ソトは約六五〇名の部下を率いて北米中部のタンパ湾に上陸し、周辺を探索した。その際、探索隊の食料として、キューバで船積みした一八〇〇〇リットルのトウモロコシと四頭ほどのブタをもっていった。ブタはスペインから、トウモロコシはメキシコからキューバに導入されたものであった。このブタはやがて先住民の村でも飼われるようになって各地に広まるとともに、南部高地の半野生のブタの祖先ともなった。また彼らが探索の折に連れていった小型のウマは北米西部で野生化して、マスタングとなった。彼らは探索をはじめてまもなく、アパラチー地域（現在のタラハシー）に住む先住民が大量のトウモロコシを栽培しているのをみた。フロリダの先住民の畑はとても肥沃で、肥料を加えなくても何年も収穫をつづけることができた。その土地は耕作しやすく、気候は温暖で六か月以上もの生育期間があるので、トウモロコシの二期作が可能であった。そこでは一ヘクタールあれば、二人が一年間十分食べていけた。作物は、トウモロコシ、マメ類、カボチャに加えて、ザミア（ソテツの類）やタバコも栽培していた。畑は広く、中には長さが二〇キロにわたるものもあった。

デ・ソトはテキサスからサウスカロライナまで、南東部の州のすべてを探索した。目的とする金銀はついにみつからなかったが、どこへ行っても先住民によるトウモロコシの栽培と蓄えは豊富であった。トウモ

図 5.6　北米フロリダでのトウモロコシ畑の畦づくりと播種作業。畦は男性がつくり、播種は女性が行なっている。長い畦の側面に身体をおいて畦をつくっているのが興味深い。フランス人ジャック・ル・ムワネ・ド・モルグがフランス領だったフロリダに滞在した頃の情景を、ロンドンに戻ってから記憶を頼りに描き、それをフランダーズ人のテオドール・ド・ブリが銅板画に彫ったもの。
Paul Weatherwax (1954) “*Indian Corn in Old America*” The MacMillan Company, New York, USA, p24.

ロコシは谷や低地で栽培されていた。ある村では七回に分けて栽培され、長期にわたって連続的に収穫が行なわれていた。彼らが準備していた食料は、行程が進まぬうちに尽きてしまった。先住民から作物、とくにトウモロコシを譲りうけたり略奪したりしながら進むことによって、はじめて四年にわたる探索をつづけることができた（**図5・6**）。

2. 英国ヴァージニア会社

ロンドンのヴァージニア会社の三隻の船に分乗した一〇四名の英国人が、四か月の航海ののちに、一六〇七年五月に新大陸に到着した。上陸地点は、現在のヴァージニア州チェサピーク湾から一〇〇キロ離れた川沿いの地であった。スペイン艦隊に襲われるおそれがなく、しかも海に近い場所が選ばれた。彼らは英国王ジェームズ一世から北米で最初の英国植民地を開くようにという勅許を受けてきていた。勅許には、ヴァージニア西端から南の海にいたる全域の使用許可が含まれていた。本国の英国人も入植者も、北米大陸が実際にはどれほど広いのかまったく知らなかった。彼らの目的は金の鉱脈を発見し、東方アジアへの海路を開くことだった。町は国王にちなみジェームズタウンと名づけられた。当初はすべてがうまく進んだ。彼らは若干の土地を切り開き、砦を築き、小さな家が集まった町を開き、周辺の地を探索した。

しかし、移り住んだ場所が湿気の高い沼沢地周縁であったことと、飲み水に使っていた川の水に海の塩分が含まれていたことから、秋になると病人が増え、死者が続出した。航海中から赤痢やチフスに罹っていた者もいた。さらに冬を越すだけの食べ物がないことがわかってきた。夏の間に多くの男たちは金を探して出かけていたので、土地の開墾も収穫も十分でなかったからである。海に魚が泳ぎ、空に鳥がとび、森に獣がいても、それらを捕まえるすべを知らなかった。植民者は、紳士階級、兵士、農民、工場労働者などの混成集団で、非労働者階級の者は肉体労働に従事することを拒んだ。

最初の冬を越せたものは三八名にすぎなかった。彼らが住み着いた土地の周辺には、強力な先住民のポーハタン族の集落があり、男性は狩猟、女性は農耕と採集に従事していた。幸いにも彼らは友好的であった。ポーハタン族との物々交換のおかげで、植民地は二年後にやっと崩壊の危機を脱した。[11]

3．ピルグリム・ファーザーズ

一六二〇年一一月二一日に、一〇二人の乗客と三〇～四〇人の船員を乗せ、英国南西部のプリマスを出航したメイフラワー号が、現在のマサチューセッツ州プリマスのコッド岬に着いた。乗客の約三分の一はイングランド国教会の改革を唱え、国教会から分離を求めたピューリタン（清教徒）であった。彼らはのちにピ

図 5.7　1620年12月16日、北米の（現在のマサチューセッツ州の）プリマスに上陸したメイフラワー号の船客。彼らは英国国教会から分離したピューリタン（清教徒）で、嵐の多い64日間の航海をへて新天地にたどりついた。彼らは、ピルグリム・ファーザーズ（巡礼始祖）とよばれた。　サムエル・モリソン（西川正身監訳）（1983）『アメリカの歴史』第1巻、集英社、フロント頁3.

ルグリム・ファーザーズ（巡礼始祖）とよばれ、米国における信仰の自由の象徴となった（**図5・7**）。

英国での出港が遅れたため、新大陸に着いたときはもう厳しい冬がはじまっていた。船が予定のコースから大きく北にはずれ、着いた場所が当初計画していたヴァージニアよりはるかに北方であったことも悔やまれた。日本でいえば仙台と北海道南部以上の北緯の違いがあった。

ピルグリムらには、新天地は想像を超えた未開の土地にみえた。ヨーロッパでは見慣れていた肉屋もパン屋も雑貨屋もなかった。本国からもってきた食料も乏しかった。ここには「歓迎してくれる友もなく、長旅で疲れた身体を癒してくれる宿屋もない」と、彼らはプリマスの総督ウイリアム・ブラッドフォードに訴えている。弱った身体は結核や肺炎などの病気におかされた。彼らはやむなく冬の間は船内に留まることにした。一一月二七日に先行きの安住の場所を探しに一部の者が上陸した。その折、先住民が残した無人の村をみつけ（先住民は彼らを避けて身を隠したのであろう）、そこにあったいくつかの塚を掘りおこしたところ、幸運にも貯蔵されていたトウモロコシがみつかった。全員が陸に上がったのは翌年三月になってからであった。その頃までに生き残ったのは、半数の五三名にすぎなかった。

春になって、入植者は英国から持参したコムギなどの旧大陸起源の作物を栽培した。しかし、結果は惨憺たるものであった。そもそも彼らには農業の経験がほとんどなかった。新大陸で目にする植物はどれもが故郷のものと違っていて、どれが食用になり、どれは毒があるのか判別できなかった。のちに彼らの生活を支えてくれることになる最も重要な作物のトウモロコシは、彼らの好みに合わなかったが、好き嫌いをいっているゆとりはなかった。どんな食べ物であれ、入植者全員がなんとか生きていけるだけの量を確保することが当面の課題であった。

なお、英国人入植者たちはトウモロコシのことをメイズ（maize）とよばずに、インディアン・コーン（Indian corn）となづけた。本国では穀類一般、とくにコムギのことをコーン（corn）とよんでいた。もともとcornとは塩や石がすれてできた小さな塊のことを指していた。

4．入植者を助けた先住民の協力

トウモロコシなしには、また友好の印にそれをもってきてくれた先住民がいなかったら、ヨーロッパからの初期の入植者は、植民地を発展させるどころか、新しい不慣れな土地で誰ひとりとして生き延びられなかったにちがいない。植民地はヨーロッパにくらべて、自然環境がはるかに苛酷だった。

彼らは先住民から栽培や利用の方法まで無料で教わり、やがてトウモロコシを主食として生活できるようになった。ケンプス、タッソレ、ポカホンタス、スクワントなど、トウモロコシの栽培法を教えた先住民の名前が知られている。ケンプスとタッソレは、ヴァージニア入植者に人質として捕らえられた者で、トウモロコシの種まき法を教えた。

ポカホンタスは、本名をマトアカといい、ポーハタン族の族長の娘であった。言い伝えによれば、彼女は一二歳のとき、ポーハタン族に捕えられたジェームズタウンのリーダー、ジョン・スミスの命を助けた。しかしスミスが本国に帰ってから、先住民と入植者の間が険悪となり、だまされて入植者に拉致され人質にされた。その後、ヨーロッパ人のタバコ栽培者ジョン・ロルフと結婚した。英国へ行き、国王ジェームズ一世と王妃アンに拝謁したが、一六一七年、故郷へ帰る船を待つ間に病で死んだ[12]。

スクワントはピルグリム・ファーザーズと出会って、ガイドと通訳を務めるようになった。彼はその一〇年以上前にほかの先住民とともに英国人船長に捕らえられ、奴隷としてスペインに連れていかれたが、そこで修道士に買われて自由の身となり、カトリックに改宗した。また、ロンドンに移り二年暮らしたことにより英語が話せるようになっていた。同情する人がいて運良く故郷に帰ることができたが、自分が属していた部族は伝染病で死に絶えており、ほかの部族は彼を受け入れなかったので、孤立して暮らしていた。この彼との出会いは入植者にとっても幸運であった。一六二一年の春、彼は入植者にトウモロコシの種子を播くときに、そばに魚を肥料として埋めておくことを教えた。彼に教わった一ヘクタールに満たない小さなトウモロコシ畑は豊作であった。これを祝ってプリマス植民地で最初の収穫感謝祭が開かれた。収穫感謝祭はもともと先住民の習慣であったが、リンカーン大統領の時代に米国民の祝日となった。

植民地の人々は、最初の間は手探りで先住民との共存を図った。安価なガラスビーズ、銅や鉄製品などとの交換で、先住民からトウモロコシを得た。しかし、交換するものはすぐ乏しくなった。彼らは先住民の畑や村からトウモロコシを盗むようになり、さらには銃の力で貢がせるようにさえなった。

5. 一六世紀以降の北米先住民の農業

コロンブスがやってきた頃の先住民の社会では、農業は完全に確立し、冬の間の食料も十分に蓄えられるようになっていた。北米内の地域によっていくらかの違いはあっても、畑の準備、主体となる作物、作物の栽培法、貯蔵のしかたなどは基本的に同じであった。農耕が可能な地域で作物の主役に選ばれたのは、どこでもトウモロコシであった。それにマメ類とカボチャが加わるのがふつうであった。耕作は主に女性が担当した。

北米の環境は気温、降水量、土壌の種類などが地域により大きく異なっていた。先住民はそれぞれの地域で直面する環境に適応しながら、農耕を展開した。どのようにして水を確保するかが最も重要な課題であった。南西部の砂漠地帯ではとくに降水量が少なく、年間降水量は二五〇ミリ前後であった。コロラド川下流やヒラ川の流域では降水量は少なかったが、毎年春になると洪水によって耕地に栄養がもたらされ、水がひいたあとに種まきが行なわれた。ダムや堤防や水路によって灌漑した部族もいれば、ヒョウタンでつくった容器で水を運んで潅水した部族もあった。ホピ族のうちで段々畑をもつ人々は、最上段の畑にかけた水が下段の畑へと順ぐりに水がめぐるように工夫した。

作物の成長に必要な気温が一定期間確保できることも不可欠であった。トウモロコシ栽培には九〇〜一二〇日は必要であった。北部や高地では、この期間がぎりぎりしか得られなかった。一八世紀後半にヨーロッパ人がもちこんだ天然痘の蔓延で人口が激減したマンダン族やヒダーツア族は、ミズーリ川上流の断崖上の草原に住居をかまえ、畑は谷の川辺に設け、トウモロコシ栽培の北限といえる過酷な環境の中で農耕をつづけた。ニューメキシコのズニ族やアリゾナのホピ族は、海抜二〇〇〇メートルを超える高地に住み、栽培期間の短さに加えて、常に乾燥した風が吹き、温度は昼夜で二五度前後も変動する環境でさまざまな作物を育て、畑を食べものかごのように豊かにした。ズニ族にとって、太陽は父、大地は母、水は祖父であった。雨を求めて多くの祈りがささげられ、多くの儀式がとり行なわれた[13]。

先住民の作物栽培はヨーロッパ式農法とは大きく異なっていた。栽培に肥料を使わず、輪作をせず、播種前の耕起をせず、除草をしなかった。つまり自然農法そのものであった。

作物の栽培が新しい年も可能かどうかは、ひとえに地力の豊かさにかかっていた。無肥料のうえに同じ作物を毎年同じ場所に植えるので、長年にわたって耕作をつづければ肥沃な土地もやがては地力が低下する。そのようなときが来たら、別の肥沃な土地を求めて畑を移すか、ときには住んでいた村ごと移った。いっぽう、北方のイロコイ連邦とアルゴンキン族、南方のクリーク族、チョクトー族など森林地帯に住む部族は、畑の予定地を開墾した。樹皮を輪状に剥いで樹を枯れさせ、太い枝や幹を燃やし、小枝を除き、切り株を掘りおこした。

肥料なしで土地の肥沃度を保つ方法を無意識にやっていた部族もあった。コロラド川下流やミズーリ川流域に畑をもって住んでいた部族は、それぞれ毎年または三年ごとにくりかえされる洪水が栄養分を畑にもたらした。ココパ族とモハーヴェ族は、洪水の間は高地に逃れ、春に水が引いたら肥沃になった土地に畑を開いた。彼らは何百年もこの方法で生活をつづけてきたが、上流にダムが建設され、またヨーロッパ式農耕が行なわれて川の水が大量に灌漑に用いられるようになると、洪水の自然サイクルが途絶え、伝統農法は破壊されてしまった。

タバコを栽培していたカロク族は、栽培前のシーズンにカシの丸太を燃やし、その灰の中にタバコの種子を播いた。灰によってマグネシウム、カルシウム、カリウム、リンなどの無機成分が栄養としてタバコの根に与えられた。また燃焼により土地の酸性度が弱まり窒素形成バクテリアの活性が高まった。イロコイ連邦のセネカ、オノンダガなどの部族は、トウモロコシのヒルとヒルの間にマメ類の種子を播いた。現在では、マメ類の根には空中の窒素を固定する根粒菌が寄生していて、宿主であるマメの植物体に窒素を供給することが知られている。彼らはもちろんそのような知識をもたなかったが、近くにマメ類を植えることによってトウモロコシが繁茂することを経験で知っていた。

図 5.8　無名の画家によって描かれた北米先住民の畑。画面右側にはトウモロコシの3つの畑、左側には開花期のヒマワリやタバコがみられる。
Paul Weatherwax (1954) “*Indian Corn in Old America*” The MacMillan Company, New York, p26

多くの地域では、種子播きの前の耕起もおこわれなかった。人々は母なる大地に鍬を入れて大きくかき乱すと、すぐに気分が悪くなった。また耕起によって土壌水分が失われることを恐れた。ただし、イロコイ連邦、デラウェア族、チョクトー族、アルゴンキン族などの部族は、毎年春になると播種の前に畑を耕した。

コロンブス到達以後の先住民の農業については、探検家や入植者による報告が残されていて、それらにより彼らが観察した地域の状況がうかがえる。

英国の数学者で天文学者のトーマス・ハリオットは、一五八五年に友人のウォルター・ローリー卿の依頼に応じて、現在のノースカロライナを短期間訪れた。その旅の短い報告が一五九〇年に出版され、次のように記されている。トウモロコシはヴァージニアではパガトウル（pagatowr）、西インド諸島ではマイズ（Maize）とよばれている。粒は大きさや形が英国のエンドウに似ているが、色は変異に富み、白、赤、黄、青があった。また生育期間が異なる三品種がある。穀粒から白くて甘い粉が得られ、その粉で良質のパンがつくられ、醸造してホップを加えればビールのような飲み物となる。また炒ったり、粉を煮たりして食べる。この作物はすばらしく多収で、一粒の種子を播くと二〇〇〇粒も収穫できる。三品種あり、うち二品種は一一～一二か月で成熟し、二メートル前後の草丈となる。残りの品種は一四か月で熟し、三メートルの高さとなる。一本の茎に一～四本の雌穂が着生し、穂あたり五〇〇～七〇〇粒が稔る。人々はパンのほかに、穂ごと煮たり焼いたりするか、粉を煮て粥として食べている。[14]

ハリオットとともにオックスフォード大学を出た画家のトーマス・ホワイトも派遣団に加わっていて、先住民の生活状況を描いた六五枚の水彩画を描いた。これらの絵は英国にもち帰られ、テオドール・ド・ブリにより銅版画に彫られた。**図5・8**は無名のドイツ人画家の作で、やはりド・ブリにより彫られたものである。セコタという町にあった先住民の畑を描いた貴重な絵である。画面右にはトウモロコシの三つの畑が描かれている。一番手前は幼苗期（R）、二番目は成長期（G）、最も奥の畑は収穫期（F）である。原画では収穫期のトウモロコシの穂が赤く塗られている。またトウモロコシ畑の見張り小屋が置かれている。なお左側には開花期のヒマワリやタバコがみられる。画面下部では先住民による収穫祭の儀式が行なわれている。

ジエームズタウンのジョン・スミスは、一六〇八年六月に一四人の賛同者とともに東海岸の探検に出発した。目的は太平洋に通じる北西へのルートを発見することであった。チェサピーク湾を北上してボルチモアまで行き、さらに帰路にポトマック川をさかのぼり、現在のワシントンDCにまで達した。七月にジェームズタウンに戻ると、数日後に再び探検にでかけ、多くの川の源を調べたが、ついに太平洋へのルートはみつからなかった。

彼は、二回の探検の中でヴァージニアの何十という村を訪ね、先住民が栽培するトウモロコシについて見聞したことを報告した。ここの先住民は、トウモロコシとマメ類を同じ穴に播いていた。五月〜六月中旬までに種子を播き、八月〜十月に収穫した。生育中は三、四回、女性と子供がヒルのまわりの草取りをした。ヒルとヒルの間は除草しなかった。一個体に二つか三つの雌穂が付いた。未熟なうちに穂をとって火にあぶって食べることもあった。成熟した穂を手で採り、数日間は、昼は日にあてて乾かし、夕方になると集めてマットをかけて露よけをした。完全に乾燥したら手で穂をねじるようにして穀粒を集め、籠に入れて、屋根裏に貯蔵した。作業はすべて女性が行なった。

フィラデルフィア生まれの著名な博物学者ウイリアム・バートラムは、一七七五年に現在のジョージアとアラバマ州を旅して、クリーク族の農園を観察した結果を報告している。クリーク族では、種子まきの時期になると、畑の監督が貝を吹き鳴らして村中の者に告げた。皆は手に手に農具をもって村の広場に集合し、一緒に畑へ向かった。トウモロコシの播種と栽培の作業は共同で行なわれた。

栽培中は村の若者が農園に常駐し、たえず大声を出して、実を食べにくるカラスやムクドリを追い払った。また弓矢を携えてリスなどの害を防いだ。夜は交代で巡回して、侵入してくるクマ、アライグマ、シカなどからトウモロコシを守った。とくにクマとアライグマは、穀粒が未熟で甘く軟らかく多汁のうちに襲ってくることが多かった。

収穫期になると各自に割り当てられた区画から収穫した。そして、自分の家の穀倉に運ぶ際に農園の中心にある共同穀倉にも一定量を持参した。この寄付は強制ではなく、余剰穀物を貯蔵庫に集めておき、村人の蓄えが尽きたとき、隣町が凶作のとき、あるいは旅人や狩りまたは戦さで村から離れていた者などが必要とするときなどに、いつでも誰でも利用することができた(15)。

トウモロコシ栽培は現在のカナダ領や北米の北東部にまで広がっていた。フランス人探検家ジャック・カルティエは一五三五年に、モントリオールの近くで大きなトウモロコシ畑をみている。またケベックに植民地を開き、ヨーロッパ人として五大湖をはじめて探検したサミュエル・ド・シャンプランは、一六一〇年にエリー湖およびオンタリオ湖の付近でトウモロコシが主食とされていると述べている。イロコイ連邦のヒューロン族は、オタワ川流域に住むアルゴンキン族にトウモロコシを供給していた。現在のニューヨーク州には別派のイロコイ連邦の部族が住んでいたが、彼らにとってもトウモロコシは重要な作物で、種子を播いたあとに畑に見張り用の木組みの塔を立て、カラスの被害を防いだ。

先住民は栽培作物のことだけでなく、トウモロコシが不作のときに飢餓から救ってくれる植物についても深い知識をもっていた。スコットランドの植物学者デヴィッド・ダグラスは一八二〇年代に、カナダ国境に近いワシントン州スポケーンの平原を探索していて、食料の蓄えがつき餓死寸前になったときに先住民に助けられた。その際に、先住民の家族は一口の食べ物もないことを詫び、スベリヒユ科のレウィシアの根と松に生える地衣類でダグラスをもてなした。彼ら自身もそれらのもので六週間以上も食いつないでいた。

なお、入植者がヨーロッパからもちこんだ穀類は、先住民の興味をほとんど惹かなかった。先住民にとってはトウモロコシがあればほかの穀類は不要であった。南西部でスペイン人がもたらしたコムギが少しだけつくられたにすぎなかった。ライムギもイエズス会修道士がイロコイ連邦の部族に与えたが、まったく栽培されなかった。

ただし、野菜については問題なく受け入れられた。スベリヒユ、レタス、キャベツ、レンズマメ、タマネギ、カブ、ビート、ニンジンなどが加わり、先住民の食卓をそれまで以上に豊かにした。また果樹は野菜以上に先住民に好まれた。モモはクリーク族やセミノール族にとても好まれ、ひとたび導入されるとその栽培が村から村へと伝わり、入植者の生活圏が広がるより先に先住民の畑に植えられた。アンズも、モモほどではなかったがチェロキー族に好まれ、一八世紀には畑から逸出して自生している樹までみかけられた。イエズス会の宣教師がもってきたナシとリンゴはイロコイ連邦の部族により栽培された。オレンジは一六世紀初めにスペイン人によりフロリダに導入され、すぐに先住民の料理に加えられた。

6. 農耕に適さない地域

北米でも地域によってはトウモロコシを主体とする農業が無理なところもあった。ニューメキシコ北部、コロラド南部の高地、グレート・プレーンズという名の大平原、一部の太平洋沿岸などでは雨が少なく土地が乾燥しているため、またミネソタ北部、メーン北部などでは夏季の低温のため、トウモロコシの生育は思わしくなかった。これらの地域の人々がトウモロコシのかわりに頼った食べ物はさまざまであった。

ヨーロッパ人ならほとんど居住不能と思われる地帯でも、先住民は野菜をつくり、肉を求めて狩りをし、足らない物はほかの部族との交易で得て生活をしていた。たとえば、南西部の砂漠地帯に住んだホピ族は日干しレンガの家に住み、海抜二〇〇〇メートル以上のそそり立つ断崖上の平地の畑や、崖面を削ってつくり上げた段々畑で作物を栽培した。ロッキー山脈とシエラネバダの間にある半乾燥の大盆地（Great Basin）は、北米で最も人口密度の低い土地であるが、ここでもショショニ族やユト族などが、植物の根や木の実を採集し、小動物を狩り、昆虫を捕らえて、かろうじて生計をたてていた[16]。

太平洋沿岸のカリフォルニア先住民は、木の実や植物の種子を採集して過ごした。太平洋側のオレゴンや大西洋に面したメーンの人々は魚介類を主食としていた。ミネソタ北部のアローヘッドとよばれる地域にいたオジブワ族は、鹿やスペリオル湖の魚を捕らえ、水生植物のワイルドライスを採集し、野菜やタバコを栽培した。なお、このワイルドライスはマコモ（*Zizania aquatica*）のことで、イネの近縁種である野生稲とは異なる植物である。

狩猟を主要な生業としていた部族では、一八世紀になって大きな変革があった。それは移動や運搬の手段としてのウマを入手したことである。一七世紀にスペイン人がメキシコなどにもちこんだウマなどの旧大陸の家畜が、一八世紀になると北米にも広がった。グレート・プレーンズのシャイアン族やスー族などは、古くからアメリカ・バイソンを追って肉や皮を入手していた。ヨーロッパ人による殺りくが行なわれるまでの北米大陸には、六〇〇〇万頭のバイソンが大平原を黒く埋めて草を食(は)んでいたといわれる。ウマを得たシャイアン族は、バイソンを追いかけやすくなり、簡易な移動式住宅を狩場から狩場へ運びながら、狩猟の日々を過ごすようになり、農耕に従事することは稀になった。

なおオーセージ族の場合には、ウマを得たのちも耕作をつづけた。彼らは、春にトウモロコシやほかの作物を植え、盛夏にはバイソン狩りに出かけていき、九月半ばになると作物の収穫のために村に帰った。秋の収穫を終え、肉の乾燥と皮の燻製を済ませると、村から冬の野営地へと移動した。

7. 先住民によるトウモロコシ栽培の実際

北米先住民にとって、トウモロコシ栽培は単なる農作業ではなかった。それは精霊に捧げる儀式でもあった。栽培は儀式からはじめられた。オーセージ族では種子播きも必ず女性の手で行なわれた。生命誕生の秘儀を司るのは女性だからである。彼女らは四月に種子播きをしたので、四月は女性の月となった。彼女らはまず一斉に細い木の棒の先で土を掻いて小さなヒルをつくった。ヒルの一つ一つがひとつまみの種子をかためて播く場所となる。ヒルとヒルの間隔はひとまたぎほどであった。そのヒルの太陽に面した側に穴をあけた。各穴に四〜七粒の種子を播き、片足で土をかけた。その間、精霊に捧げる歌を歌い、掘り棒で軽快なリズムをとり、空をみあげた。その歌の内容は、種子が芽を出し、茎が土を破り、開花期に絹糸が出て、やがて雌穂が実り、喜びの収穫を迎え、冬にも沢山の食べものに恵まれる家庭が得られますようにという一連の願いを表したものであった。こぼれ種子のように儀式を受けていない種子から育った植物からは、たとえ実っても収穫しなかった。なおマメ類やカボチャなどトウモロコシ以外の作物には、このような儀式を行なうことはなかった。

各ヒルから数本の苗が育ったら、その地際に鍬で土寄せをした。土寄せは、生育初期における雑草の繁茂を抑え、支根の生育を促してトウモロコシの倒伏を防ぐのに役立った。ヒルとヒルの間にはふつうカボチャやマメ類の種子を播いた。マメ類はトウモロコシを支柱として蔓をのばし、カボチャはヒルの間の土地を覆うように葉を展開して育った。このような混播は、土地の面積あたりの収穫を増やすだけでなく、雑草の繁茂を抑えるのにも大きく役立った。さらにはタンパク質やビタミンに乏しいトウモロコシに、マメ類のタンパク質とカボチャのビタミンが加わることにより、日々の献立における栄養の偏りを避けることもできた。なおホピ族では、苗の時期に生育のわるいトウモロコシを間引いたが、ナバホ族では間引きは行なわなかった。アルゴンキン族では、トウモロコシを一定期間おいて何回かに分けて播くことが行われた。これにより収穫作業が多忙になることを防ぐとともに、グリーンコーンと完熟した穀粒を同時期に採って利用できた。

大西洋岸のノースカロライナとヴァージニアにいたアルゴンキン族の場合は、男性が長い柄のついた木製のつるはしで土地を耕し、女性が短い柄の棒で、土を砕き、草をとり、地面にころがった前作のトウモロコシの穂を除いた。雑草は数日間陽に当てて乾かしてから畑に積み上げて燃やした。そうしてから棒の先で畑に穴をあけて種子を播いた。ここでも肥料や灰は使われなかった。彼らは、ヒル間に、カボチャ、マメ類、ヒマワリ、アカザ科のオラチェ（*Atriplex patula*）などを植えた。

同じアルゴンキン族でも、沿岸地域から離れた内陸では、カンバーランド平原などの沖積土のローム層からなる川谷に畑をつくった。ここでは水が運んでくれる沈殿物のおかげで肥料なしでも毎年耕作がつづけられた。水の補給は潤沢で、乾燥した夏季でも灌漑の必要はなかった。また大きなトウモロコシ畑のほかに、小さいがよく整った家庭菜園をもち、そこで野菜を育てた。

イロコイ連邦の部族の場合には、播く前に種子をある草を煎じた液に浸たすことがあった。その理由は明らかではない。単なるまじないか、鳥や虫の害を防ぐ効用があったのかもしれない。また、種子を二枚の樹皮の間に挟むように播き、暖炉の上のほうに置いて発芽を速め、そののち畑に移植することもあった。ときどき、成長初期の植物を遅霜から守るために大きな石を畑に置くことがあった。一部の部落では、土を肥やすために、魚や貝を施すこともあったが、一般には耕起も行なわれなかった。村の古老は、土地は乱さ

図 5.9　イロコイ連邦の部族によるトウモロコシの皮むき。山のように積まれたトウモロコシの穂のまわりに、男女数人がすわって共同で皮むきをしている。左手の男性は、むかれた穂を乾燥し貯蔵するために紐で縛って吊るすようにしている。
F.W.Waugh (1973) *Iroquous Foods and Food Preparation*. Iroqrafts Ltd. Ohsweken,Ontario, Canada N0A 1M0, p167

ずに使うのがよいと考えていた。前年の古株の周りだけ草取りをし、古株を抜き取った穴に種子を播いた。しかし、耕作しない畑は、一〇年を超えると生産力が低下するので、その頃に村ごと移住せざるをえなかった。

種まきが無事終わると、「偉大なる母神」と「大いなる神」に感謝を捧げた。また雷神にも祈り、慈雨をもたらし、トウモロコシを守り、成長させてくれるように願った。感謝祭は作物の成長の節目に行なう中耕の際にも開かれ、二人の歌い手が指名され、フェザーダンスが披露された。旱魃(かんばつ)のときには、雨乞いの叫び、哀願する呪術的な儀式も行われた。

収穫期がくると、右手で苞がついたままの穂をもぎとり、頭越しに背中のかごに投げいれた。株のほうは翌年まで立ったままに放置された[17]。収穫した穂は、日光にさらすか火力で乾燥した。収穫量は、豊作ならばヘクタールあたり一〇〇〇リットルを超えた。収穫されたトウモロコシは冬の生活に備えて蓄えられた。部族によっては三年間分の貯えがあった。

イロコイ連邦では、冬の間に消費する量よりも多く収穫し貯蔵した(**図5・9**)。それはほかの部族との交易に用いたり、非常事態に備えたりするためであった。友好関係にある部族が不作に遭っ

図 5.10　ジョージ・カトリン

た場合には、貯蔵されたトウモロコシを出して助けることもあった。

当面の消費のためには、苞を束ねて家の中または納屋の柱にかけられた。家の屋根裏に入れることもあった。雌穂から採った穀粒は、樹皮でできた樽にしまわれた。

長期保存には家の外に設けた貯蔵庫が使われた。そのつくりかたは、部族間でほとんど同じであったが、異なる面もあった。イロコイ連邦のある村では丘の斜面の砂地に背丈ほどの溝を掘り、草でつくった大きな袋に入れたトウモロコシを投げ込み、一メートル前後の砂で地面を覆った。

またイロコイ連邦の別の村では地面を掘ってつくった穴に、トウモロコシを収納した。穴は背丈ほどの深さで、底面と側面は幅広い樹皮か草原の草で覆われていた。収穫したトウモロコシの穂を穴に投げ込むと、上部に厚く草を敷き、さらに穴全体に十分な量の土をかぶせた。穴は一つではなく、いくつも設けられた[18]。

ペンシルヴェニア生まれの画家ジョージ・カトリン（**図5・10**）は一八三〇年代に、五〇の部族の村に泊まりこみ、先住民とその生活を多数の絵画に描き、また先住民の工芸品を収集した。彼の著述の中に北方に住むマンダン族のトウモロコシの貯蔵法についての記述がある。マンダン族にとっては完熟した粒よりも未熟の雌穂のほうが大切で、それが採れる時期には祝祭を開いて大部分を食べてしまう。残りは穂軸につけたまま未熟のまま乾燥させる。それらを深さ二メートルほどのたて穴に入れて側面を草で囲い、上部をしっかり閉め、厳しい冬の生活に備えて保存する。ときには、乾燥肉や携帯食のペミカンも一緒に貯蔵する[19]。

豊かな収穫を得るには、種子の特性に注意することが大切だと先住民は十分知っていた。特性のちがうトウモロコシの種子を混ぜて播くようなことはしなかった。たとえば、種子の色が異なるトウモロコシ間で自然交雑することがないように、たがいに隔離して栽培した。トウモロコシの種子の色は、聖なる方向と関連していたので重要であった。たとえばニューメキシコにいたテワ族では、青は北、黄は西、赤は南、白は東、混色は上、黒は下を意味した。

来年もその次の年も、より豊かな収穫を得るために先住民はトウモロコシの選抜を毎年つづけた。その際にどのような特性に注目するかは、部族によって異なっていた。ある部族では、大きく立派に育った植物体や雌穂を畑で選んで、その個体から来年用の種子を採った。ほかの部族では、植物体や穂を畑で選ぶことをせずに、収穫後に大きくて充実している種子に注目してそれを選んだ。

多くの部族が、最良と思う一品種だけでなく、複数の品種をもっていた。長期間にわたって収穫できるように、また不時の気象災害に備えるために、成熟期がちがう品種をいくつか保存していた。たとえば、一八世紀までにヴァージニアの先住民は四品種のトウモロコシを栽培していた。そのうち二品種は丈が低く一メートル前後で、穂は小さく、夏の盛りに成熟した。残りの二品種は三メートルの高さがあり、穂は二〇センチの長さになり、秋に稔った。フリントコーンとデントコーンがあったが、後者のほうが好まれた。それはきわめて多収で、ときには一粒播くと一〇〇〇粒も収穫できたからである。

8. 先住民社会における男女の役割分担

農耕も狩りも行なう部族では、基本的には、男は狩りに出かけ、女は耕作地を守った。狩りは貴族の狐狩りのように数時間で終わるような軽い業ではなかった。一度狩りにでかければ数週間も村に戻れなかった。

鹿などの獲物を求めて、男は生い茂った藪をかきわけ、倒木を乗り越え、足をとられそうな急流を渡らなければならなかった。そのうえ獲物を略奪にくる他部族の者を警戒する必要もあった。平原を移動するバイソンを狩るときには、すべてのもち物を梱包して運びながら、バイソンの群れをどこまでも追いかけた。得られた肉や皮の処理を助けるために、女性が狩りに同行することもあった。

マンダン、オーセージ、セネカ族など、農耕を主とする部族では、女性の立場は男性と同等であった。女性が畑でトウモロコシ、マメ類、カボチャなどの作物を栽培管理している間、男性は畑と彼女らを守るために、武器を携帯して警備にあたった。これらの部族では、肉と野菜は自分たちの食料として大切なだけでなく、他部族との交易品としても欠かせなかった。農作物の交易は女性が行なった。

フォックス族の先住民の記録では、「男の義務は、狩りをし、戦い、家を建て、カヌーを造り、ウマの世話をし、木のスプーンをつくることなどである。女の義務は、木を刈り倒し、水を運び、トウモロコシを栽培し、子供たちの面倒をみることであり、男が不在のときには、ウマの世話をしたり、家を建てたりもする」と書かれている。[20]

食料を農耕に依存することの少ない部族や、クロー族やブラックフィート族のようにタバコだけを栽培している部族では、男性にくらべて女性の立場は低かった。

ちなみに、作物の中でタバコだけは男が栽培した。喫煙は精霊のお告げを受けられる高揚した心理状態を得る手段として、先住民の間に広く普及していた。またタバコは祭儀における供え物として重要であり、祭司を精霊の下へいざなうために用いられた。喫煙には、タバコ属（*Nicotinana*）に属するさまざまな植物が用いられ、その植物の種類やブレンド法は部族によって異なっていた。

図 5.11　新大陸のヴァージニアでの先住民の食事。夫婦とみられる男女が敷物の上に向きあってすわり、大きな皿状の容器に入れたトウモロコシを手づかみで食べている。右下にトウモロコシの穂が４本おかれている。

Thomas Hariot (1590) *A Briefe and True Report of the New Found Land of Virginia*. 復刻版 p.153

9．先住民のトウモロコシの食べ方

トウモロコシは北米の先住民社会のほとんどの地域で主食とされ、エネルギーの三分の二を支えた。その数字だけからみると、トウモロコシを中心とした質素で単調な食生活が想像されるかもしれないが、そうではなかった。先住民の食事は、ゴッホが描いたジャガイモを主食とした一九世紀ヨーロッパの農民の食卓よりもずっと豊かであった。トウモロコシにはふつう、カボチャとインゲンマメが加わった（**図5・11**）。

ヴァージニアの先住民は一八世紀までに、トウモロコシのほかにタバコ、カボチャ、ヒョウタン、スイカ、モモ、それにカボチャに似たマコック（macock）という植物などを栽培していた[21]。スイカは南アフリカ、モモは中国の原産である。この頃には先住民の伝統的な畑にも、旧大陸原産の作物が入ってきていたことがわかる。先住民は旧大陸原産の作物でも、役立つと思えばすぐに自分たちの農園にとりいれた。

チェロキー族とクリーク族の農業は、先住民の中で特異的であった。彼らは一八世紀になるとヨーロッパの農業を積極的にとりいれて、牛肉のためにウシを飼い、肉を塩漬けにするためにブタを養い、卵を生ませるためにニワトリを集めた。しかし、農作業に犂（すき）を導入してウシに曳かせることだけは消極的だった。少人数でも広い畑を耕せるようになると、あぶれて職を失う者がでることを恐れたからである。

一九世紀後半にホピ族が栽培していた作物のリストには、常連のトウモロコシ、インゲンマメ、カボチャのほかに、コムギ、ソルガム、ジャガイモ、トマト、スイカ、マスクメロン、タマネギ、チリトウガラシ、ヒマワリ、ブドウ、ニラ、コリアンダ、モモ、アンズ、ネクタリン、ヒョウタン、サフラン、ワタ、タバコなど多彩な作物が含まれていた。

トウモロコシの調理もほとんどの地域で女性が担当した。彼女らは、トウモロコシの食べ方を工夫して、穀粒を焼いたり炒ったりするほかに、薄いパン、プディング、茹でた団子、粥、シチュー、薄い糊のような飲料などをつくった。そのうえに男性が狩猟して得てくる動物、魚介類、鳥、昆虫などが調理されて加えられた。また、女性が村落周辺の草原や森林に自生している植物性のさまざまな食べ物を採集してきた。それには、トウワタ、マリーゴールド、ブタクサ、カラシナ、スベリヒユ、タンポポ、ゴボウ、オラクサ、ザゼンソウ、ネギ、オジギソウ、キノコ類、根菜、ベリー類などがあった。食べ方は地域や部族によっていくらか違いがあった。[22]

10. 入植者と先住民の戦闘

先住民は、当初は入植者に対して友好的であった。入植者のほうも、ヨーロッパから持参したコムギの種子を播いても新天地ではよく育たなかったので、膝を屈してでも、先住民からトウモロコシを売ってもらうしかなかった。トウモロコシは彼らにとっても飢えをしのぐための主要なエネルギー源であった。先住民と入植者との間で交易も盛んになった。南東部では、先住民が狩猟で得た鹿皮が、入植者の提供する武器、鍋、衣服、アルコールと交換された。入植者に売るためのトウモロコシ、イネ、ラッカセイを栽培する大農園を経営する先住民もでてきた。

しかし、入植者が先住民の生活圏であった土地を奪い取るようになったことから、先住民は入植者に深い不信と憎しみを抱くようになった。そもそも先住民にとって土地は個人の所有物ではなく、水や空気と同じように、天の精霊から一時的に預かっているものであった。土地を売り買いの対象とするなど考えもしなかった。どの畑も、耕作している者の自由にまかされ、誰もそれを妨げたり干渉したりすることは許されなかった。もし耕作者が一年間作物の栽培を止めれば、その畑は次の希望者に明け渡された。森や草原も部族の領域内であるかぎり自由に狩猟採集の場として利用されてきた。このような考えは旧大陸から移り住んできたヨーロッパ人にはとうてい理解不能であった。理解しようとする努力もされなかった。先住民が土地の売買に不慣れなのを利用して、土地は一ヘクタールあたり約一ドルという安値でヨーロッパ人に買い取られた。ヨーロッパ人が買った土地には先住民は入れなくなった。先住民は気づいてみれば、作物を栽培する場を失い、自由に野生動物を狩ったり植物を採集したりする森や草原を奪われていた。

海の彼方から、故国で食い詰めたか、一攫千金を夢見たヨーロッパ人たちが船に乗って続々とやってくるようになると、先住民が先祖代々つづけてきた牧歌的な生活は終焉を告げ、先住民部族と入植したヨーロッパ人社会との血で血を洗う戦闘がはじまった。それは対等の戦いというよりも、実際は武力にまさり交渉事に長けたヨーロッパ人がしかけた、虐殺と騙しによる新大陸の土地の収奪であった。[23]

筆者が子供時代に東京は浅草の映画館でみた西部劇では、インディアンとよばれた先住民は、顔に化粧し頭に鷲の羽根をつけ、長い槍を片手に裸馬にまたがり、群れをなして白人の幌馬車隊の家族を襲う暴徒として描かれていた。これはもちろんまったくの捏造された虚偽の歴史である。

先住民はたびたび交渉による和平を望んだが、返ってきた答えは白人部隊による村の強襲であった。[24]戦いは一七七六年の米国独立宣言の後までつづき、時の大統領まで加担した大規模で組織的なものとなっていった。とくに第七代大統領アンドリュー・ジャクソンは、一八三〇年に「インディアン強制移住法」を制定し、ミシシッピ川以東の豊かな土地に住んでいた先住民に他所への移住を迫った。その結果一〇年もたたぬうちに、ミシシッピからチョクトー族が、アラバマからクリーク族が、フロリダからセミノール族が、ジョージアからはチェロキー族が家族ごと追い出され、[25]何の支援もなく数百キロもの長い道のりを徒歩で望まぬ地へと移らされた。後年、「涙の旅路」とよばれたこの大移動で、チェロキー族だけでも人口の四分の一にあたる四〇〇〇人が亡くなった。[26]

保留地に移ったのちでも災難はつづいた。ほとんどの保留地は農耕に向かない不毛の原野であった。そのうえ、一八八七年にはドーズ法（インディアン一般土地割当法）が制定され、村単位で共同所有していた農地を強制的に家族単位に分配された。先住民にとって、農地は村の中心であり、そこで村人が日常に出会う場でもあった。それを細分化されたために村組織は崩壊した。家庭内では、それまで女性がになってきた農耕が男性の役割となり、女性の立場が低下した。分配された土地も、ヨーロッパ人によりきわめて安値で買い叩かれ、多くの先住民は小作人に転落した。

最も惨めなのは、狩猟で生活してきたシャイアン族やスー族の人々であった。彼らは生活を支えていた狩猟採集を禁止されたうえに、ヨーロッパ人がバイソンの群れを大量殺りくしたことから、獲物となる野生動物を失い多数の人々が餓死した。

ヨーロッパ人と先住民の戦いがようやく終焉を迎えたのは、一八九一年であった。日本の明治時代中期まででつづいたことになる。コロンブスの到着時には一〇〇〇万人前後いたと推定される北米先住民の総人口は、その年にはわずか二五万人に減っていた。

トウモロコシが支えた米国人の生活

1. 北米入植者の農作業

ヨーロッパからの入植者は、当初は先住民から買い取ったか武力で奪った畑で農耕を行なっていたが、人口増加もあってそれでは間に合わなくなり、自分たちで開墾することになった。開墾といっても無人の森を開いたのではない。そこも先住民の生活圏であり狩猟の場であった。

入植者の農業は、当初何から何まで先住民のやり方にならって行なわれた。基本的には焼畑農業で、森の樹を斧で刈り倒し、土地を開き、切り株を焼き払って畑とする作業であった。大木の切り株を除くことはとくに困難で、作物を栽培できるような畑を得るまでには数年かかった。食物の蓄えが乏しい入植者にとってそれは時間との戦いであった。生き残るためには、なんとしても作物を育てなければならなかった。最初のうちは、森林を焼き払っただけの状態で切り株の間に作物を植えた。

栽培する作物には、やはりトウモロコシが最適だった。棒の先を使って畑におよそ三〇センチ間隔で穴をあけ、そこに四粒ずつトウモロコシの種子を播いた。発芽して苗が育ったら、その地際に鍬で土寄せをした。ヒルとヒルの間にカボチャ、インゲンマメ、ヒマワリなどの種子を播いた。つまり先住民のやりかたをそっくりまねてトウモロコシ、カボチャ、マメ類の三姉妹をセットにして栽培した。トウモロコシの栽培法も、先住民のやり方にならった。トウモロコシはたくさん収穫できた。畑は何年か使われて収量が下がってきたら放棄され、それまでに開墾しておいた別の畑に移って栽培がつづけられた。

一七世紀になると、英国から輸入したコムギ、オオムギ、ライムギ、エンバクなどの穀類の栽培が試みられたが、気候も土壌も異なる新大陸ではうまく育たなかった。とくに入植者が最も望んでいたコムギの出来がよくなかった。そもそもヨーロッパの畑においてさえ当時のコムギの収量は低かった。そのようなことから、トウモロコシを止めてヨーロッパで食べ慣れた作物を主食にできる状況にはなかった。

農作業に慣れてくると、入植者の開墾もはかどるようになった。樹の切り株はウシやウマなどの大型家畜の力を借りて引き抜き、開墾には鉄製の鋤などが用いられるようになった。畑にはコムギをはじめ故郷の作物も栽培されるようになった。土地の果物、メープル・シロップ、狩の獲物、豚肉、鶏肉、七面鳥の肉が食卓にのぼるようになった。

トウモロコシは当時、食品として用いられた。若採りしたトウモロコシの穂を直接かじって食べるか、完熟した穀粒を粉に挽いて利用した。トウモロコシのパンのほうがコムギやライムギのパンより多かった。コーンミールは、牛乳、クリーム、ラードなどと一緒に食された。

トウモロコシは穀粒以外の部分も利用された。葉は穂の収穫前に切り取られて大型家畜の飼料となり、畑に残った切り株も放牧用の飼料となった。穂の苞はマットレス、じゅうたん、縫い糸に用いられた。苞つきの穂軸は、ほうき、パイプ、燃料となった。幼児には穂軸に苞を着せて人形として与えられた。トウモロコシのもろみからは、ビールやウイスキーが醸造された。

一六三〇年にヴァージニア、マサチューセッツ、ニューヨーク、ニューハンプシャー諸州の英国植民地に住んでいたヨーロッパ人は四五〇〇人余りであったが、一七七六年の米国独立宣言の頃には二八〇〇万人に増えていた。その九割が農民で、まだ大西洋岸に沿ったアパラチア山脈の東側に限定されていた。

植民地時代には土地は豊富で容易に入手できた。むろん、先住民の土地を武力で奪ったり、ただ同然の値段で購入したりした結果であるが。入植者にとっての問題は、そこで働く人手がまったく足りないことだった。とくにタバコを栽培して英国に輸出するようになると、ヴァージニアやメリーランドなどの「タバコ植民地」で、労働力の不足が問題となった。タバコ（*Nicotinana tabacum*）は南米アンデス山脈が原産の植物であるが、一六世紀の間にヨーロッパで喫煙の習慣が急速に広まっていた。当初は英国からきた年季奉公のヨーロッパ人労働者が農園で働いた。彼らの多くは下層民出身の若者で、英国本国での余剰人口のはけくちと植民地での労働力の供給に利用された。農園では部屋と食事が与えられたが無給だった。四〜七年ほど働くと自由の身になれた[27]。

一六一九年に、オランダ貿易商が二〇人の黒人奴隷をヴァージニア植民地に売った。これが北米の英国植民地での最初の奴隷となった。年季奉公人が従事していたタバコ農園の労働は、しだいに黒人奴隷がかわってになうようになった。一七世紀末には奴隷の数はすでに二万八〇〇〇人に達した。一八世紀になると英国―アフリカ―新大陸を結ぶ三角貿易（227頁参照）が行なわれるようになり、売られてきた奴隷の数はさらに増加し、一七六〇年には五〇万人に上った。

南部では、商品作物の単作がはじまった。タバコを筆頭にイネ、藍、アサ、アマが栽培され、養蚕も行なわれた[28]。

2. 独立宣言後の米国とトウモロコシ

一七七六年の米国の独立宣言後にはアパラチア山脈を越えて入植者による領土拡大が進展し、一八五〇年には総人口は三一〇〇万人に増えた。しかし大多数はまだ東側の森林地帯に住んでいて、一部の人が北米大陸の中央にある草原地帯にようやく侵入しはじめた時代であった。人口の半数以上はまだ農民であった。農作業は、北部では家内労働または賃金労働に頼っていたが、南部では奴隷によって行なわれた。

一八世紀末になってもコムギの栽培をみかけることはまれであった。ニューイングランドでは病害に冒された。ヴァージニアでは土壌養分を消耗させるタバコ作の跡地でコムギを栽培したので、収量が低かった。コムギは入手できても、トウモロコシの三倍近い値段だった。一般の人でもライムギ、エンバク、オオムギなら買えたが、トウモロコシに頼るのをやめることはなかった[29]。

一九世紀の奴隷はタバコでなくワタの耕作に従事させられた。ワタの輸出は一八〇一年には五〇万トンであったが、二〇年後には六倍になった。ワタは産業革命を果たした英国の繊維工業の原料となった。ジョージア、サウスカロライナ、アラバマ、ミシシッピの四州がワタの主な産地であった。一八五〇年には二〇〇万人の奴隷がワタの栽培、またはその関連事業に関わっていた。

ワタの栽培が広がった一九世紀半ばの南部諸州でも、トウモロコシの栽培面積はワタの五〜一二倍もあった。価格もワタに匹敵した。ワタは大農園（プランテーション）で主に栽培されたが、トウモロコシは大農園だけでなく貧しい小さな畑でもつくられた。ワタは収益をもたらす商品として海外にまで売られたが、トウモロコシは産地から外に出ずに奴隷や入植者の食料、家畜の飼料、ビールやウイスキーの原料として消費された。

食文化史の著書によれば、北部および中部のミシシッピ川およびミズーリ川の流域の州、すなわちミネソタ、ノースダコタ、サウスダコタ、ネブラスカ、カンザス、アイオワなどの入植者の食事は、一九世紀になっても依然としてトウモロコシによって支えられていた。トウモロコシはパンまたは粥として食された。トウモロコシパンをつくるには、家庭で苞を剥いでから製粉所にもちこんで粉に挽いてもらい、さらに粗く残った外皮を篩（ふるい）にかけて除くというわずらわしさがあったが、栄養価からみてコムギやジャガイモより安価であった。トウモロコシ粥は、夏は牛乳と一緒に、冬は塩味で利用された(30)。

3. 南北戦争の時代

一八六一年、南北戦争が勃発した頃には、南部の奴隷制度が合法であった諸州（マサチューセッツ、ニューヨーク、ペンシルヴェニア、ニュージャージー）の奴隷は四〇〇万人を数え、南部人口の三分の一に達していた。南部では、農業の発展による収益の向上があっても、食卓でのトウモロコシの重要性は変わらなかった。奴隷一人あたり一日八〇〇グラムのトウモロコシ、二〇〇グラムのラード、塩漬けの豚肉が与えられた。配給にはときおり、塩、糖蜜、季節の食べ物も加わった。奴隷たち自身が小動物をつかまえたり野草を採りにいったりすることもあった。また小さな畑で野菜やハーブを栽培した。たまには農園の貯蔵庫に盗みに入ることもあった。奴隷が慢性的な飢えや栄養失調で苦しんだという形跡はない(31)。

一九世紀半ばの米国では工業経済化が進み、保護貿易を求め奴隷制を否定する北部と、農業を主体とする経済を進め自由貿易を望み奴隷制の維持を主張する南部との軋轢がしだいに高まり、ついに一八六一年四月に戦端が開かれた。戦いは大統領エイブラハム・リンカーンの当初の予想と異なり長期にわたった。リンカーンはゲチスバーグの戦いで有名な演説を行ない、奴隷解放を宣言した。戦況はしだいに北軍側が有利となり、一八六五年四月に北軍勝利で終結した。戦死者の数は両軍あわせて六二万におよび、米国戦役史上で最大の犠牲をもたらした。同年一二月一八日に「第一節　奴隷制もしくは自発的でない隷属は、アメリカ合衆国内およびその法がおよぶいかなる場所でも、存在してはならない。（後略）」ではじまるアメリカ合衆国憲法修正第一三条が全州の四分の三で批准された。

ここではじめて黒人奴隷は自由の身となったが、差別や偏見が消えたわけではなかった。それまでの食や住居の保障が失われ、より一層貧しい境遇となり、あてどなく職をもとめて土地をさまよう者も少なくなかった。

南北戦争時にトウモロコシはコーンミールとして配給された。栽培農家にとっては、はじめてのビッグ・チャンスでもあった。しかし、トウモロコシが戦局に影響したという話はない。トウモロコシの生産性は南部のほうが豊かであったが、輸送力は北部のほうが有利であった。トウモロコシの穀粒はそのままでは食べられないので、戦局にゆとりのある戦場以外では使いづらかった。

南北戦争後、南部では奴隷制のかわりに小作人制度が発達して、ワタ作が再開された。しかし、この制度は失敗であった。不在地主たちは、収益を農業に還元せずほかの産業に投じた。

南北戦争を境として、ミシシッピ川以西の開拓が進んだ。一八四八年に米国がメキシコとの戦いで勝利して得たばかりのカリフォルニアで金鉱脈が発見されると、一攫千金を夢見た人々がおよそ三〇万人もおしよせ、ゴールドラッシュとなった。それに影響されて鉄道網の整備が計画され、西部まで延ばすための太平洋鉄道法が一八六二年にリンカーンにより制定された。これにより国策の鉄道会社が建設され、彼の死後の一八六九年に最初の大陸横断鉄道が完成した。鉄道路線はさらに北米大陸を縦横に延伸され、駅馬車や蒸気船にかわる経済の大動脈となり、土地の開発がブームとなった。

産業経済の拡大は貧富の格差をもたらした。労働者階級のほとんどは質素で単調な食事をつづけていたいっぽうで、富裕階級は英国本来の食品を基本とした簡素な料理をすててフランス料理を好むようになり、フランス人シェフを個人的に雇う者さえいた。一九世紀末には贅を尽くした料理が、ニューヨークの高級料理店や豪邸でのパーティで競われるようになった。

コーンベルト

1．コーンベルトの形成と発展

コーンベルト（Corn Belt）とは、現在、トウモロコシの大生産地となっている北米中西部の帯状に広がる地帯である。ミシシッピ河上流にあたるこの地帯は、入植したヨーロッパ人が樹を刈り、野を燃やして開墾したものではない。一八四〇年前後にこの地帯にやってきたヨーロッパ人がみたものは、鬱蒼とした森林ではなく、イネ科の高い草で一面に覆われた広い草原であった。中心部だけでも日本の農地面積の九倍の約四〇〇〇万ヘクタールに達するこの草原地帯は、土地の高低差が少なく、肥沃で、有機質に富み、適度な降雨があり、生育期間が温暖であり、大小のいくつもの川から灌漑水が得られるという天の恵みがあり、農地とされるのを待っていたかのような場所であった。この草原は、氷河時代から受けてきた自然の働きと一万年以上にわたる先住民の作業によってつくりあげられたものであった。

今から一万二〇〇〇年前に、気候が温暖化し、氷河が消え、アジアからやってきた人類が北米の地に入り、先住民となった。気候はその後、寒冷湿潤と温暖乾燥のサイクルを何回もくりかえし、そのたびに植生と土壌がほとんど一新された。今みるこの地の自然環境は、その最後のサイクルが終わった一〇〇〇年前にできあがったばかりのものである。

氷河が消えて次の二〇〇〇年間に急速な植生の遷移がおこった。最初の植生は、現在のカナダ北西部にみられるような低い草本性の潅木とスギ属の森林の混合からなっていた。温暖化がつづくとこの植生は北へ移動し、かわりにカシやニレなどの落葉性樹林が優勢となり、そして最後に草原へと変化した。

森林から草原への変化をもたらした主因は、太平洋からの空気塊であった。その空気塊は太平洋で発するときには温かく十分な水分を含んでいる。それが東に移動してシエラネバダ山脈とロッキー山脈の西側斜面を上がるときに雲となって雨を降らし、山脈を越えてロッキーの東側斜面を下るときには温かく乾燥した空気塊となる。これによって度重なる旱魃が生じ、樹が枯れ、森林がしだいに北方へ後退して、そのあとへ草原が侵入してきた。今から一万~七〇〇〇年前のことである。現在のコーンベルト地帯には、太平洋からの空気だけでなく、北極から乾燥してはいるが低温の空気塊が、メキシコ湾からは高温で湿潤の空気塊が流れてくる。しかし当時は、カナダ側の山脈ではまだ氷河が十分残っていたため、それに妨げられて、北極からの空気塊の流れは今ほど多くなかった。

植生を変えたもう一つの要因は、先住民による火入れであった。火は樹を燃やし森林を後退させ、草原の場を広めた。バイソンが食む草原が広くなることは、先住民にとって狩りの獲物が増えるという恵みをもたらした。ちなみに一八世紀末~一九世紀初めにその草原に住んでいたのは主にショショニー族であった。

先住民との交渉と戦いをへて、ヨーロッパ人による西部開拓が進展し、草原の所有者が先住民からヨーロッパ人に交代するとともに、草原が農耕地に変わっていった。広い草原を耕すことは人力だけでは困難であったが、畜力と撥土板のついた犂の普及がそれを可能とした。開かれた農耕地には主にトウモロコシが植えられた。その結果、一八三八年にはテネシー、つづいてケンタッキーとヴァージニアでトウモロコシ栽培が盛んとなった、四〇年後にはより西北のアイオワ、つづいてイリノイ、ミズーリと栽培が広まった。これらの地帯がのちにコーンベルトとよばれるトウモロコシの一大生産地となる素地を提供した[32]。

コーンベルトという名が広く使われるようになったのは、一八八〇年代である。コーンベルトの境界は一九二〇年代にオリヴァー・ベイカーが提案した定義によれば、西は夏季の降水量が八インチ（二〇〇ミリ）、北は夏季の気温が華氏六六度（摂氏約一九度）、東と南はトウモロコシの生産高で決められる。

農家の中核となったのは、イングランド、スコットランド、アイルランド、ドイツからきた移民であった。彼らは最初、旧大陸で覚えた農業形態をそのままもち込んだ。しかしやがてコーンベルトは、農業的にはワタやコムギの単作地帯とちがって、飼料作物としてのトウモロコシと、それによって養われる家畜（とくにブタ、ニワトリ、ウシ）の複合システムの場として発展するようになった。トウモロコシといっても、フリントコーンでなく、多収のデントコーンが主に栽培された。ヨーロッパ生まれの牧草も入ってきた。ブタはド・ソト（141頁参照）の探索隊がみつけてきた半野生の長い鼻をもつ品種だった。ただしこの時点では、将来のコーンベルト地帯は周辺の地帯と違いがなかった。

しかし、トウモロコシの生産が進み、半野生種の豚はマイアミ谷に導入された英国種と交配されて改良され、牛は英国から純血種がもち込まれた。トウモロコシの生産が高まると、それをたくさん食べてよく肥えるようなタイプの家畜が育成された。また牛肉、豚肉、ラードの市場が成長すると、飼料のためにトウモロコシ生産が増進された。このようにして、はじめてコーンベルトとよばれる特徴ある地帯が誕生した。コーンベルトの農業は、トウモロコシによってブタや肉牛を肥やすのが最大の目的であった。トウモロコシは一部が人の食料とウイスキー用にされたほかは、すべて農家の家畜の餌として供給されるようになった[33]。

2. コーンベルトのトウモロコシ品種

トウモロコシは先住民だけでなく、ヨーロッパからの植民者、とくに米国南部に入植した植民者にとっても、主要な食料であった。

しかし、コーンベルトではちがっていた。そこでは最初からトウモロコシは主に家畜の餌を得るために栽培された。一九世紀のコーンベルトでは、南方型デントコーンのほうがフリントコーンより優れた評価を与えられた。そのわけは、デントコーンの飼料としての品質にあった。フリントコーンは粒が堅く、病虫害が少なく貯蔵性も高いが、そのままでは利用しにくく主に製粉して使われた。それに対してデントコーンは粒が軟らかく、加工しなくても家畜が噛みくだきやすかった。さらには収穫の手間をはぶくために、秋の成熟期に畑に家畜を放して直接食べさせることもできた。

デントコーンの由来は、あまりはっきりしない。メキシコにある一品種に似ていることや、コロンブス以前にメキシコの美術品に描かれていることから、メキシコ原産と考えられる。メキシコから北米に入ったルートも不明である。メキシコからキューバに伝わったのち、一六世紀後半にスペインのイエズス会修道士または貿易商人によってハバナ港から海路ヴァージニアに運ばれたとする説もあるが、証明されていない。フリントコーンにはさまざまな品種があったがデントコーンの品種は少ないので、後者が北米に入ってきたルートは限られていたと考えられる。

デントコーンは、フリントコーンとはさまざまな点で異なっていた。粒はなめらかでなくくぼみがあり、雌穂は太く短く尖っていて一四〜二二列もあった。雄穂の分枝の数が多いという特徴もあった。一七〇五年にロバート・ビヴァリーは、ヴァージニアではトウモロコシに四品種があり、そのうち二品種は早生で、二品種は晩生であり、晩生のうち一品種は、粒が大きく、皺があり、最も収量が高いと記している。これが、ヨーロッパ人によるデントコーンの最初の記録である。

なおガリナットは、北方型フリントは、バルサス在来のテオシンテであるパルヴィグルミス亜種に由来し、穂の粒列が八列あるフラワーコーンを経て進化し、いっぽう南方型デントは、テオシンテのメキシカナ亜種

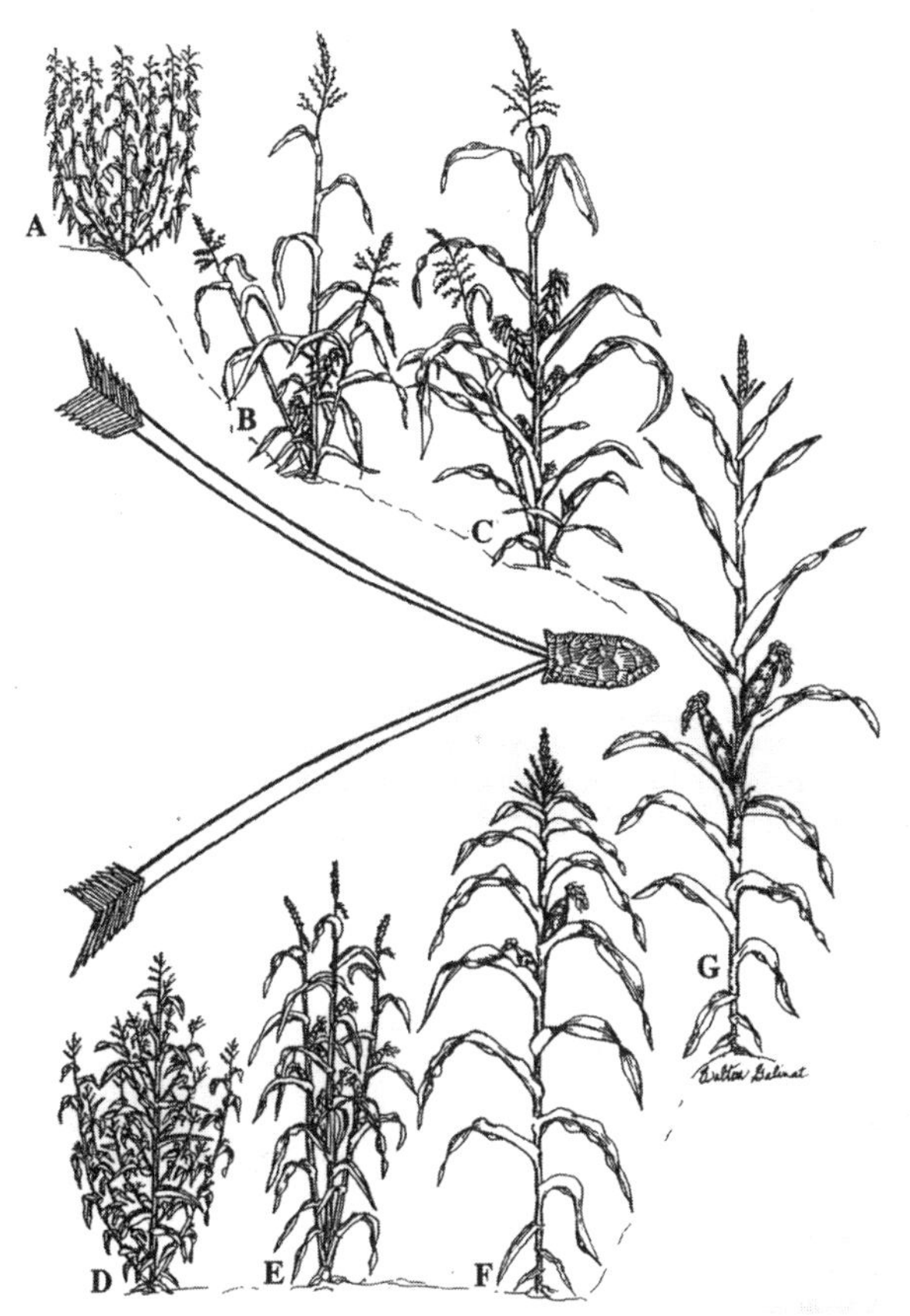

図 5.12　テオシンテのパルヴィグルミス亜種（A）由来のフリント種（B、C）とテオシンテのメキシカナ亜種（D）由来のデント種（E、F）との交雑により生まれたコーンベルト型（G）のトウモロコシ品種（本文参照）。ガリナットによるモデル。
The Society for Economic Botany（1995）Walton C. Galinat *Economic Botany* 49(1) 10,　New York Botanical Garden, Bronx, NY 10458, USA

に由来し、穂の数が多いポップコーンを経て進化したというモデルを提示している[34]（図5・12）。

一八〇〇年代初めに、北米東海岸でよく知られた二品種、多収であるが晩生の南方型デントコーン品種「ヴァージニア・グアドシード」(Virginia Gourdseed) と、早熟性であるが低収の北方型フリントコーンの交雑がはじめて行なわれ、その雑種は従来品種より三〇％以上も多収であることが認められた。そこで、同じような組み合わせで自然交雑または人工交雑が西部開拓者の間でくりかえし行なわれ、それらの子孫の混合集団から、当時世界で最も多収のデントコーン品種群が生み出された。このような雑種は「コーンベルト型デント」とよばれた。雑種が示した多収性は、地理的にも遺伝的にも著しく異なる二品種を親として、両者の特性を交雑により結合したことに起因する。

ガリナットのモデルによれば、北方型フリントでは、主要な穂が茎の中ほどに着くとともに、痕跡的な穂が下部まで連続してみられる。それに対して南方型デントでは、主要な穂の位置が茎の上部にあり、下部の痕跡的な穂は存在しない。両者の交雑によって生じた雑種であるコーンベルト型では、主要な穂が茎の中部につき、痕跡的な穂は存在しなくなった。

実際に、コーンベルト型デントは、一個体に一本のよく成長した雌穂がつき、そのすぐ下の節に小さな雌穂がもう一本つくことが特徴的であった。大きいほうの雌穂は太く長く円柱状で赤い軸をもち、一四～二二列のまっすぐな列に黄色くてくぼみをもつ粒がついている。列数が多いこと、粒にくぼみがあること、穂軸が赤いこと、全体的な姿などは、南方型デントから、穂軸の形や雄穂の構成などは北方型フリントから受け継いでいた。

一八五〇年までに、コーンベルトはオハイオ州南部からアイオワ州東部までの八〇〇キロにわたる連続した地域となった。一九世紀中にトウモロコシ栽培が北西部にも広がるにつれて、早熟性で旱魃に強く、低温、少雨、短い生育期間、夏季の長い日長に適応し、しかも多収である新品種が求められるようになった。さまざまな環境ストレスを克服した品種の育成に役立ったのは、北方型フリントのＤＮＡであった。多収性は南方型デントに期待された。

一九世紀のコーンベルトにおける品種改良は、すでに先住民によって温帯の環境ストレスを克服できるよう改良されていたフリントコーン型のトウモロコシのＤＮＡを、その環境適応性は保存しながらも、多収性のデントコーンのＤＮＡに少しずつおきかえることであった。

3．コーンベルトの農業の変革

一九世紀後半なるとコーンベルトでは、農場を人に貸して耕作してもらう賃貸農業がヴァージニアからはじまった。賃貸農業では、従来同様トウモロコシが主に栽培されたが、それまでのように家畜の餌として自家消費するのではなく、換金作物として売るためであった。ちょうどその頃、湿地の地域では排水工事が進み、土地の生産力が高まることにより、土地の値段が一〇年で倍増した。

また、トウモロコシを家畜飼料用だけでなく、加工用ないし工業用原料とすることがはじまった。トウモロコシ穀粒は乾燥重の八〇％がデンプンであるが、そのデンプンを食品や洗濯用に用いることが一八四〇年代にニューヨークやニュージャージーではじまった。また一八七〇年代になるとシロップや糖が製造され、キャンディをつくるのに使われた。

やがてコーンベルトにも世代交代がはじまった。一八五〇年代にコーンベルトの耕地を切り開いた世代は一九〇〇年までには引退した。それとともに賃貸農業が急速に広まって、一九一〇〜一九二五年では、コーンベルト農家の半数を超えるにいたった。しかし、世界恐慌からの回復を図るために一九三三年に大統領フ

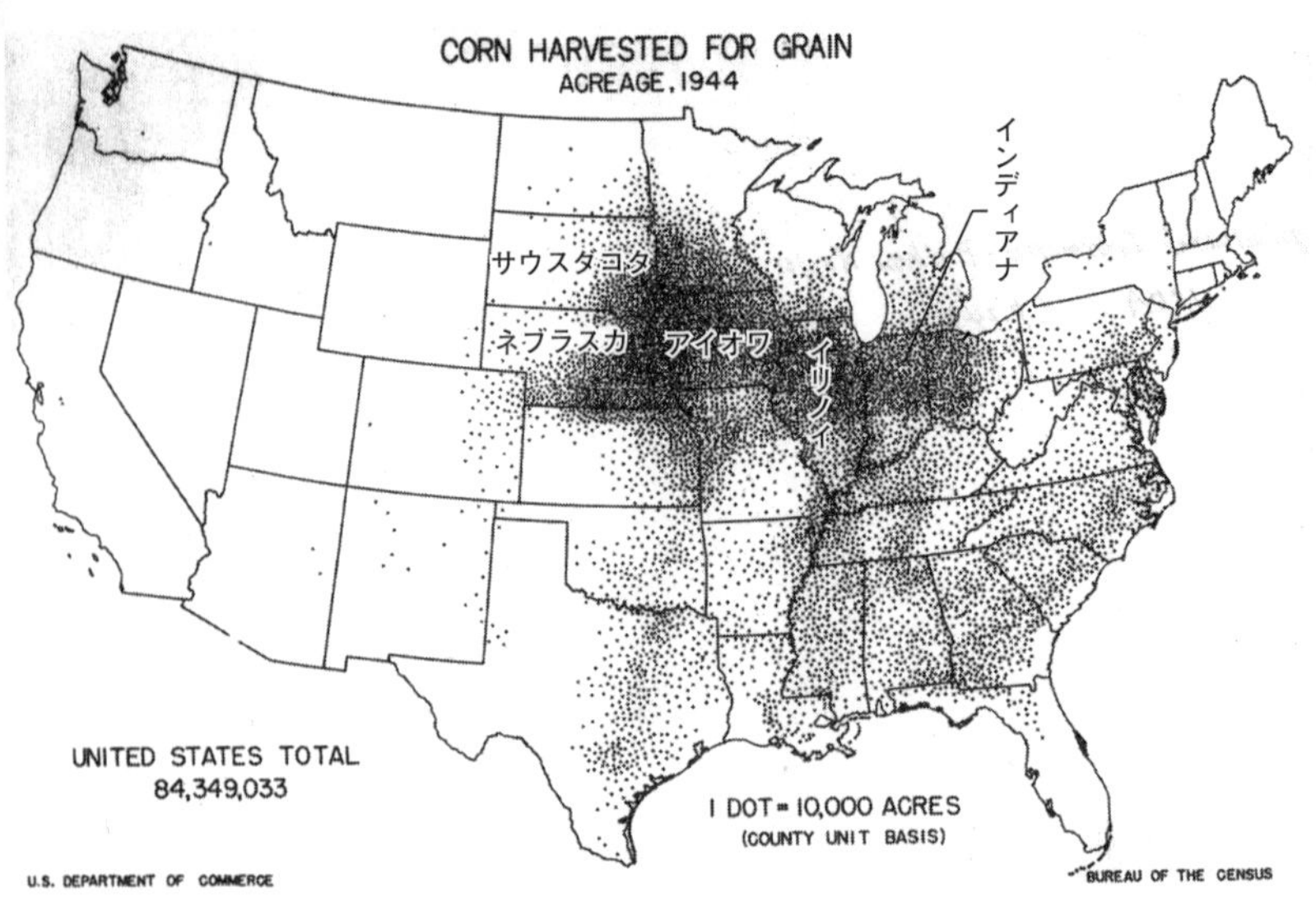

図 5.13　1944 年のコーンベルト地帯における子実用とうもろこしの栽培面積の分布。1 ドットが 1 万エーカー（4000 ヘクタール）を表す。右から左へ、インディアナ、イリノイ、アイオワ、サウスダコタ、ネブラスカの州でドットの密度が高いことが見てとれる。　Raper, A.F. and M.J.Raper (1951) Agricultural Information Bulletin. No.30. *Guide to Agriculture*, USA. USDA p24.

ランクリン・ルーズベルトによりニューディール政策が制定されると、自営農業がしだいに復活した。また、一部の農地を自ら耕作するとともに、残りは賃貸にまわす部分的自営（パートオーナー）の農家が一九七〇代半ばまでに増えていった。

参考までに、**図 5・13** に一九四四年のコーンベルトにおけるトウモロコシ栽培面積の広がりを示す。一つの点が一万エーカー（四〇〇〇ヘクタール）を表す。

二十世紀なかば、コーンベルトでは農業形態の大きな変革がはじまった。

第一はトウモロコシの品種である。第11章で詳しく述べるが、二十世紀に入って遺伝学の進展にともない、それまで自然受粉で採種されてきたトウモロコシ品種が、ハイブリッドコーンという遺伝的にまったく新しいタイプの品種でおきかわるようになった。コーンベルトにハイブリッド品種が導入されたのは一九三三年である。品種の構成が大きく変わってからも、コーンベルトはその受け皿となって農業生産に貢献した。コーンベルト型デントのうちとくに優れた品種、たとえば「レイド」や「ランカスター」などは、ハイブリッドコーンの育成事業においても有用な遺伝資源となった。一九五〇年にはコーンベルトで栽培されるトウモロコシの九九%がハイブリッドコーンとなった。

第二は、トウモロコシ栽培の機械化である。米国の植民者は畑の耕うんに当初、ウシの力を利用していた。それが南北戦争の時代になると畜力はウマに変わった。[35] コーンベルトでは毎年、春先の耕起や整地は馬に犂をつけて行なっていた。五頭立ての馬耕でも一日に耕せるのは二ヘクタールに達しなかった。

二十世紀初めからウマのかわりにトラクターが用いられるようになった。トラクターなら一台で二・六ヘクタール耕せた。一九一七年にイリノイ州でトラクターをほかに先駆けて導入した農家について調査した結果では、一農家あたり四頭のウマを節約できた。ウマが減ると、ウマを飼う牧草地や餌となる作物（主にエンバク）を栽培する畑をへらすことができた。余った畑には換金作物が植えられた。ウマの労力は一年中必要なわけではなく、一頭あたり延べ六九日しか畑に出なかった。それでも残りの三〇〇日近い間も給餌するか牧草地で放牧しなければならない。そこで農繁期の一三日だけウマを借りてすます農家もあった。[36]

機械化は徐々に進み、一九三〇年には四農家あたり一台のトラクターがある程度であったが、第二次大戦後の一九五〇年には各農家が一台ずつもつようになった。それでもトラクターが馬に完全におきかわる日がすぐやってくるとは多くの農家は信じていなかった。

機械化が進展すると収穫作業も様変わりした。第二次大戦の終焉までには人手から機械に変わった。しかし、当初の収穫機械では同時に一、二列の畦しか扱えないうえに、茎から雌穂をもぎとることしかやってくれないので、収穫の後に脱穀する作業が別に必要だった。それがやがて八列を同時に収穫できるうえに、脱穀し、茎や穂軸などは吹き飛ばし、畑で直ちに穀粒が得られるコンバイン・ハーベスターに変わった。それとともに従来は折れやすい茎が良いとされていたのが、ハーベスターに合うような堅い茎の品種が好まれるようになった。また収穫した穂ごとスレートの壁をもつ木製の貯蔵場に保管していたのが、穀粒だけを円筒状の輝くような波型金属板でつくられた貯蔵庫に保存するようになった。農家によってはガス火力による穀物乾燥機を備えてトウモロコシの水分含量を下げて、商品価値を高めた。人手による収穫では元気な若者が一日で三六〇〇リットル採れれば誇らしげであったが、同じ量をコンバイン・ハーベスターなら一〇分で収穫できた[37]。

第三に、化学肥料、とくにチッソ肥料の施用である。ドイツのカールスルーエ工科大学のフリッツ・ハーバーにより、一九〇八年に触媒を使って高温高圧の下で空中チッソを固定する方法が開発され、さらに同じくドイツの化学会社ＢＡＳＦにいたカール・ボッシュによりその技術が工業化され、一九一三年にライン川畔に世界最初のアンモニア合成工場が建設された。これによって人類は扱いやすい人工チッソ肥料を手に入れることができた。

コーンベルトでも、一九三〇年代までは畑を肥やすのに草や堆肥を埋め込む程度のこととしかせず、一足先に化学肥料を採用したワタやタバコの栽培農家を嘲笑していた。

合成されたチッソ肥料の施用が増加しだしたのは第二次大戦後であった。一九四九年から二〇年間で肥料の使用量は六倍になり、その後も増加がつづいた。とくに一九六〇〜一九七三年にかけてチッソ肥料の価格がどんどん安くなり、農家の使用量はますます増加した。増加が止まったのは一九八〇年であった。

チッソ肥料の増加とともに農家は畝間および個体間を狭くして、一定面積に少しでも多くのトウモロコシを栽培できるようにした。いいかえると、栽植密度を増やすことにより面積あたりの収量が増加することを期待した。一九六〇年代後半には、畝間はそれまでの一〇二センチから一挙に七六センチに縮小された。栽植密度は、チッソの施肥量が安定したのちも高まりつづけた。一九五〇年にはヘクタールあたりの播種量は七キロであったが、一九九〇年にはそれが二倍の一四キロになった。一九九〇年後半におけるイリノイ州でのトウモロコシの栽植密度はヘクタールあたり七万四〇〇〇個体であった。

また化学肥料だけでなく、殺虫剤や除草剤の使用もはじまった。一九四四年には殺虫剤ＤＤＴが、一九五四年には除草剤２、４－Ｄが、一九六五年には除草剤アトラジンが、はじめて商業的に使用されるようになった。

第四に、栽培目的の変化である。農家の中には、土地の肥沃度を保つために、牧草―トウモロコシ―エンバク―冬コムギという四圃式輪作を採用していた。しかし短期契約の賃貸農家が増えると、コムギを減らしてトウモロコシの作付け分を増やしたりするようになり、完全な輪作体系がくずれがちであった。また家畜の飼育とトウモロコシの栽培というバランスのある伝統的農法に集中して、豚の品種改良や豚や牛の飼育に巨額の投資をする農家もあった。しかし、化学肥料が利用できるようになると、堆肥やマメ科牧草の必要も軽視されるようになり、大部分の農家は化学肥料にもとづく換金のための作物栽培に変わっていった。

換金作物として、トウモロコシに加えてダイズが加わったのも二十世紀後半の特徴である。一九三〇年まではダイズ栽培のことを知っている農家はほとんどなく、コーンベルトでの生産量も農業統計に載らないほど少なかった。第二次大戦終了直後でも、イリノイ州の一部で少し栽培される程度であった。当時でもまだ、ダイズを植える農家はよほど金に困っているのだろうと邪推されるほどであった。しかし、一九八二年になると、作物の栽培面積の三分の一がダイズで覆われるようになり、郡によっては主役のトウモロコシより多くなったところがあった。トウモロコシはコーンベルトの東部では増加したが、西部では減少する傾向があった。

第五に、農家あたりの畑の面積の増大である。一八八九年から五〇年間は農家規模にはほとんど変化がなかった。ただし、コーンベルト内でも州によって農家あたりの平均の農地面積は同程度ではなく、入植が比較的早かったオハイオ州とインディアナ州は農地面積が小さく約四〇ヘクタール、遅かったイリノイ州とアイオワ州はやや広く六〇ヘクタール前後であった。農業機械の普及にともなって耕作できる農地面積は広くなった。多くの農家は小作から自営に転じ、農家数が減少するにあわせて農家あたり農地面積が増大した。一九四九〜一九八二年までにそれぞれの州で二倍近くになった。しかし、このような農地面積の増大は、機械の導入でより広い農地を耕作できるようになったという理由だけではなかった。機械の導入をはじめとする栽培の革新にともなう経費の増大と収穫物の価格の低迷とのギャップがひどく、大規模経営に移らなければ農業をやっていけなくなったのである。

現在のコーンベルトは、基本的にはアイオワ、イリノイ、ネブラスカ東部、ミネソタ南部、インディアナ、ミシガン南部、オハイオ西部、カンザス東部、ミズーリの一部からなる。最初の四州で米国のトウモロコシの半分以上が生産されている。

以上のように、品種改良、化学肥料、殺虫剤・除草剤の使用、播種から収穫までの一貫した機械化によって、米国のトウモロコシ生産は戦後うなぎのぼりの増加を示した。一九七〇年代にすでに、国内では消費しきれなくなるほど収穫され、余剰分は旧ソ連、日本、韓国、台湾などに輸出されるようになった。

第6章

米国の近代化とトウモロコシ

雪が降った夏とフリントコーン

一八一六年は、世界中で夏の気温が甚だしく低下したため、「夏が来なかった年」とよばれた。その年、太陽の規則的周期にもとづく活動低下もあったが、気温低下の主因は、前年四月五日夜におこったオランダ領東インド（現在のインドネシア）のスンバワ島にあるタンボラ山の噴火にはじまる一連の火山活動であった。それは記録に残るかぎりでは世界最大の噴火で、規模は一八〇〇年のニュージーランドのタウポ火山や一〇〇〇年頃の現・中朝国境にある白頭山の噴火に匹敵した。火柱は五〇キロの高さにまで上がり、火山の頂上付近の土石が噴き上げられ、四三〇〇メートルあった火山の標高が二八五〇メートルにまで削られた。噴火とともに一五〇キロまで噴き上げられた火山灰は世界中に低温と日照不足をもたらし、とくに北半球の、米国、カナダ、英国、ドイツ、中国、インドなど、諸国の作物生産を著しく妨げ、食料不足をもたらした。フランスでは、記録に残るかぎりブドウの収穫が最も遅い年となり、スペインとポルトガルではオリーヴとオレンジの収穫が被害を受けた[1]。

米国北東部とカナダ南東部では、晩春と夏季の気候は例年安定していて、それぞれの地域の平均気温は二〇℃および二五℃である。それが一八一六年には春から「乾いた霧」が発生し、太陽の光は赤くくすみ、黒点が肉眼でみえるほどであった。この霧は雨が降っても風が吹いても消えなかった。五月になるとほとんどの作物は枯れた。六月六日には夏なのにニューヨークをはじめ数か所で雪が降った。七月にはペンシルヴェニアでさえも湖や川が氷結した。

この不作の年、トウモロコシも例外ではなくほとんど収穫ができなかった。ただし、フリントコーンだけは被害が少なかった。これは、フリントコーンがほかの種類のトウモロコシにくらべて水分含量が低いためであった。

ポップコーンの普及に貢献したクレターズ

ポップコーンは、トウモロコシの中では、比較的新しく加わった仲間であると思う人が少なくない。しかし、熱すると爆発するポップコーンの性質こそ、トウモロコシの祖先であるテオシンテから受け継いだものである。したがって、最初のトウモロコシはみなポップコーンだったということになる。

コロンブス以前の新大陸の先住民の間でも、ポップコーンはおなじみであった。北米のある部族の言い伝えでは、ポップコーンの各粒の中には静かな満たされた精霊が住んでいるという。もし精霊の家である粒が熱せられると、彼らは怒りだし、粒を震わせ、ついに耐えられなくなれば、一吹きの蒸気とともに家から空中に飛び出す。

コロンブスの航海報告には、黒色ではじけると中身が白いトウモロコシ、つまりポップコーンのことが記されている。

一六二一年一〇月一五日に米国で最初の収穫感謝祭が植民地で開かれた折に、先住民がポップコーンを一杯に詰めた鹿皮の袋をお祝いに差し出したといわれる。また英国植民地人との和平交渉の折にも、友好の印としてポップコーンのスナック菓子を持参したという。

植民地では、各家庭の妻たちはポップコーンに砂糖とクリームを添えて家族の朝食にしていた。またある者は、薄い鉄板でできていて心棒のまわりにリス籠のように回転するシリンダーを暖炉の前に置いてポップ

図 6.1　チャールズ・クレターズが 1893 年までに開発した蒸気機関利用のポップコーン機。
http://www.cretors.com/page.asp?i=12

コーンを爆裂させていた。

ポップコーンが米国で爆発的な人気を博したのは一八九〇年代に入ってからである。それをもたらしたのは、ポップコーンを焼く機械を発明したチャールズ・クレターズであった[2]。

彼は最初イリノイ州デカトール市で雑貨屋を開いていて、事業拡大のために焼きたてのラッカセイ（ピーナッツ）を売ろうとロースターを購入したが、満足のいくものではなかったので、自ら使いやすくデザインのよい型に改良した。その販売を目指して彼はシカゴに移り、街頭販売のライセンスを取得して、自分の店の前にロースターを据えて道行く人々に宣伝した。ライセンス取得の一八八五年一二月二日がC・クレターズ会社の創建の日といえる。

彼のロースターは、小さな蒸気エンジンがとりつけられていた（**図6・1**）。それまでの手動のものにくらべて焼き上げ過程が自動化されてずっと効率がよくなっただけでなく、ポップコーンのほかにラッカセイ、コーヒー豆、クリも焼くことができた。なによりも、季節に関係なく、いつでもどこでも同じ品質のポップコーンを提供できた。当時目新しかった蒸気エンジンで焼くということからコーンの小売人やお客に評判となった。彼は一八九三年にロースターの特許を取得した。

クレターズは、ロースターに車輪をつけてワゴンに仕立て、シカゴで開かれたコロンビア博覧会に引いていった。焼きあがったばかりのバターつきポップコーンを試作品として配ると、その香ばしい匂いに誘われて人々は列をなして買い求めた。ロースターは一九〇〇年にさらに大型になり、ウマで曳くように改良された。電気の時代に入ると、コーンを焼くための熱源も、複雑で故障が多く危険な蒸気から、静かで効率のよい電気にかえられた。

やがて映画の時代がやってきた。一九二九年になると最初の音声つき映画として、ウォルト・ディズニーの描くミッキーマウスがスクリーンにお目見えした。それは大恐慌のはじまった年でもあった。安価なポップコーンは貧困に苦しむ人にも楽しみを与える数少ない菓子になった。人々は、悲惨な経済状況を忘れるために、それまで以上に映画を楽しんだ。ポップコーンをつまみながら映画を楽しむことがはやり、映画とポップコーンがイメージとしてしっかり結びついた。最初のうちは、映画館の館主はロースターを館内にも ち込むことを、「映画館にふさわしくない」という理由で許可しなかったが、そのうちポップコーンの売り上げからくる副収入が馬鹿にならないことに気づき、積極的に導入するようになった。ほかのほとんどの産業が不況となる大恐慌時代でも、ポップコーン事業は生き延びた。

第二次大戦中は砂糖が前線の兵士に送られ、国内でキャンディをつくるための砂糖が逼迫した。その影響で、ポップコーンの消費が三倍にも増えた。ただし、一九四一年の開戦の翌年一月に、大統領フランクリン・ルーズベルトの命により軍需生産委員会が、戦時に不要なすべての生産活動を停止するという布告を発したため、クレターズもロースターの開発を中止して軍用の各種部品の製作をして過ごした。

戦後の一九五〇年代にテレビが普及すると、映画が衰退し、それとともにポップコーンの消費も一時伸び悩んだ。しかし、やがて人々のライフスタイルが変わって、テレビの前で家族や友人とポップコーンを食べるようになると、売り上げは五〇〇%も急上昇した。その後ポップコーンのロースターは機能やデザインが何度も改良され、劇場、野球スタジアム、ドライブインなど、大衆が集まる場所を選んで設置されるようになった。

現在、世界のポップコーンのほとんどは、米国中西部、とくにネブラスカ、アイオワ、インディアナの三州で栽培されている。

トウモロコシがもたらした栄養不良ペラグラ

一九〇六年に黒人専用のマウントヴァーノン精神病院で、八八人の患者が急性のペラグラとよばれる症候群に罹っていると診断された。うち四六人が死亡した。この病はそれ以前から突発的に発生していたが、気づかれずにいた。ペラグラは、米国西南部の歴史ある諸州（オールドサウス）に爆発的に蔓延した。患者は抑うつ状態からはじまり、下痢（diarrhea）、皮膚炎（dermatitis）、さらに認知力低下（dementia）をへて、ついには死（death）にいたった。ペラグラは、これらの症状の頭文字をとって４Ｄとよばれた。一九一二年の米国公衆衛生局の発表では、五年間で五〇〇〇例以上が報告され、死亡率は高く四〇％に達した。一九一六年には、一〇万人の住民がペラグラに苦しんだ。

当初は細菌による感染症が疑われたが、オーストリア生まれの公衆衛生局医師ジョセフ・ゴールドバーガーの懸命な追求により、病院などの施設で働く医師や看護婦には発生しないことから、ペラグラに感染性はないことと、貧しく動物性食品の少ない食生活をつづけている家庭に問題があることがわかった。牛乳、肉、豆類に富む食事を摂っていれば、ペラグラは防げた。ただし、タンパク質に乏しい酵母の抽出物でもペラグラが治ることから、タンパク質欠乏が原因ではないと証明された。何か未知の物質が欠けていることがわかり、ペラグラ防止因子と名づけられた。

ペラグラが、トウモロコシに過度に依存した食生活をつづけた結果の代謝内分泌疾患であることが判明したのは、ゴールドバーガーの死後であった。ヒトでは腸内細菌により、アミノ酸のトリプトファンからナイアシン（ニコチン酸とニコチン酸アミドの総称でビタミンB3ともいう）が生合成される。トウモロコシの穀粒はトリプトファンが少ないため、トウモロコシだけを主食としているとナイアシンとトリプトファンの両方が欠乏することになり、ペラグラを発症する。ちなみに一九〇六年に栄養学者のF・ホプキンスらが、トウモロコシのタンパク質であるゼインだけで飼育したマウスは短命となるが、それにトリプトファンを補うと長生きすることを発見した。

ペラグラについてはさらに事件が知られている。その後二〇年間で数百万人もの人がペラグラに罹って死んだが、その間、米国公衆衛生局は病気を防ぐための対策を何もとらなかった。指導官はペラグラ発生の原因を以前から熟知していたが、死者の大部分が黒人の貧困層であったので放置していたことを、一九三五年になってやっと認めた。

なおペラグラは、ヨーロッパでも発生した。一七三五年にスペインで最初の記録があり、一九世紀にトウモロコシを主食としていたヨーロッパ南部の国々でも発症し、数十万人の農民が健康を損ねるか死にいたった（後述）。

なおG・W・ディンブルビーは、穀類の品種改良は多収にむけて行なわれた結果、炭水化物の増加とそれにともなうタンパク質の減少をもたらしたと記している。彼はその一例として、パンコムギの現代品種はタンパク質含量が一二％であるのに対し、二粒系のエンマーコムギは一九％、野生一粒コムギではさらに高い含量をもっていると述べている。トウモロコシでもこのことが成り立つとするならば、アメリカ大陸の先住民がペラグラに悩まされることがなかったことの原因に、石灰を添加して料理したことに加えて、彼らのトウモロコシがタンパク質含量の高い品種であったことも考えられる。[3]

中国で発見されたワキシーコーン

新大陸では、トウモロコシが数千年にわたって栽培される間に胚乳特性のポップ、フリント、フラワー、デント、スイートの五タイプが得られたのに、ワキシーだけはなぜか発見されなかった。先住民がワキシーについて知っていたとか、保存していたとかいう形跡がない。ワキシーは自然突然変異によって生まれるので、その気になって探せばいつでもどこでも発見できるはずである。実際に二十世紀には米国内のデントコーンの穂から何回もみつかっている。発生率は一〇万分の三程度である。

ワキシーコーンは二十世紀になって中国で発見された。一九〇八年に、上海に派遣されていた長老派教会のJ・ファーンハム牧師から、一袋の種子が米国海外種子及植物導入局に送られてきた。種子には次のようなメモ書きがついていた。

奇妙な種類のトウモロコシ。いくつか色の違いはあるが、すべて同じ品種だといわれる。私の知るかぎりでは、他の品種よりもずっと粘り気があり、何かに、たとえば挽き割り粥として使えるかもしれない。

この種子は、同年五月に植物学者のG・コリンズによってワシントンDCの近くで播かれ、五三個体が成長した。詳しい特性調査が行なわれ、写真つきで米国農務省の一九〇九年一二月号の公報で発表された。同じようなトウモロコシが一九一五年にビルマで、一九二〇年にフィリピンでも発見された。

これらの新植物は独特の特性をたくさんもっていた。特性の一つとして、開花時に絹糸（雌しべ）が乾燥した暑い風で乾き切ってしまう被害に対して耐性があることが記されている。この特性は半乾燥地の南西地帯のトウモロコシには有用なので、すぐさま交雑育種によってその特性をほかの収量の高い品種に入れることが試みられた。またコリンズは、ワキシーコーンがほかのトウモロコシとくらべて胚乳の外観が明らかにちがうことに気づき、化学的組成が違うのではないかと分析した。しかし、デンプン、脂肪、タンパク質の割合に差は認められなかった。この結果に失望して、ワキシーコーンは遺伝学研究の材料として使われるだけで終わりそうだった。

一九二二年にインディアナ大学のP・ウエザーワックスは、ワキシーコーンのデンプン成分はまったく珍しいタイプであることを発見した。穀粒を半分に切ってヨウ素で染めると、断面がほかの品種では青くなるのに、ワキシーコーンでは赤くなった。イネ、キビ、ソルガムなどでもヨウ素で赤くなる植物があることが、すでに一八八六年のアーサー・マイヤーの報告で知られていた。彼はこの特異なデンプン成分にエリスロデキストリン（のちのアミロペクチン）と名づけた。この成分は種子の胚乳にだけ認められ、胚には含まれていなかった。[4]なおワキシーコーンでは花粉や胚嚢もヨウ素で染めると赤くなる。ワキシー以外のトウモロコシのデンプンは品種によって二〇〜三六％のアミロースを含み、残りはアミロペクチンである。いっぽうワキシーコーンのデンプンは、モチ米と同じく、ほとんど一〇〇％がアミロペクチンからなりアミロースは含まない。

一九三七年にアイオワ州立大学のG・スプラーグらは、ワキシーコーンのデンプン特性（ワキシー性）をほかの高収量の品種に入れるための育種を開始した。四年後に第二次大戦が勃発すると、アジアからの海路を日本軍に断たれ、それまでアミロペクチンの原料とされていたキャッサバが米国に入ってこなくなった。そこで通常のトウモロコシの製粉機を転用して、ワキシーコーンの粉からアミロペクチンを得る作業が開始された。一九四三年にはワキシーコーンの生産は八万トン以上に達した。ちなみに、ワキシーコーンとちがって、キャッサバのデンプン（タピオカという）にはアミロースが一五％混ざっている。

第二次大戦後に、ワキシーコーンは別の貢献をする。後述のとおり、トウモロコシのヘテロシス育種のため、T細胞質という雄性不稔を利用した系統が広く普及したときに、ごま葉枯れ病が大発生した。その折に、ワキシーコーンがT細胞質をもたない品種の育成に用いられた。さらに、ある農家がワキシーコーンで肉牛を飼育したところ、デントコーンの場合よりも体重増加が大きいことに気づいた。それが契機でワキシーコーンへの関心が一気に爆発した。二〇〇二年現在、米国では約一二〇万トンのワキシーコーンが栽培されている。

中国で発見されたのには理由がある。中国ではトウモロコシが伝来したのち、南方山地の広西、雲南あたりでワキシーが出現し、「半仙糯」、「多穂白」、「瀝白粘」、「黄苞米」などの品種まで生まれ、「中国蠟質種」と総称されている[5]。

また未熟粒を野菜とし、完熟粒から酒や糖を製造した。これはアジア各地に広がるもちもちした食感を好む「モチ文化」により、モチ性突然変異が見過ごされずに、農民により選抜されたからといえる。文化のないところには、突然変異が発現しても利用されない。ただし中国でも北方ではモチ文化がなく、モチキビやモチアワが推奨されることは少ない。

甘いトウモロコシ——スイートコーン

スイートコーンはほかの胚乳タイプのトウモロコシから自然突然変異によって得られた。自然突然変異であるから、テオシンテの栽培化によってトウモロコシが生まれて以来ずっと、非常に低い頻度ながら絶えず生まれ、種子の集団中に混在していたと考えられる。したがって、「いつどこで生まれたか」ではなく、「いつどこで注目され、栽培されるようになったか」が問題となる。しかし、その時期もはっきりしない。

古い文献では、スイートコーンは、デントコーンやフリントコーンにくらべて収量が低いので、マヤ、アステカ、インカの時代の先住民は栽培しなかったとされていた。[6] しかし実際には、インカ時代のボリビアではスイートコーンを大切にして、炒ったり、発酵させてビールをつくり飲んだりしていた。彼らはスイートコーンを村から離れた畑でひそかに栽培し、それを盗む者には厳罰でのぞんだ。ペルーやほかの南米の先住民もスイートコーンを好んだ。炒ってカンチャ（kancha）という菓子として食べたり、チチャというビールをつくるときの糖分原料としたりした。スイートコーンを生のまま食べたりしたこともあったと考えられる。コロンブス以後にサトウキビやハチミツが新大陸に伝えられるまで、スイートコーンは重要な甘味原であった。メキシコでは、成熟したスイートコーンの穀粒をすりつぶしてピノーラ（pinola）という菓子がつくられた。先住民社会でも、スイートコーンの品種を栽培するときに、ほかの品種からの花粉がかかって自然交雑することのないように、注意深く隔離されていた。[7]

北米の先住民も、少なくとも近代にはスイートコーンを栽培していた。プリマスへの入植者がスイートコーンの品種を収集した際、一七七九年に赤い穂軸をもち八列の粒をつけた「サスクハンナ」（Susquehanna）または「パプーン」（Papoon）という品種を、イロコイ連邦からゆずり受けたという記録がある。また一八三三年には、ミシシッピ川上流のマンダン族が栽培していたことが目撃されている。ニューメキシコでは六〇〇～七〇〇年前のスイートコーンがみいだされている。当時、すでに現在の米国の南西部から北東部やニューイングランドまでスイートコーンの栽培が広まっていた。これらの地域では、デンプン性のトウモロコシは未熟なうちに収穫してあぶって食べていたが、スイートコーンは乾燥した穀粒を炒ったり、酒の原料としたり、粉にして菓子をつくっていた。

南米のスイートコーンの在来品種は、ほとんどがペルーの系統である「チュユピ」(Chullpi) 品種群に生じた突然変異に由来する。この品種群は二四〇〇～三四〇〇メートルの高地に適応し、短く卵形で粒列の多い雌穂をもつ。メキシコ由来の重要な品種には、「マイス・ドゥルセ」(Maíz Dulce) と「ドゥシヨ・ド・ノロエステ」(Ducillo de Noroeste) がある。前者は高地に適応し、「チュユピ」によく似ている。後者は低地むけの品種で細い穂をもっている。

一九世紀になると、スイートコーンはいくつかの北米の園芸品種のカタログに登場してくる。一八一〇年のトーマス・ジェファーソンの『園芸書』(*Garden Book*) に、「しわのあるトウモロコシ」と記された品種が載っている。これはまちがいなくスイートコーンである。ニューヨーク在住で世界的な種苗商グラント・ソーバーンが一八二八年に出したカタログにも、スイートコーンが載っている。一八二一年にチモシー・ドワイトが書いた旅行記にも記されている。この頃までに、スイートコーンは北米で普及していたことがわかる。

スイートコーンの品種で最初に名前がついたのは、「ダーリン・アーリー」である。この品種は一八四四年にコネティカット州で育成された品種で、のちに「ゴールデン・バンタム」の親となった。スイートコーンは一八五三年には二品種しか知られていなかったが、一八六六年に一二、一八八四年に三三、一九世紀最後の年には六三品種に達した。白色と黄色の品種があるが、当初は白色が広く用いられ、中でも「カントリー・ジェントルマン」や、「ストウエルズ・エヴァーグリーン」が主流となった。前者の由来ははっきりしない。後者は、ニュージャージー州の農民ナサニエル・ストーウエルが一八四八年に育成したもので、苞の先を糸で縛って涼しいところに置いておけば、一年間はみずみずしいままに保てるということからこの名がついた。この品種は「白色のスイートコーンの王様」とよばれるほど評判が高かった。

一九〇二年には、日本でも名前が知られている「ゴールデン・バンタム」が、フィラデルフィアのバルピー社から売り出され、「カントリー・ジェントルマン」を駆逐した。もともとこの品種は、一七世紀から一部の家庭で栽培されていたといわれ、「ゴールデン」とか「ゴールデン・シュガー」とか、いくつかの別名で売られていた。バルピー社の品種は、収穫後にわずか三〇分で甘味が減るという欠点があったが、名のとおり金色に輝くような粒の美しさとともに、食べて軟らかく風味があるという評判をえた。それまでは、スイートコーン品種のほとんどは白色であったが、「ゴールデン・バンタム」の登場で消費者はみな黄色品種を好むようになった。また、家庭園芸家や農家では家宝のように代々引き継がれて栽培された。そこで種苗会社では、それまでの白色品種についても「ゴールデン・バンタム」と交雑して種子を黄色に変えた[8]。かくして現在の黄色のスイートコーン品種は、ほとんどすべてが「ゴールデン・バンタム」の血を引くことになった。なお「ゴールデン・バンタム」と「ストウエルズ・エヴァーグリーン」は、北方型フリントコーンと近縁である。

スイートコーンについても後述のハイブリッド時代がやってきた。コネティカット試験場が一九二四年に、「レッドグリーン」というハイブリッド品種を育成した。一九三二年にはインディアナ州立農業試験場のG・スミスが米国農商務省（USDA）とともに、「ゴールデン・クロスバンタム」を育成した。スイートコーン品種数は一九三四年に八〇〇を超えた。

スーパースイートコーンをつくりあげたラーフナン

イリノイ大学の遺伝学者ジョン・ラーフナン（**図6・2**）は、一九四〇年代後半からトウモロコシの穀粒がもつ色素のアントシアニンの遺伝について調べていた。ミシガン大学のE・メインズが、乾燥すると縮んで皺がよる形質がアントシアニン形成と遺伝的に密接な関係があることを発見したのを知って、その系統を譲ってもらった。その系統の種子は、皺になるだけでなく、なぜか、とても甘く麦芽のようないい香りがした。彼はそれに興味をもち原因を究明した。[9] その結果、このしわしわの種子は、デンプンが少なく、糖分がスイートでないトウモロコシの一〇倍、通常のスイートコーンの四倍も高いことを発見した。さらに、通常型の遺伝子と高糖型の遺伝子をあわせてもつ系統では、高糖型遺伝子だけをもつ系統にくらべてさらに七割も糖分が増えた。糖分の八五％は蔗糖だった。そこで一九五三年の論文において、この高糖型系統はスイートコーンの市場拡大に役立つのではないかと示唆した。

通常型のスイートコーンの甘味は、第四染色体上の優性遺伝子 *Su* が劣性遺伝子 *su* に変化した自然突然変異によって生じたものである。しかし高糖型のスイートコーンは、通常型とは異なる遺伝子をもっていて、*sh2* と名づけられた。遺伝子記号の *sh* は shrunken（皺のある）の略である。実は、穀粒に皺を生じさせる遺伝子は全部で三個みつかっていたが、そのなかで二番目の遺伝子だけが高糖型であった。この遺伝子は、のちに第三染色体の長腕上にあることが判明した。また正常型の対立遺伝子 *Sh2* に対して完全劣性であった。トウモロコシの糖分は胚よりも胚乳の遺伝子型で決まる。胚乳の遺伝子型は、母親由来の二遺伝子と父親由来

図 6.2　スーパースイートコーンをつくりだした遺伝学者ジョン・R・ラーフナン。
http://www.youtube.com/watch?v=bJPqWWdP1oI

来の一遺伝子の計三遺伝子から成っている。*sh2* が完全劣性であるということは、優性の *Sh2* 遺伝子を一個以上含む遺伝子型 *Sh2sh2sh2*、*Sh2Sh2sh2*、*Sh2Sh2Sh2* はどれも高糖型にならないことを意味する。

高糖型は高い糖分をもつだけでなく、冷蔵すればその高い甘味が一〇日間も失われなかった。しかし種子が軽く、発芽も初期成長もわるいのが大きな弱点であった。そのせいか、ラーフナンの期待に反して農業試験場や種苗会社の研究者はまったく彼の話に乗ってこなかった。

ラーフナンは遺伝学者なので、ここでほかの研究に移ってしまってもよかった。皺粒の研究では、プロジェクトの予算は得られなかった。しかし、どの世界でもパイオニアは楽観的であった。ほかの人が超えがたいと思った壁も気にしなかった。彼は自分で品種改良をすることにした。「ゴールデン・クロスバンタム」とか「イオチーフ」などスイートコーンとして広く普及していた品種に *sh2* 遺伝子を戻し交雑で入れて、高糖型に変える仕事をはじめた。できあがった雑種系統の種子を農家から借りた畑に播いて、息子と一緒に栽培管理した。一九六一年にイリノイ・ファンデーション・シード社を介して、これが「イリニチーフ」の名で売り出されたが、やはり長い間注目されなかった。「イリニチーフ」は採種が難しかったので、会社ではこれを三系交雑のハイブリッド品種（後述）に変えて、「イリニ・エクストラ・スイート」と命名した。この品種は日本にわたって「ハニーバンタム」とよばれた。しかし、米国では一部の人を除いて賛同する者はなく、育種家も注目しなかった。

そこにひとりの助っ人が現れた。フロリダ大学のエミル・ウオルフである。彼はフロリダ州でスイートコーンの売り上げが減っているのをみて、州で人気のスイートコーン品種に *sh2* 遺伝子を入れた三品種をつくりだした。その中で三系交雑による「フロリダ・ステイスイート」が、育成から数年のうちにフロリダで普及し、台湾とタイで好評を博した。しかしそれでも大勢は変わらなかった。

一九八〇年代初めに変化がおこった。中堅の種苗会社アボット・アンド・コッブ社が農家や販売店に対して、スーパースイートの素晴らしさを訴える一大キャンペーンをくりひろげた。これが功を奏して五年のうちにフロリダ州に普及し、一万九〇〇〇ヘクタールの栽培地のうち、高糖型スイートコーンの作付けが二%から九八%に一変した。それまで高糖型を無視していた種苗会社は市場を失った。三〇年以上もかかってやっとラーフナンの予言が実現した。高糖型はとくに、「スーパースイートコーン」とよばれるようになった。ただし、ラーフナン自身は何も経済的な見返りを受けることはなかった。特許申請もイリノイ大学の植物特許委員会で認められなかった。一九八九年に全国スイートコーン育種家協会より傑出した功績を讃えて小牌を授与されたのが、唯一の報酬であった。[10]

スーパースイートコーンは糖からデンプンに変換する速度が遅いため甘味が長持ちし、農家にとっては収穫時期が長くなり、また売れずに畑で無駄に捨てられる量が減った。通常のスイートコーンでは缶詰にするときに甘味を増すための砂糖を加えていたが、それを省いても十分甘かった。また栽培地から遠隔の消費地までのトラックや飛行機による長距離輸送が可能となった。スーパーの棚に並んでからも長く品質が保たれた。通常型スイートコーンより味がよく、糖分は多いが、いっぽう炭水化物の総量は低く、カロリーも低く、消費者の健康志向にも合っていた。つまり、農家、加工業者、輸送業者、販売店、消費者のすべてに喜ばれる商品として、スーパースイートコーンはそれまでの通常型スイートコーンにとってかわった。

スーパースイートコーンはアジア、ヨーロッパ、大洋州、南米に広がった。とくに日本と台湾の消費者に好まれ、日本では三・五万ヘクタール、台湾では二万ヘクタールに栽培された。二国で栽培されるスーパースイートコーンの種子はすべてアイダホ州で生産され、州の経済に数百万ドルの利益をもたらした。

一九六〇年代後半に、三番目の遺伝子がA・ローズによって発見された。この遺伝子はスイートコーンがもつ *su* 遺伝子の働きを強めるので、sugar enhancement（糖分増加）、略して *se* 遺伝子となづけられた。*su* と *se* の両方の遺伝子をもつ品種、つまり遺伝子型が *sususese* の品種では、糖分が通常型の約二一〜二〇%になった。スーパースイートコーンにくらべて糖分はやや少なく、また通常型スイートコーンと同じく味の日もちがよくなかったが、この新タイプの強みは粒がとても軟らかいこととクリーミーな食感であった。このタイプのスーパースイートコーンには「キャンディ・コーン」がある。なおハワイ大学のJ・ブルーベーカーは、スーパースイートコーンの作出に別の遺伝子 *bt1* と *bt2* を利用した。

二〇〇五年のＦＡＯ（国際連合食糧農業機関）の統計では、スイートコーンの栽培面積は世界で一〇〇万ヘクタールを超え、国別では米国、メキシコ、ナイジェリア、フランスで多い。また日本は缶詰では世界第四位、冷凍品では第二位のスイートコーン輸入国である。現在の日本では、三つの遺伝子（*su*, *sh2*, *se*）をさまざまに組み合わせたスイートコーンが売られている。[11]

その後、三遺伝子が穀粒にどのような作用を与えるかが何人かの研究者により調べられた。その結果によれば、*su* 遺伝子は糖分を増加し、デンプンを減少させ、フィトグリコーゲンを増加させる。それに対し、*sh2* 遺伝子は糖濃度をいちじるしく高めるが、フィトグリコーゲンは増加させない。フィトグリコーゲンとは、動物においてエネルギー源となるグリコーゲンと似た構造をもつ貯蔵性多糖である。*su* 遺伝子に *se* 遺伝子が合わさると、受粉後一九日目以後にマルトースという糖が急増し、四〇日目には乾燥重の三・二八％に達し、成熟期になってもそのまま保たれる。その分、デンプンが減少する。マルトース含量が高いため、穀粒は乾燥しにくくなる。マルトースは *su* 遺伝子だけをもつトウモロコシ系統の穀粒には存在しないだけでなく、果実や野菜で大量にみいだされることもまれである。なお蔗糖、グルコース、フルクトースについても *se* 遺伝子が併存すると、受粉から一九日目には *su* 遺伝子単独の場合にくらべて数倍高くなったが、種子が発育するにつれてしだいに減少し、その差は小さくなった[12]。

通常型スイートコーンやスーパースイートコーンの甘味が高いのは、劣性遺伝子のおかげである。トウモロコシはイネやコムギなどとちがって他殖性なので、その採種圃ではほかの品種から花粉が飛んできて絹糸にかかって自然交雑することを防がなければならない。スイートコーンの場合にはとくに注意が必要である。たとえばスイートコーン（遺伝子型 *susu*）に優性遺伝子をもつ非スイートコーンの品種（遺伝子型 *SuSu*）の花粉が一粒でもかかると、できた種子は *Susu* というヘテロ遺伝子型になり、翌年その種子から生じるトウモロコシは甘くない。その種子を含むロットの種子を買った農家の畑では、一個体のスイートでないトウモロコシが混じることになる。また農家の畑で非スイートコーンの花粉がかかると、その花粉で受粉された粒だけ甘くないことになる。少しだけなら消費者は気がつかないかもしれないが。

トウモロコシの花粉は遠くまで飛散するので、ほかの品種から少なくとも二〇〇メートルは隔離して栽培する必要があるといわれる。距離による隔離が難しければ、スイートコーンの絹糸が出る時期には周辺のトウモロコシの花粉が飛ばないように、播種期をずらしたり開花期の異なる品種を選んだりすることが求められる。

第7章

トウモロコシのヨーロッパおよび周辺地域への伝播

ヨーロッパ各地への導入

1. コロンブス以前

アメリカ大陸に到達したヨーロッパ人は、実はコロンブスが最初ではない。前一〇〇〇年からローマ時代の間に、アメリカ大陸とヨーロッパ大陸との間にはつながりがあったことが、アメリカ大陸に残る神殿、巨石建造物、墳墓などの遺跡に刻まれた碑文の古代文字の研究から認められたという。それによれば、古代イベリア半島からケルト人が北米に渡ってきて住みつき、さらにリビア、エジプト、フェニキア、バスク、ノルウェーなどの入植者たちがこれにつづき、北はニューイングランドから南はメキシコ湾岸までの各地に定住したという[1]。

アメリカ大陸への次の訪問者はヴァイキングであった。八七〇年にヴァイキングがアイスランドに入植し、そのうちの一人「赤毛のエリック」とよばれた男が九八五年にグリーンランドを発見した。一〇〇〇年にエリックの息子レイフ・エリクソンがグリーンランドからさらに南への探検を二度決行し、一度目は現在のバヒン島、カナダのラブラドル地方に達し、二度目はニューファンドランド島の最北端に着いた。『赤毛のアン』の舞台プリンス・エドワード島やタイタニック号沈没の海域に近いところである。彼はここをヴィンランドすなわち「ブドウのなる土地」と名づけた。彼は中世になって最初のアメリカ大陸に足を踏み入れたヨーロッパ人となった。しかし、その後新大陸の地にヴァイキングが定住することはなく、作物をもち帰った形跡もない。たとえもち帰っても北緯六〇度以北に位置するグリーンランドでは、トウモロコシはもちろんほかの作物でも育たなかったであろう。

コロンブスと同時代の人々の中には、トウモロコシはアジア起源であると考える人が多数いた。ある報告が示すリストでは二〇名を数える。しかし現在では、アジア起源説は誤りであり、トウモロコシは確実にメキシコ起源である。

では、トウモロコシを最初に旧大陸にもたらしたのは誰か。一般的には、それはコロンブスであり、コロンブスがスペインにもち帰ったトウモロコシが旧大陸で最初のトウモロコシであり、それが契機となってヨーロッパに、さらに旧大陸の各地にトウモロコシが普及したと考えられている。つまり、コロンブス以前にはヨーロッパやアジアなど旧大陸にはトウモロコシは存在しなかったとされている。

しかし、それに疑問を呈する人もいる。M・ジェフリーズは、コロンブス以前にアジアでトウモロコシが広く栽培されていたことを示す多くの事例を提示している[2]。

たとえば、一六世紀初めに東洋でポルトガルの交易品を管理していたデュアルテ・バルボサの残した記録によれば、当時すでにインドではトウモロコシがミルホ・グロッソ（milho grosso）という名で大量に海外に輸出されていた。またタミール地方では「メッカのソルガム」とよばれていて、イスラム教徒のアラブ人により導入されたことが示唆された。またフェルディナンド・マゼラン率いるスペインの艦隊が世界一周の航海中の一五一九年にフィリピンのリマサワ島に立ち寄ったとき、そこでトウモロコシがすでに栽培されていたのを乗組員が目撃している。

中国では、明の永楽帝により東アフリカに派遣された鄭和（ていわ）の船団が、一四一九年頃に明の宮廷にもち帰った品の中に、「著しく大きな穀物の穂」というトウモロコシと思われる記述がある。また、一五七五年に異民族から中国に貢がれたトウモロコシは七億リットルに達した。このことは、当時、アジアの周辺諸国に広くトウモロコシが栽培されていたことを示している。中国のトウモロコシは西方のオスマン帝国などから伝来したといわれる。

イタリアには十字軍時代の一二〇四年に、コンスタンチノープル攻撃の帰路にもち帰られたものが導入されたが、すぐには普及しなかったようである。またスペインには一三世紀にアラブ人がもちこんだともいわれる。

一五三六年に、ヨーロッパのある若い女性の記録の中で、「トウモロコシは祖父の時代にギリシャかアジアから入ってきたので、トルココムギとよばれた」という記事がある。その頃ギリシャでは、トウモロコシはアラビアコムギとよばれていた。

なお、米国オレゴン大学のC・L・ヨハンセンとA・Z・パーカーも、インドにコロンブス以前のトウモロコシが存在したと主張している。インド南部のカルナータカ州のマイソールの近くにある一二～一三世紀に建立されたホイサラ寺院の華麗な彫刻群の中に、トウモロコシの穂と思われる複数の像が認められた。それらの像は熱帯果樹のアンノナ、パンダヌス、マンゴーなどに似ていると主張する現地の考古学者もいたが、種々の点でトウモロコシの特徴を備えている[3]。

2. コロンブス以後

コロンブスが第一次航海を終えて、一四九三年三月にスペインのパロスに帰港したときもち帰った数々の物品の中に、トウモロコシが含まれていた。コロンブスは同年五月に、バロセロナの法廷で彼が航海でやりとげたことをつぶさに報告した。その場にいた部下のペドロ・マルチル・ド・アングレリアが、一一月にスフォルザ枢機卿に新世界について知らせた手紙が残っている。そこには、長さが一パルモ（約二〇センチ）で先がとがり、腕ほどの太さの穂をもち、穂には穀粒がきちんと整列していて、穀粒は形や大きさがスズメノエンドウに似ていて、未熟のときは白く、成熟すると黒くなり、粉に挽くと雪よりも白くなる植物があり、人々はメイズとよんでいる（maizium, id frumenti genus appelant）

とラテン語で書かれている。

一四九四年にコロンブスの船が第二次航海から帰港したときには、ド・アングレリアが白および黒のトウモロコシの種子を彼の保護者に提出したことが知られている。このときの品種は、カリビア型の熱帯系フリントであった。

なお南米のトウモロコシについては、ピサロの仲間のバスク人がペルーからスペインにもち帰り、ピレネー山地で栽培したと伝えられている。

フェルナンデ・ド・オヴィエドにより一六世紀前半に書かれた証言では、「女王陛下がスペインで最も寒い土地であるアヴィラに滞在されておられたとき、その市の家の中で一〇パルモ（約二メートル）ほどの高さの茎をもち緑色で美しいトウモロコシが栽培されているのを見た」とある。

前述のように、コロンブス以前にすでにトウモロコシがヨーロッパに存在していたということは必ずしも否定できないが、大航海時代に新大陸から直接もち帰ったものということで、トウモロコシの人気は高まったようである。トウモロコシはスペインだけでなく、数年のうちに、フランス、イタリアなどヨーロッパ南東部の諸国に普及した。さらに北へはドイツ、オーストリア、東欧諸国へ伝わった。熱帯で低緯度のメキシコに起源するトウモロコシは、温帯で夏季の日長が長い高緯度のヨーロッパ諸国にも適応するように改良の必要があり、導入後から数世紀もたってからであるが、農民により早熟性で生育期間の短い品種がつくりだされた。

ヨーロッパにおけるトウモロコシの伝播は比較的早く、同じく新大陸から入ったタバコに匹敵するほどであった。トウモロコシと同様に新大陸から導入されたトマトやジャガイモが、誤解され忌避されて普及が百年単位で大幅に遅れたのと好対照である。

普及したといっても、当初のトウモロコシは、どちらかというと、もの珍しさだけで栽培されていた。その時期がすぎると、地主に雇われた貧しい小作農民によって庭の小さな畑に植えられるようになった。そこは長い間地主から耕地とみなされることなく、収穫されたトウモロコシは地主に支払うべき地代から除外されていたので、日々の食に事欠く農民にとって貴重な足しとなった。しかし、一六世紀末になると、地主たちはトウモロコシの生産性の高さに気づきはじめたのか、通常の耕地で栽培させて、コムギなどほかの穀類と同様に地代に組み込むことを考えだした。トウモロコシの栽培を地主が勧めるようになると、農民はかえって避けるようになった。しかし、一八世紀中ごろに飢饉が襲うと、トウモロコシ栽培に抵抗したままではいられなくなった。トウモロコシがあまり普及していなかった半世紀前に飢饉がおきていたら、貧困層は餓死するしかなかったであろう。結果的に農民はトウモロコシの消費を促され、トウモロコシしか食べられなくなり、食の単調化が以前よりも増した[4]。

一八世紀までに、ヨーロッパの夏に伝統的に栽培されてきたキビ属の植物におきかわってトウモロコシが栽培されるようになり、コムギ、アサ、マメ類とともに輪作体系に組み込まれた。またコムギやオオムギが不作の年には、それらにかわって利用された。食べ物としては、ほかの穀類と区別なく日常の食卓に用いられた。トウモロコシは主に粥として利用され、イタリア、フランス、ハンガリーなどで、それぞれ固有の名前がついた食品として定着した。ただし、ほかの穀類にくらべて安価なことと、おそらく味になじめなかったことから、どちらかというと貧しい人々の食べ物だった。

一八世紀末になると、トウモロコシは、ヨーロッパ南部では東は黒海周辺から西はジブラルタル海峡まで、どこでも栽培されるようになった。とくに地中海沿岸の灌漑地帯では、トウモロコシが主役をなした。しかし、灌漑施設のない地域でも多く栽培されるようになり、その北限はヨーロッパの内陸の高緯度地帯へと上っていた。またメキシコ湾流に洗われる大西洋沿海のポルトガルとフランスは、気候が温暖湿潤でトウモロコシ栽培に適していた。

地中海諸国のように農業と畜産が分離している地帯では、トウモロコシはもっぱら食用とされた。その利用の仕方は二とおりあった。一つは、粉にしてコムギやライムギなど旧大陸の穀類の粉と混ぜてパンに焼くことであった。トウモロコシ粉を混ぜるとパンに色がつき味も落ちたが、当時はコムギ粉だけのパンは金持ちの間でも珍しかった。もう一つは、トウモロコシの粉に水を加えてペーストとして料理する方法であった。これはヨーロッパに古くからあった方法で、農村や都会の貧しい家庭で広く用いられた。

大西洋に面したポルトガルとフランスの農村では、トウモロコシは食用とともに家畜の飼料にも使われた。飼料としてのトウモロコシの栄養価値はすでに十分認められていた。ただし、穀粒だけでなく、葉も、雄穂も、絹糸さえも餌とされた。

一九世紀になると、トウモロコシの生産は増加したが、もっぱら飼料用とする生産が増え、食用は減った。飼料用とする場合は、成熟まで待たずに青刈りされたので、早生品種が導入された。これによりトウモロコシの生育期間はそれまでより短くなり栽培限界はさらに北上した。

トウモロコシ栽培の普及によって、ヨーロッパ南部では、農業慣行や食生活、さらに田園の景観までも一変した。ソルガムなどの伝統的夏作物は、トウモロコシにより一掃された。凶作年には頼りとされたクリは過去の作物として忘れられた。夏の終わりにはコムギやライムギの蓄えが尽きるおそれがしばしばあったが、それもその頃に収穫できるトウモロコシのおかげで解消された。

博物学者の無理解と金もちのコムギ好みから、長い間トウモロコシにはいわれなき悪評がつきまとい、貧者の食べ物という烙印を押されつづけた。この苦難は、同じように新大陸からやってきたジャガイモが受けたものを思いださせる。ジャガイモはトウモロコシよりもひどい誤解や偏見にさらされた。人々は地下に実ったイモを食べることに違和感をもった。ジャガイモが属するナス科植物には、マンドレイク、イヌホオズキ、チョウセンアサガオなど有毒なものが少なくなかったので、ジャガイモを食べると、ハンセン病、くる病、結核になると恐れられた。スコットランドでは、ジャガイモは旧約聖書にも新約聖書にも記載されていない悪魔の作物として、食べることが法律で禁じられた。ジャガイモの真価がヨーロッパで認められるようになったのは、各地でおこった飢饉に際してすこしずつ食べるようになってからである。それは一八世紀の頃で、ヨーロッパに導入されてから二〇〇年以上たっていた。

一九世紀になっても、ヨーロッパではトウモロコシを今とはちがった名でよんでいた。ほとんどの国ではトウモロコシは「トルココムギ」とよばれていた。新大陸由来の七面鳥をターキーとよんだのと同じである。トルコの名をつけたのは、トウモロコシの絹糸（雌しべ）がトルコ人のひげを思いださせたからか、長大な茎がトルコ人のような強者をイメージしたからであろうといわれている。しかし、もしかしたら、もとはトルコから伝来したことを反映しているのかもしれない。当のトルコではトウモロコシをエジプトコムギといっていた。エジプトはといえば、シリアコムギとなづけた。ヨーロッパ南部でも地方によってちがう呼び名がたくさんあった。フランス東部のヴォージュではローマコムギ、南東部のプロヴァンスではギニアコーン、イタリア中部のトスカーナではシチリアコーン、フランスとスペインの国境地帯ピレネーではスペインコーンなどなどである[5]。

一九世紀末、米国で生産されるトウモロコシの四%がヨーロッパに輸出されるようになっていた。行き先は、英国、フランス、ドイツ、ベルギー、オランダ、デンマークであった。その主な使途は、家畜の飼料、醸造、デンプン製造であった。食用は少なく、英国向けにコーンフラワー(穀物粉)の名で送られるコーンスターチだけであった。ヨーロッパでは、穀物といえばコムギ、ライムギ、エンバク、オオムギが主体で、トウモロコシに対しては偏見が強く、好まれなかった。そこで家畜の飼料と同じものを食べていると消費者が気づかないように、市場ではさまざまに異なる名前で売られた[6]。

現在トウモロコシは、スカンディナヴィア半島を除いてヨーロッパのすべての国で栽培されている。中でもフランスとルーマニアで生産が多い。ヨーロッパで生産される穀物の二割がトウモロコシである。

ヨーロッパにおける初期の伝播の速さから、地中海沿岸の南欧諸国に現存している在来品種は、初期に導入されたカリビア型フリントだとずっといわれてきた。しかし、一九五〇年代後半になって、少なくともイタリア在来品種については、このごく初期に導入された品種は定着せず、普及に成功したのはのちに南米から導入された品種であると報じられた。なお、ユーゴ北部、ブルガリア、ルーマニアなど東欧諸国およびロシアには、北米の北方型フリントやメキシコ起源といわれる南方型デントに由来する品種が多く分布している[7]。

文字や工芸による記録

ヨーロッパに入ったトウモロコシがどのように伝播し、どのように栽培されたかを物語る資料は、豊かとはいえない。以下では、メキシコの人類学者ワルマンの著書『トウモロコシと資本主義』を主に参照して述べる。(8)

ヨーロッパでトウモロコシの最初の記述がみられるのは、一四九四年にニコロ・シラキオがイタリアのパヴィアで出したパンフレットである。その中で新世界からやってきた珍しい物の一つとして、トウモロコシが紹介されている。名前はまだついていない。また一五一一年にピーター・マータが自著でトウモロコシに触れている。フリア・プルデンチオ・ド・サンドヴァルが書いた『皇帝チャールズ五世伝』の中に、一五二一年にスペイン北東部のビスケー湾に面するサン・セバスティアンで、すでにトモロコシがみられたと記されている。

ヨーロッパから新大陸に渡ったゴンザロ・フェルナンデ・ド・オヴィエドは、一五二六年と一五三七年に本を著した。その中の一章で、トウモロコシの栽培と利用の方法が述べられている。その記述は厳密で科学的であった。この書がヨーロッパに伝えられると、トウモロコシの新大陸起源であることを疑う者が少なくなった。なおオヴィエドは一五三〇年以前に、スペインのカスティーユ地方のアヴィラ近傍で背の高いトウモロコシをみかけたと述べている。

一六世紀のヨーロッパでは植物誌が盛んに出された。新世界の植物がある地方Aの植物誌にはじめて載れば、その植物が地方Aまで伝播したとみなせる。ただこの方法の欠点は、単に珍しい植物として導入されたのか、作物としてその地方で栽培されるにいたったのかが区別できないことである。また、植物誌には、植物の歴史、特性、利用法などが記載されていて貴重な情報源となるが、ときにその記載がそのまま検討もなしに次の植物誌へと借用され、神話や根拠薄弱な話でも伝達されやすい。

ルエリウスは一五三六年に著書『自然の植物』（*De Natura Stirpium*）の中で、トウモロコシを *Turcicum frumentum*（トルココムギ）の名で記している。トルココムギの名は一六世紀からあったわけである。

ドイツの教師でルーテル派牧師であったジェロム・ボックは、余暇に庭園を管理して植物を収集し、一五三九年に植物誌を著した。彼はトウモロコシをみて驚嘆し、その葉を煎じて飲めば丹毒に効くと書いている。

図 7.1　ドイツの医師レオンハルト・フックスは、植物学の創始者の一人とみなされている。

図 7.2　フックスの著書に記載された木版画。4 本の茎と 5 本の穂をもつ 1 個体のトウモロコシが描かれている。ただし、名前はトルココムギ（TVRCICVM　FRVMENTVM）となっている。

John E. Staller (2010) *Maize Cobs and Cultures:History of Zea mays* L.Springer, New York, USA, p29（図 7.1）、p28（図 7.2）

ドイツのチュービンゲン大学教授であった医師のレオンハルト・フックス（**図7・1**）は一五四二年に、植物とその医学的効用を示したラテン語の大著を刊行した。その中に約五〇〇の植物が木版画で描かれていて、エキゾチックな植物としてトウモロコシの美しい姿も含まれている。ただし、トルコムギという名であった（**図7・2**）。五〇冊もの本を書いた博学の彼も、トウモロコシを旧大陸起源と思いこんでいた。ちなみに、彼はドイツで最初の植物園を開設し、また花のフクシアは彼の名にちなんで名づけられた。

トウモロコシはこの頃までに、ドイツ中の庭園で植えられていたと思われる。ドイツのような高緯度の国では、トウモロコシは畑で広く栽培される作物というより、庭園内にわずかの個体を見本に植えて楽しむ観賞植物にすぎなかった。

事情は英国でも同じであった。床屋外科で植物学者のジョン・ジェラルドは家の近くに庭園をつくり、ウォルター・ローリー卿やフランシス・ドレークと契約して、珍しい植物を集めて栽培した。彼は一五九七年の著書『本草——あるいは一般の植物誌』において、

トルコムギ（Turky Wheate）は、コムギ、ライムギ、オオムギ、エンバクのどれよりもはるかに栄養に乏しい。トルコムギからつくられるパンは、フスマがなく、白くてみばえがしない。そのパンは、ビスケットのように硬くパサつき、まったく水気がない。そのため消化がわるく、身体にほとんどまたはまったく栄養を与えない。（中略）野蛮なインディアンたちは、トウモロコシよりもすぐれた作物を知らないので、やむをえず主食とし、よい食物だと思っているが、私たちは、トウモロコシには栄養はあるがわずかで、消化もわるく、人間の食物よりも豚の飼料に適している、と文句なしに評価できる

（著者訳）

と酷評している。トウモロコシについてのこのような偏見は英国では一七世紀半ばまでつづいた。

いっぽう、スペインやイタリアなどヨーロッパ南部の国では、トウモロコシは一六世紀半ばにすでに農作物として栽培され、食物として利用されていた。トウモロコシの起源地についても、ヨーロッパ南部の人々はドイツ人や英国人とちがって正確な認識をもっていた。一五六五年にイタリアの医師で植物学者のペトラス・マチオラスは、自身の植物誌で、トウモロコシの旧大陸起源説をきっぱりと否定している。

トウモロコシの姿がみられるのは植物誌の中だけではない。書物に残る記録よりも先の一五一五年に、ジョヴァンニ・デラ・ロッビアが制作した土器に彫られた彫刻「アダムの堕落」中のエデンの園に、トウモロコシが表現されている。またイタリアのある村のフレスコ画にトウモロコシが描かれていたことが、二十世紀になって発見された。絵の作者はラファエロ・サンツィオで、年代は一五一六年とされている。同じくトウモロコシを描いた一五四〇年頃のものとされるフレスコ画が、ヴェニス郊外の丘陵地に建つ狩猟用小屋の内壁にみられる。

図 7.3 ドゥカーレ総督の宮殿の運河の正門に彫られた豊穣の角の装飾。 James C. McCann (2005) *Maize and Grace. Africa's Encounter with a New World Crop1500-2000*. Harvard Univ. Press, Massachusetts, USA, p71

一六世紀の最初の四半世紀に造営されたポルトガルの建築物の装飾にも、様式化されたトウモロコシが発見されている。さらにヴェニスのサンマルコ広場近くの一五五〇年に建設されたドゥカーレ総督の宮殿の運河の正門に彫られた豊穣の角の装飾（コルヌコピア）にも、いくつかのトウモロコシの穂が含まれている（**図7・3**）。有名な「ため息橋」の下あたりにある。このような一六世紀半ばまでの早い時期にトウモロコシの彫刻や絵画が制作されたのは、トウモロコシがすでに広く栽培され日常的に食卓にのぼっていたからではなく、エキゾチックな野菜に対する憧れによるものであったと考えられる。

一八世紀になると、トウモロコシは植物誌ではなく植物学の論文や農学のマニュアルに登場するようになった。一七六五年に、ザノニによりヴェニスで書かれた本では、トウモロコシの栽培が勧められている。一八世紀の啓蒙思想家であったディドロとダランベールの共同編集によりフランスで刊行された『百科全書』（一七五一～一七六三）全三五巻の数万におよぶ項目中で、トウモロコシに関連したものが二つある。国王ルイ一六世にジャガイモの栽培を進言したことで知られているフランスのアントワーヌ・パルマンティエは、一七八五年にトウモロコシについて著し、栽培、収穫、貯蔵、利用などの方法を紹介したが、それは大きな影響を与えた。

ヨーロッパの国別の栽培状況

以下に、ヨーロッパにおけるトウモロコシ栽培の状況を国別に説明する。

1．スペイン

コロンブスによってスペインに導入されたトウモロコシが、作物として栽培されるようになったのがいつ頃かは、はっきりしない。

スペイン南部のグアダルキビール川河口にあるアンダルシア地方の平野では、近世に灌漑が発達していた。これは、この地帯をかつて支配していたイスラム勢力の遺産であった。一六世紀初めにこのアンダルシアの灌漑地帯で、スペインでは最初のトウモロコシが栽培されたといわれる。これが本当ならば、ヨーロッパ全体からみても最初の栽培になる。いっぽう、アンダルシアで栽培されるようになったのはもっとずっと遅く、一八二六年になってからだとする説もある。

なお、スペイン中部については、一五世紀から地中海の重要都市として栄えたヴァレンシアで、一六世紀後半にトウモロコシが灌漑つき家庭菜園で栽培されていた。

スペイン北部には新大陸のフロリダ州知事であったゴンザロ・メンデ・ド・カンチオが、トウモロコシの種子をカンタブリア海に面したアストゥリアスにもってきて播いたのが最初といわれ、そこからさらにバスク地方や隣接するガリシアに伝わった。

一八世紀のスペイン北部では、人口密度は高かったが、人々は散在した村で自給農業に頼る貧しい生活を強いられていた。トウモロコシは食用および飼料として用いられ、コムギより大切な作物として農民の生活を支えた。ジャーナリストのアーサー・ヤングは、一七八〇年代に北部では多数の畑でトウモロコシが栽培されていると報告している。

2. ポルトガル

一五一五年から一〇年の間に、ポルトガル中部のコインブラでトウモロコシが栽培された。一五三三年の地方の商品取引表にすでにトウモロコシの価格が載っている。それによると、トウモロコシの価格はコムギより二〇％低いが、ライムギ、オオムギ、キビよりは高い。一七世紀半ばのミンホやベイランでは、トウモロコシはありふれた食物となっていた。ポルトガルでは、トウモロコシは肥沃な川の谷あいで灌漑される作物として導入された。灌漑はローマ時代以前から存在していた。トウモロコシが導入される前には、冬季の牧草地に水を補給するために灌漑が行なわれていた。冬にはコムギ、ライムギ、オオムギのような穀類を灌漑なしで栽培するために肥沃な地も不毛の地も用いられた。キビ属の夏作物は収量が低かったため、北東部の住民は一年のうちの四、五か月はクリだけでしのがなければならなかった。トウモロコシが入ってきてはじめて、夏には放置されていた灌漑草地が栽培用の畑に変身した。その結果、トウモロコシの高い収量によって人々は一年中飢えを知らずにすごせるようになった。

輪作体系による土地の集約的利用が新しくはじまるにともない、灌漑面積が増加し、新しい畑地が開拓された。収量が上がると、トウモロコシの価格は下がり、食料供給は安定に向かった。導入から一世紀もたたないうちに、トウモロコシ栽培は大西洋岸の低地全体に広がった。さらに二世紀たつと、トウモロコシが山地にまで拡大した結果、それまで栽培されていたライムギ、キビ属の作物、クリの木などが減少した。一九世紀にトウモロコシの導入はポルトガル全体の農業、畜産業、さらには田園の景観までも変えてしまった。一九世紀に入ると、より多くの面積がトウモロコシ一色で埋め尽くされた。二十世紀にコムギ栽培を促進するための政策がとられると情況は変わり、農村地帯の生態と経済の崩壊をもたらした。

3. フランス

一六世紀半ば、トウモロコシの栽培はスペインから隣国フランスへと拡大した。トウモロコシはスペインとの国境ピレネー山脈に接する州、とくにバイヨンヌ郊外、ランド地域、フランス南西部、大西洋岸沿いの地域にまず出現した。また地中海沿いにスペインのカタルーニャ地方を通るルートからもフランスに伝わり、さらにそこからラングドック州へ広まった。

バイヨンヌ市の公文書にトウモロコシの注文書が残されている。この注文は、ロートレックの子爵で陸軍元帥であったオデット・ド・フォアによるもので、一五二三年五月一四日の日付がある。そこにはトウモロコシはブタの飼料用にすると記されている。

一七世紀にはトウモロコシはミディに達し、コムギの栽培を抑え、食用として広く用いられた。英国の哲学者ジョン・ロックは一六七〇年頃、フランス南部では多くの場所でトウモロコシが栽培され、貧困層の食料となっていると記している。それらはもともとスペインから輸入されたものなので、スペインコムギとよばれていた。一八世紀にはさらに普及が進み、トウモロコシはフランスの南半分ではどこでもみられる作物となった(9)。

なお、英国には、トウモロコシは一六世紀後半にフランスから伝わった。

4. イタリア

一五二〇年代に、ヴェネツィア共和国（現在のヴェニス）の外交官アンドレア・ナヴァゲロが、ヴェニス出身でスペインのセビーリャ在住の植物学者ジョヴァンニ・ラムシオを訪ねた折に、トウモロコシが栽培されているのをみて、種子を譲り受けてもち帰ったという記録がある。

しかし農作物としてのトウモロコシの栽培は、一五五三年にヴェニスの平野ではじまった。ただし、これはスペインからフランスをへて伝わったものではなかった。イタリアのトウモロコシ栽培はスペインのトウモロコシ栽培とは同時かつ独立に出現した。当時、ヴェニス人の新大陸への関心は、スペインよりも大きいくらいであったので、これは当然のことである。一五七一年までに、トウモロコシはヴェニスで食用とされ、一六世紀末には、トウモロコシの粉をコムギやほかの穀類の粉とまぜてパンがつくられていた。興味あることに、かつてローマ帝国の領土で、粥に似た料理として知られているポレンタをよく食べていた地域では、トウモロコシは偏見も少なく比較的すんなりと採用された。トウモロコシは細かく粉に挽かれペースト状にされて、ポレンタの材料とされた。

一六〇一年にヴェニスの商業の中心であるリアルト市場の記録に、トウモロコシは「最も貧しくみじめな人々によって買われる」と書かれている。一六〇四年にガリレオ・ガリレイは、天体と新星に関する彼の新理論を二人の農民の対話形式で書いているが、その中で新星の名をポレンタとしようと提案している。トウモロコシ料理がそれほどガリレオにとっても身近なものであったらしい。実際、一七世紀はじめまでにはヴェネツィア共和国のどの州でもトウモロコシは主食となっていた。一六一七年には、はじめて土地の賃貸料をトウモロコシで納めてもよいことになった[10]。

一七世紀半ばまでには、トウモロコシはイタリア北部のフリウリなどに普及した。しかし、同じ北部でもそれ以外の地域、たとえばロンバルディア、ヴェネト、ロマーニャでは知られていないか無視されていた。後者の地域でトウモロコシが重要となるのは、南ヨーロッパに大規模な市場経済が進展した一八世紀になってからである。ほかの穀類とくらべてはるかに高い収量をあげることができるトウモロコシの高い収益性に気づいた大農経営者らは、ついには伝統的な作物を駆逐してトウモロコシ単作を勧めるようになった。こうしてトウモロコシは、貧しい農村地帯の人々を支える唯一の食物となった。ちなみに、ドイツの文豪ゲーテは、一七八六年にイタリアをめぐったときの旅行記の中で、北部のポー平原ではポレンタが日常の食事に欠かせないものとなっていると記している。

イタリアは中世以来、大小多数の小国に分かれた状態がつづいていた。農民の生活条件はきわめて低く、ロンバルディア地方のような豊かな農業地帯でも農民は貧しかった。一日一二時間以上働いても、食べていくだけがやっとの生活であった。一七、一八世紀にはひどい食料危機に襲われた。その原因は、不順な気候、内乱、戦争など複合的であった。一九世紀のイタリアはサルディーニャ王国、トスカーナ大公国、ローマ教皇領、両シチリア王国などの分裂国家で構成され、ハプスブルク家のオーストリアの支配下にあり、フランスの干渉を受けていた。何回もの失敗を重ねた独立運動をへて、イタリア王国が成立し国家統一（リソルジメント）が成し遂げられたのは、日本の明治維新の七年前の一八六一年のことであった。

イタリア半島のうち食生活をソルガムやキビに頼っていた土地条件の厳しいところでは、トウモロコシがそれらの作物にとってかわった。当時のイタリアでは、トウモロコシはほとんどすべて人間の食料にあてられ、飼料とされることは少なかった。トウモロコシが導入された地域では、伝統的な耕作―休耕のローテーションにかわって、冬の穀物と夏のトウモロコシを交替で栽培する二毛作が行なわれるようになった。農業統計によれば、一八七一年のイタリア全体でのトウモロコシの生産量は一三五万トンである。そのほとんどは北部に集中していた。その傾向は現在までつづき、二〇〇〇年の統計によれば、ロンバルディアが二八〇万トン、ヴェネトが二七三万トン、ピエモンテが一五三万トンであるのに対し、シチリア、プーリアでは一万トンにも満たない。

ヨーロッパでも、トウモロコシ栽培が普及しトウモロコシを単食するようになると、米国同様にビタミン欠乏症であるペラグラが深刻な問題となった。ペラグラは一七三〇年代にスペイン北部のアストゥリアス地方からはじまり、やがてフランスやイタリア北部でも発生した。一八世紀後半になってトウモロコシの消費が広まるのにともない、フランス南部、イタリアのポー川流域、バルカン半島へと、まるで感染症のように蔓延した。とくにポー平原では二十世紀中頃までつづいた。[11] ペラグラは当時の農園の小作人や賃金労働者の慢性的極貧状態からくるトウモロコシに偏りすぎた単調な食生活が原因であった。

イタリアの医者に、ペラグラ病患者が言った。「医者のところに診てもらいには行かない。なぜなら、病気を治すために、ブドウ酒を飲み、肉とコムギのパンを食べろと言われるに決まっていると思っているからである。大半の患者には、そんなものは手に入らないのだ[12]」。

なおイタリア南部では、グルテンに富む硬質コムギからつくられるパスタとチーズに頼った食生活のおかげで貧困層の人々もペラグラに罹らずにすんだ。

5．バルカン半島

バルカン半島とは、トルコの一部、ギリシャ、アルバニア、ブルガリア、それに旧ユーゴスラヴィアの大部分であるマケドニア、セルビア、モンテネグロ、クロアチア、ボスニア・ヘルツェゴビナからなる地域をいう。歴史的なつながりの深いルーマニアやスロベニアを含めることもある。

バルカン半島で最も古いトウモロコシ栽培の証拠は、クロアチア中央部にある一六一一年の記録である。トウモロコシは同じ頃コンスタンティノープル近郊に入った。この二か所を起点として、アドリア海沿岸のダルマチアやギリシャ半島最南端のペロポネソスなどへ二次的に伝播した。さらにトウモロコシ栽培は海岸から内陸へと川や谷間をへて広がり、一八世紀までにバルカン半島全土にみられるようになった。

当時バルカン半島はオスマン帝国の支配下にあり、トルコ人地主や領主が輸出用作物としてトウモロコシに関心を抱き、栽培を促進した。ボスニアでは、知事の命令で農民を鞭打ってまでしてトウモロコシ栽培を奨励して種子を播かせた。

ルーマニアには一七世紀にトウモロコシが導入された。しかし、栽培が広がったのは、一八世紀になって人口増加による食料不足がおこってからである。一九世紀になると状況は一変して、トウモロコシの消費はメキシコに匹敵するほど大きくなった。彼らはコムギとトウモロコシを組み合わせた輪作を行なった。トウモロコシは食料に、コムギは輸出用にされた。ルーマニアの農民は、トウモロコシから主にママリガという料理をつくって食べる。また祝い事のときには、トウモロコシからつくった酒を飲む。

バルカン半島のほかの国では、ルーマニアほどはトウモロコシ栽培が増えなかったが、一九〇〇年以降にはルーマニア周辺の国々に広まった。セルビアの村では、たくさん収穫できるということで貧しい農民はコムギよりトウモロコシを好んで栽培し、コムギのパンでなくトウモロコシのパンを食べていた。

バルカン半島のフリントコーンのトウモロコシは、スペインの武器と交換された。またギリシャのトウモロコシは、イタリアのさまざまな物品と交換された。

なお、中欧のハンガリーではオスマン・トルコの軍事的後退がはじまり、ハプスブルク帝国の支配下に入った一八世紀に移民が増加し、牧農主義から農業経営に移行した。一八世紀後半には、東部ではトウモロコシが主作物となった。これは支配者のハプスブルク帝国が、一九世紀ヨーロッパにおける最大のトウモロコシ生産国であったこととの影響と考えられる[13]。

6. ロシア、カルパティア、コーカサス

ロシアにトウモロコシが入ったのは、一七世紀の初めである。おそらくトルコ支配下のバルカン半島をへて伝わったと推定されている。

カルパティアやコーカサスでは、当時非スラヴ系の人々によって栽培された。コーカサスでは古代の神話的巨人にちなみ、「ナルト（Nart）の食べ物」とよばれた。イメリチア（現グルジア）やオスマン帝国支配下

のベッサラビア（現在のモルドバ）では、トウモロコシはキビのかわりに主食となった。一八世紀末になると、ウクライナのスラヴ人、クバン低地、グルジアなどに広まった。

7. 近東

ドイツの医師で植物学者のレオンハルト・ラウヴォルフは、一五七三年からあしかけ三年間、薬用植物を求めてメソポタミアなどの近東を旅してまわった。その折に、ユーフラテス川の流域でトウモロコシを発見した。その標本はオランダ南部のライデン植物標本館に収められている。

第8章

アフリカへの伝播

ヨーロッパ人が来るまでのアフリカ

周知のとおり、アフリカは人類誕生の地である。ヒトとチンパンジーが生物進化上で分岐したのは、新生代末期の六〇〇万~四〇〇〇万年前と推定されている。何がきっかけでほかの霊長類から人類が分化したのだろうか。地球寒冷化にともなう森林の大規模な縮小と草原の拡大により、森林の樹間に棲んでいたサル類の一部が草原に出て生活をするようになり、二足歩行の能力を獲得して人類となった、というストーリーが提示されている。その後、第四紀時代には氷河期と間氷期がくりかえされ、アウストラロピクテス(猿人)、ホモ・ハビリス、ホモ・エレクトス(原人)など、人類の遠い祖先となる種が生まれては絶滅し、二〇万年前になって現世人類の直接の祖先ホモ・サピエンスが誕生した。誕生の場は湿潤な森林地帯ではなく、乾燥地域の草原であった。その頃草原には草食性哺乳動物が多数棲息しており、それらの動物を狩り、草原の植物を採集するという狩猟採集生活によって、人類は寒冷期のアフリカで生き延びることができた[1]。

アフリカ大陸では、農耕よりも動物の利用が先にはじまった。場所はやはり乾燥地域の草原である。湿潤な森林地帯では、草食性哺乳動物の棲息も飼育も困難だった。その主な理由は、餌となるような栄養豊かな草本が少ないこと、動物を襲う寄生虫や細菌が多いこと、天然塩分が不足していることであった。

動物の利用といっても、主要な家畜のうち、本来アフリカで家畜化されたものはロバだけである。ロバもナイル川周辺にしかいなかった。現在アフリカでみられるウシ、ヒツジ、ヤギ、ラクダは、すべて外の世界から入ってきたものである[2]。肉牛はインド、ヒツジとヤギはメソポタミアが起源地である。またアフリカに多いヒトコブラクダは、アラビアで家畜化されたと考えられている。

前七五〇〇年頃、エジプト西側の地域で人々はウシの飼育をはじめるようになり遊牧生活に入った。遊牧は当初、サハラ周辺の地域に限られた。牧畜と狩猟の共存を描いた絵が、サハラにあるタッシリの岩壁に遺されている。古代エジプトの第一王朝（前三二〇〇年）が誕生する頃のものとみられる。今は世界最大の砂漠となっているサハラも、当時は豊かな植生に富んだ「緑のサハラ」であった。

サハラの地は、地球の歴史の中で数回の湿潤期と乾燥期を経験した。現在の砂漠化は、気候が冷涼化した四五〇〇年前にはじまった。冷涼な気候がつづくと、岩壁画に登場する動物の種類はしだいに少なくなり、二五〇〇年前頃になると、ラクダが描かれるようになった。ラクダは数日間水を飲まなくても耐え、暑熱の砂漠でも身体を休めることができるため、人々は広い砂漠を横断して交易品を運ぶための手段として利用するようになった。

砂漠化とともに、狩猟採集民や遊牧民は食料に不足するようになり、それを補うために野生の穀類を採集し、栽培化するようになった。そうやって生まれた作物がソルガム、トウジンビエ（*Pennisetum americanum*）、シコクビエ（*Eleusine corocana*）、グラベリマイネ（*Oryza glaberrima*）などであった。これらはすべてイネ科植物で、その種子はデンプンに富みエネルギー生産に適し、そのうえ成熟種子を天日で乾燥すれば水分含量が一五％前後と低くなり、保存や貯蔵にも向いていた。

アフリカにはバンツー語とよばれる数百の言語の総称があるが、このバンツー語を使う人々は、最初は西アフリカ海岸部に住み、根菜類の栽培、狩猟、漁業で生活をしていたが、前三〇〇〇年頃からアフリカ大陸を南へ、あるいは東へと大移動をはじめ、約四〇〇〇年をかけて大陸の各地に広がった。

紀元四〇年代には、エジプトのアレキサンドリアを拠点としてキリスト教が布教された。次に七世紀初めにアラビア半島でイスラム教が誕生すると、六三九年にイスラム教徒のアラブ人が北アフリカに入った。その後イスラム教は爆発的に勢力を拡大し、エジプトがアフリカ最初のイスラム教国となった。ただし、サハラ以南の西および東アフリカにイスラム教が広がるにはその後数百年かかった。

ヨーロッパ諸国によるアフリカの植民地化が行なわれる前のサハラ以南のアフリカでは、血縁で結ばれ階層のない部族社会があるいっぽう、世襲の君主が統治する王国が林立していた。やがてイスラムの交易商人はラクダに荷を乗せてサハラ砂漠を越え、サハラ以南へ入るようになった。それにより、アフリカは外の世界と強いつながりをもつようになり、アフリカ各地に繁栄がもたらされた。

新作物の導入という点からとくに重要なのは、インド洋交易により、東アフリカにアジア原産のサトウキビと料理用のプランテンバナナ、およびインド生まれのナスなどがもたらされたことである。バナナは一〇〇〇年頃に中央アフリカの熱帯雨林にもたらされ、その地で主要作物となり、人々の定住生活を可能とした。東アフリカのキリマンジャロ山近くやウガンダでも同様であった。[3]

奴隷貿易

コロンブスのアメリカ大陸到達は、アメリカの全先住民の運命を大きく変えたが、それだけでなくきわめて多くのアフリカ人の幸せをも奪うことになった。アフリカとトウモロコシの関係は、奴隷貿易を抜きにしては語れない。

アフリカ探検に先鞭をつけたポルトガルは、一四四五年に奴隷貿易でも他国に先んじた。金、象牙、トウガラシなどの商品とともに、西アフリカ海岸から連れて来られた奴隷がポルトガル商人の手でヨーロッパ市場にもたらされた。奴隷たちはアフリカ大西洋岸にあるポルトガル領の島々に運ばれ、サトウキビの栽培と加工に従事させられた。その数は、一五世紀後半だけでも三万〜一五万といわれている。

いっぽう、一六世紀の新大陸は深刻な労働力不足に陥っていた。アメリカ先住民は侵入してきたヨーロッパ人がもち込んださまざまな疫病に罹り、次々と死亡した。さらにヨーロッパ人との戦闘で死んだり、捕虜となって強制労働に追いやられたり、栄養失調や飢餓に苦しんだりして、人口はもとの一割以下にまで減少した。労働力を先住民に頼れなくなった植民地のヨーロッパ人は、その代替としてアフリカから現地の人々を奴隷として運んでくることを思いついた。それはまた、貿易商人にとって運ぶだけで利益を生む事業ともなった。

図 8.1　人間を商品として新大陸に運んだ「三角貿易」のルート。　北川勝彦・高橋基樹編著（2004）『アフリカ経済論』ミネルヴァ書房、p39

最初はたまたま出くわした不運な者を拉致し、次にはアフリカの部族の長と協定を結んで人狩りを依頼することにより、やがては仲介者を立てて交易という形態の人買いにより、多数のアフリカの若者を奴隷として狩り集めた。最終的に奴隷狩りは、ヨーロッパ、アフリカ、アメリカの三大陸を船で結ぶ「三角貿易」（Triangular trade）という名のシステムと化した（**図8・1**）。

その船旅は、ヨーロッパの港、たとえば英国中部のリヴァプールを出航する。船には、産業革命を迎えたヨーロッパで仕入れた安い商品、すなわち綿布、金属製品、銃、火薬、ラム酒、タバコなどが積まれている。アフリカ西海岸の港に着くと、運んできた商品を奴隷および次の航海に必要な物品と交換する。すべての取引は完全な物々交換で行なわれ、金銭のやりとりはなかった。銃一丁と奴隷一人が交換されたという。

集められた若者たちは、男も女も頭を剃られ、所有主を示す焼印を身体につけられ、足首に鎖をつけられ、船底にぎっしりと隙間なく「黒い積荷」として詰めこまれた。船内は悪臭と汚物に満ち、不潔の一語につきた。マラリア、天然痘、赤痢が船内に蔓延することもあった。[4] 船が新大陸に着くと、奴隷は商品として競売にかけられた。

空になった船底に、奴隷の強制労働の結晶である換金商品の砂糖、綿花、ラム酒、タバコ葉を積みこみ、船は出発点のヨーロッパの港へ戻り、そこで積荷が売られた。この三角貿易の船旅は、一巡するのに一年半〜二年かかった。しかし、一回無事に終われば、出発時に購入した商品の代金の六倍の金が帰港時に手許に戻った。このようにして蓄えられた資本が、英国では産業革命の主要な原動力の一つとなったといわれる。

アフリカからアメリカ大陸へ向けて運ばれた若者の数は、ジョンズ・ホプキンス大学のフィリップ・カーチンの推定によると、一六世紀初め〜一九世紀後半の二世紀半余の間に、約一一〇〇万人に達した。そのうち、少なくとも一五〇万人は船が目的地に着くまでに命を落とした。奴隷船が大西洋を渡った回数は四万回を超えたという。一八世紀には、年間約三〇〇隻がヨーロッパの港を出航した。

無事に新大陸の土を踏んだ者の大部分は、サトウキビの栽培と砂糖製造の仕事につかされた。行き先は、ブラジル、西インド諸島、スペイン植民地などであった。サトウキビはもともとアジア起源で、とくに高貴種（*Saccharum officinarum*）とよばれる甘味の強い種は、ニューギニアおよびその周辺に生まれた作物である。[5] しかし、コロンブスの到達以降に新大陸に導入され、ヨーロッパで消費される砂糖が生産されるようになった。一五世紀のヨーロッパでは貴族だけが楽しめる贅沢品であった砂糖も、一七世紀に入ると新大陸から大量に供給されるようになり、一八世紀には産業革命下の労働者の口にも入るようになった。砂糖のほかには、ワタとタバコの栽培に従事させられた。

奴隷貿易は一九世紀に入ってもつづいた。英国では、ようやく一八〇七年に奴隷貿易法が成立し、奴隷貿易は違法となったが、実際にはその後も奴隷売買が止むことはなかった。一八二〇年代に奴隷制度廃止運動が盛んになり、さらに一八三三年に奴隷貿易廃止法が制定されると、本国だけでなく英国植民地でも違法となり、翌年すべての奴隷が原則として解放された。

奴隷貿易がアフリカ社会に与えた影響は著しい。悪い影響は、若者を中心とした多数の人口が失われたことである。農村からは農業労働力となる働き手が失われ、村からは手工業の職人が流出した。また、奴隷の境遇に陥った人がいる一方、奴隷貿易で利益を得た支配層が出現し、社会が大きく分裂した。良い影響があるとすれば、新大陸起源の作物であるトウモロコシ、キャッサバ、ジャガイモ、トマト、コーヒー、ラッカセイなどがアフリカにもたらされたことで、食料生産の多様化に役立つとともに、食生活が少し豊かになったことである。(6)

アフリカの農業の特色

旧ソ連の遺伝育種学者ヴァヴィロフによれば、アフリカ大陸で生まれた作物の種類は少なく、六四〇中五〇にすぎないという。米国の農学者ジャック・ハーランの示したリストによれば、アフリカ起源の作物には、ソルガム、トウジンビエ、シコクビエ、グラベリマイネ、フォニオ（*Digitaria exilis* メヒシバの近縁種）、テフ（*Eragerostis abyssinica*）、ササゲ、フジマメ、ヤムイモ、アブラヤシ、ヌグ（*Guizotia abyssinica* キク科の一年草)、ヒマ、オクラ、スイカ、ナス、エンセーテバナナ(*Ensete ventricosum* バショウ科の多年生植物で、別名エチオピアバナナ)、コーヒー、コーラなどがある。[7] 中近東やヨーロッパのオオムギ、コムギ、アジアのイネ、新大陸のトウモロコシに相当する粒の大きい穀類は、アフリカではソルガム、トウジンビエ、シコクビエ、グラベリマイネであった。

ソルガムがアフリカで栽培化された時期は比較的新しく前二〇〇〇年頃で、場所は北アフリカのおそらくナイル川周辺かエチオピアと考えられている。ソルガムは旱魃にも水害にも強く、アフリカの気候にとくに適応して広く普及した。とくに前述のバンツー語族がサハラ砂漠以南の地域へ移動・拡散するにあたり、主要な食料として決定的な役割を果たした。

トウジンビエについては、栽培化の最古の証拠がマリ共和国北部で発見されており、それによれば前二五〇〇〜前二〇〇〇年に、西アフリカのサヘルで栽培化されたと推定される。乾燥、痩せ地、高温に耐え、アルカリ性土壌でもよく繁茂するため、コムギやトウモロコシなどほかの穀類が育たない地域でも栽培可能である。シコクビエは、東アフリカ高地で栽培化された。

グラベリマイネは、私たちが日常食べているイネとは異なる。後者がアジア栽培イネ(*Oryza sativa*)で、南極を除く世界の全大陸に広く普及しているのに対して、前者はアフリカ栽培イネで、西アフリカの一部、サハラ砂漠の南縁にほとんど限られている。祖先となった野生種もアジア栽培イネと異なる。その起源地は、現在のマリ共和国のニジェール川内陸デルタ地域と、その湾曲部とされる。グラベリマイネは水深の変動や鉄害に耐え、気候変動や病虫害に強く、痩せ地や粗放な栽培でもよく育つという多くの長所をもつ。しかし、アジア栽培イネにくらべると収量が低い。

以上のアフリカ起源の四穀類は、アフリカという風土にはよく適応したが、世界的には、インドのようなアフリカに似た自然環境をもつ国以外には普及しなかった。

アフリカの農業は本来サバンナの農業である。サバンナとは、乾燥地域の植生である。まばらに潅木や高木が生えていて（疎林）、日光が充分射し込むような原をいう。

ヤムイモのような一年生の塊根茎類は長い乾季や焼畑の習慣に適応し、グラベリマイネの野生系統は乾期には干上がるサバンナ地帯の水たまりに適応し、アブラヤシは森林の奥深くの日陰には耐えられず森林とサバンナの境界に適応したという。野生のササゲはサバンナ系統から順化し、トウジンビエは新石器時代の多雨期にサハラ砂漠で順化した。アフリカの農業の発祥には中心となる地域がなく、サハラ砂漠のプラヤ湖の周辺や、サバンナと森林の境界ではじまったとハーランは考えている。

アフリカ農業の特徴は、各地域が単一の作物に依存していることである。サヘル、すなわちサハラの南縁で、北緯一五度あたりでアフリカ大陸を東西に横切る半砂漠地帯ではトウジンビエ、ギニア地帯ではソルガム、象牙海岸のバンダマ川の右岸ではグラベリマイネ、左岸ではアフリカヤムイモが主食とされている。何を食べているかは、その部族の文化、宗教、儀式と深くかかわっていた。

ハーランは触れていないが、農作物からみて忘れてはいけないアフリカの地域として、北アフリカ、マダカスカル、エチオピア、スーダンがある。

北アフリカは南アフリカとはまったく異なる過程をへて発展した。気候的には北アフリカは中東や農業の発祥地といわれるメソポタミアの「肥沃な三日月地帯」とつながっていて、その地の農業技術がそっくり伝わり用いられた。作物も、三日月地帯に生まれたオオムギ、コムギ、エンドウ、ブドウなどが、前五二〇〇年頃以降に伝わった。それに加えて北アフリカは、ナイル河の流域という世界で最も豊かな農地に恵まれた。農業の伝来とともにナイル流域は世界でも有数の人口密集地となり、あのファラオとピラミッドの古代エジプト文明が栄えることとなった。
マダガスカルは三〇〇〜八〇〇年の間に、太平洋地域のオーストロネシア人が入植するという特異な歴史をもち、バナナ、アジアヤムイモなど熱帯東南アジア起源の作物がもたらされ栽培されていた。[8]
サハラ砂漠が最後の乾燥化の時期に入ると、アフリカの北部と南部は断絶された。例外はエチオピアとスーダンである。エチオピアは紅海を越えて北アフリカと交易を結び、チャット（*Catha edulis* ニシキギ科の常緑樹で新芽の葉を噛むと覚醒作用がある）、エンセーテバナナ、ヌグ、シコクビエ、テフ、コーヒーなどが栽培された。
ヌビア系スーダンはナイル河を媒介としてエジプトと連携し、エジプトをへて入ってきた中東やヨーロッパの農業技術をほかのアフリカ地域へ伝える中継地となった。

アフリカのトウモロコシ——伝播と栽培と利用

1．アフリカ西海岸（サントメ島・ギニア・セネガルほか）

ここでトウモロコシの話に入る。アフリカの各地域にいつトウモロコシが伝わり栽培されるようになったか、詳しいことはわかっていない。そもそもトウモロコシにかぎらず、新大陸から伝播したどの作物についてもほとんど記録がない。在来の作物の種類が決して豊富でないうえに、気まぐれな気候と乾燥して痩せた土壌のために、アジアやラテンアメリカにくらべて穀物収量が半分しか得られなかったアフリカに新たに作物が入ってきたとしたら、そのことはアフリカ社会にとって文字どおり歴史的なことであったにちがいないが、記録されることはなかった。

そのうえトウモロコシについては、当初は地中海の伝統農業で栽培されていたキビ、あるいは一五世紀にポルトガル人が発見したソルガムやチカラシバなどと同じ名でよばれていたため、たとえ記録があってもそれらと区別がつかない。

アフリカのトウモロコシはポルトガル人によってもたらされたとする研究者が多い。ポルトガル人がそのように主張しているわけではないが、少なくとも一部のポルトガル人は早くから生活の中でアフリカとトウモロコシの両方に接していた。ポルトガルの植民地や交易拠点の人たちは、パンのために故郷のイベリア半島から海上輸送でコムギ粉を供給してもらわなければならなかった。それはポルトガル人には好ましくても、増えつづける植民地の奴隷を養うには高くついた。そこでトウモロコシの粉を奴隷の主食とするようになった。

やがてトウモロコシは奴隷船の航海にも利用されるようになった。

一五三三年に奴隷二四〇人とトウモロコシのかご二二個を積んだ船が、ギニア湾に浮かぶサントメ島を出航した。新大陸に着いたとき、奴隷の数はおよそ七割の一六七人に減っていた。船の上では、奴隷たちは一日二食しか与えられなかった。一食はトウモロコシ、もう一食はインゲンマメであった。それらは塩で味付けされ、ナツメヤシの油で料理されていた。

ジョン・アトキンズは一七二一年に、奴隷船の上では野菜、ソラマメ、グラベリマイネ、キャッサバ、トウモロコシが最も安価で、最も都合のよい食物だと述べている。

奴隷船で二五〇人の奴隷を乗せ、一人あたり一日九〇〇グラムのトウモロコシを供給したとすると、大西洋を渡る四五日間で一〇トン以上のトウモロコシを必要とした。

マルヴィン・ミラクルは、ピーク時には年間一〇万人が西アフリカから奴隷が拉致されたとして、奴隷一人につき一日一キロのトウモロコシが消費され、奴隷が捕えられてから新大陸に運ばれるまで四か月かかったとすると、最大で年間一万トンのトウモロコシが当時のアフリカで生産されていただろうと推定している。[9]

ポルトガル人の水先案内人による一五四〇年の記録によれば、当時大西洋の北、アフリカの西沖合にあるカーボベルデ島やアフリカ西海岸ではトウモロコシが広く栽培され、土地の人の主食にされていた。それはエジプトマメ（chick pea）のようで、八月のはじめに種子が播かれていたという。[10]

イタリアの歴史家ギアン・バチスタ・ラムシオが一五五四年に出版した書物では、トウモロコシがまぎれもなく絵つきで紹介されている。

オランダのP・ド・マーレスの一六〇五年の記事によれば、トウモロコシはポルトガル人によりサントメ島に導入され、その後に周辺のアフリカ地域に伝わった。ただし、アフリカ北部にはほかのルートで導入されたと考えられる。地中海沿岸のアフリカ地域のどこかに入り、トリポリを始点とする隊商のルートに沿って山や砂漠を越えて運ばれ広がった可能性がある。

オランダ人旅行家オルフェルト・ダップルによれば、一七世紀にはコンゴやアンゴラの海岸および黄金海岸でたくさんのトウモロコシが栽培され、よく育っているのがみかけられたという。アフリカ人らはそれを単独またはほかの穀類と混ぜて食べていた。[11]

フランスのジュエ・ボーラトンによれば、一七世紀末までにはアフリカ西海岸でソルガムやトウジンビエにかわってトウモロコシが栽培されるようになったという。

それまで栽培してきたソルガムやトウジンビエよりも多収であることがひとたびわかると、トウモロコシはアフリカ人の間で普及しはじめた。それだけでなく、トウモロコシにはほかに利点があった。ソルガムでは収穫までに七か月かかるのにくらべ、トウモロコシは四ないし五か月で収穫でき、そのため二期作が可能であった。さらに、トウモロコシはソルガムより草丈が低く扱いやすかった。穀粒についても、トウモロコシのほうが、ソルガムやトウジンビエより食べやすかったであろう。トウモロコシはソルガムやトウジンビエと幼苗期の草姿が似ていて親しみがあったことや、栽培法も改めて工夫するほどの違いがなかったことも幸いした。アフリカ人はトウモロコシを主要な作物と認めて、従来のトウジンビエと混ぜて使うようになった。ただし彼らは、トウモロコシはポルトガル生まれの作物だと勘違いしていた。

一部の地域ではトウモロコシが完全な勝者となることはなかった。セネガルおよびガンビアの乾燥地帯では、トウモロコシはソルガムやトウジンビエの代替とはならず、補助的な役割を果たすにとどまった。西アフリカ、とくにギニア、シエラレオネ、リベリア、コートジボアールなどを含む「上部ギニア」とよばれる海岸地帯ではイネが主役で、トウモロコシは野菜扱いであった。

西アフリカでイネが主役でない地域では、穀粒が固く収量が低いフリントコーンが嫌われ、フラワーコーンが好まれた。フラワーコーンは島や海岸よりは近づきにくいアンデスやメキシコ北部から来たもので、正確な時期は不明であるが、フリントコーンよりは遅れて入ったと思われる。しかしいったん入ると、西アフリカ一帯に広く普及し、キャッサバやヤムイモと合わせて用いられるようになった。フラワーコーンは森林とサバンナのモザイクからなる西部の開墾された土壌に適し、またソルガムやトウジンビエでは悩まされた鳥害が少なかった。また、インゲンマメやエンドウのようなマメ科作物との間作にも都合がよかった。

アフリカに入った赤色系フリントコーンは、詳しくはカリブ海に位置するオランダ領のアンティルから来たといわれている。トウモロコシが入ったアフリカ西海岸とアンティルとは、ともに北半球の熱帯圏にあり緯度が近く、農業の栽培慣行も似ていた。そのためトウモロコシは導入後、アフリカで古来広く行なわれてきた焼畑農業や他作物との混植という栽培に急速に適合した。奴隷貿易で鉄製の農機具がもたらされて農作業のつらさが軽減されたことも、トウモロコシ栽培の普及に役立った。

2. アフリカ東海岸(エジプト・エチオピア・マダガスカルほか)

トウモロコシがアフリカの言語でどのようによばれているかを調べることにより、トウモロコシがつねに大西洋経由でアフリカ西海岸へというルートだけでなく、ほかのルートでも各地に伝えられたことが推測される。その一つはエジプトからチャド湖経由で内陸に伝わったルートで、もう一つは、アラビアから東海岸のザンジバル島、マダガスカル島、モザンビークを経て東海岸へ、さらに内陸へと広まったルートである。一七三五年にフランス人によって、インド洋にあるレユニオン島にトウモロコシが導入され、一七五〇年までにそこから八〇〇キロ西のマダガスカル島に伝えられた。一八世紀末にはトウモロコシはマダガスカル島で主食となった。

コロンブスの新大陸到達後にスペインの船が新大陸で頻繁に立ち寄ったのは、カリブ海の諸島であった。そのため、スペインによりアフリカにもたらされたトウモロコシは、カリブ型のフリントコーンであった。それは堅いデンプン質の穀粒をもち、熟期が早く、赤色系のさまざまな色の穀粒が混じった穂をもつ品種だった。この品種は最初、スペインのセルビアをへてヴェニスに来て、そこからエジプトとナイル川流域をへてほかのアフリカ地域に入った。アフリカ大陸の中ではイスラム教の巡礼ルートに沿って南と西に向けて伝わり、最後には西海岸にまで達した。なお初期には赤色系のフリントコーンのほかに、黄色ないしオレンジ色の穀粒をもつフリントコーンがブラジルとアルゼンチンの高地からもたらされた。導入したのは、当時海運が栄えていたポルトガル人と考えられている。

エチオピアでは一六二三年までにトウモロコシ栽培がはじまっていた。ただし、誰がどのように伝えたかははっきりしていない。一説では、一七世紀初めにポルトガル人宣教団によりエチオピア皇帝がカトリックに改宗した際に、宣教師がトウモロコシの種子をもってきたという。またイエズス会宣教師が宣教の前進基地であったインドのゴアから、あるいは直接イベリア半島から種子をもってきたという説もある。その折の種子はカリブ型の赤色品種であった。

エジプトについては、一七九八年にナポレオン・ボナパルトがエジプト遠征で上陸した折に、住民がトウモロコシをトルココムギとかシリアコムギとよんで栽培していたことが記録されている。

スワヒリ海岸は、リスボンを出港しアフリカ南岸をへてインド洋に向かった探検家ヴァスコ・ダ・ガマが一四九八年に立ち寄ったことで知られているが、一六世紀になるとポルトガルの植民者がトウモロコシの栽培をはじめ、主食とした。

しかしアフリカ全体では、限られた地域を除けば、一九〇〇年になってもトウモロコシが主要な穀類となることはなかった。その状況を一変させたのは第一次世界大戦であった。ケニアでは、植民地政府が戦時協力のために農家にトウモロコシをとくに栽培するように奨励した。折しもトウジンビエに病害が蔓延して飢饉となったため、人々は翌年に播くために貯えておいた種子までも食べつくすほどであった。そこで植民地政府は晩生で白色粒をつけるトウモロコシ品種の種子を農家に配布して支援した。戦後になると輸出用のトウモロコシ生産が勧められ、一九三〇年代までにケニアとタンザニアでは主要な穀類となった。

3．アフリカ内陸（コンゴ・ケニア・ウガンダほか）

一七世紀までに西アフリカでは、沿岸部から内陸へとさまざまなルートでゆっくりとトウモロコシが浸透し、栽培されるようになっていった。とくに奴隷商人の手で運ばれることが多かった。それはトウモロコシがアフリカにあるほかの穀類よりも貯蔵性が高く、加工しやすかったからである。その結果、奴隷にとっては、新大陸に向けて大西洋を運ばれるときだけでなく、アフリカ大陸内で地上を移動するときもトウモロコシを食べさせられることとなった。ジョン・ラバトの一七二八年の報告によれば、トウモロコシはセネガル川を行き来する船の上で奴隷の主食となっていた。いっぽう一部の農民は、トウモロコシを自分たちの食料としただけでなく、ヨーロッパ人の要塞や奴隷船に売ることで大きな利益をあげた。トウモロコシがなくても奴隷貿易は行なわれたであろうが、トウモロコシが奴隷貿易を後押ししたことも否めない。[12]

コンゴ王国にはトウモロコシは西海岸から伝わり、一六世紀末には「ポルトガル人の穀類」とよばれていた。一六八〇年におきた日食に関連した口伝の調査によれば、日食の頃までにすでに西海岸から約一〇〇〇キロ内陸のコンゴ盆地でもトウモロコシはキビとともに主食となっていた。

ヨーロッパ人としてはじめてアフリカ大陸を横断したスコットランドの探検家で宣教師のデヴィッド・リヴィングストンは、コンゴ盆地の東部でタンガニーカ湖に接する地域を探検したとき、その地にトウモロコシが広く栽培されているのをみて、主食となっていると考えた。しかし一八八五年に、盆地南部の一部部族では主食がトウモロコシからキャッサバにおきかえられた。

一七八八年にアフリカ内陸発見促進協会は、インハメドという名のトリポリ出身者から彼が訪ねたボルヌ帝国（一三八〇〜一八九三年の間チャド湖近傍にあった）およびカシュナ（おそらく北ナイジェリアのカチナ〔Katsina〕）についての報告を入手した。これらの地域では、トウモロコシは一、二を争う主要作物となっていた。

コンゴ北部にはアザンデ族が浸入した一八三〇年頃にトウモロコシが再びもちこまれ、二十世紀初頭には重要作物となったが、現在では再び補助的作物になっている。アザンデ族の南に近接したロゴ族では、トウモロコシは一九世紀にトウジンビエやソルガムにかわって主食となっていたが、二十世紀に彼らの地域がベルギーの植民地になってからは、主食はキャッサバやサツマイモになった。これは一九三〇年にバッタの大群の襲来によってトウモロコシ畑が食い荒らされ大きな被害が生じたため、ベルギー当局がキャッサバとサツマイモへの作付転換を奨励したことが原因と考えられている。

アルルという方言を使うアルバート湖の北西の地域に住む民族では、もとはソルガムが主食であったが、いつの頃からかトウモロコシがキャッサバにつぐ重要作物となった。

内陸のほかの地域では、一九世紀までトウモロコシは重要でなかったようである。ガボンの海岸から三〇〇キロ入った内陸ではトウモロコシがみあたらず、焼きトウモロコシが食べられないと嘆いたという一八五六年の記事がある。

東アフリカの内陸は一九世紀中には開発が進み、どこでもトウモロコシ栽培がみかけられるようになった。ケニアでも一八八〇年代までにトウモロコシがどこでも栽培されるようになったが、主食となったのは海岸地帯と南東部に限られていた。

東アフリカでもウガンダでは普及がやや遅かった。一八六一年から二年越しにウガンダを探検したジョン・ハニング・スピークの隊に参加したJ・グラントは、その地で発見した植物について詳細な記述を残している。その中で彼は、「南部から移動して赤道に近づくほどトウモロコシの栽培は稀となり、北緯五度になるとまったくみかけられない」と記している。一八七六年に英国ウェールズ出身のジャーナリストで著名な探検家のヘンリー・スタンレイは、ウガンダ西部の小さなジョージ湖の周辺でトウジンビエ、サツマイモ、バナナ、サトウキビとともに、大量のトウモロコシが植えられているのをみている。エクアトリア（現在のスーダン南部）州知事のエミン・パシャは、ウガンダにデントコーンのトウモロコシを導入し、それが一八八〇年までに普及した。ウガンダの知事であったハリー・ジョンストンは一九〇〇年に、「コムギ、エンバク、オオムギは地域によってはよくみかけられる。またトウモロコシはいたるところで栽培されている」と報告している。

4．アフリカ南部（アンゴラ・ザンビア・マラウイ・レソトほか）

一五世紀にジンバブエを中心にザンベジ川流域に栄えたモノモタパ王国について、一五一七年にポルトガル人が書いた記事が、おそらくアフリカ南部におけるトウモロコシについての最初の記録であろう。アンゴラでは一六〇〇年にトウモロコシにつけられた名から、ポルトガル人により導入されたと考えられている。アンゴラの海岸地帯では、一七世紀にはトウモロコシはよく知られていた。少なくとも一六六七年までは首都ロアンダでは主要な食物であった。しかし、そのあと長い間、主食はキャッサバにおきかわった。

南部アフリカでは、一九世紀の末に白人の植民者が住みつくようになると、販売用のトウモロコシ栽培がはじまった。植民地政府はソルガムやトウジンビエよりも加工しやすいと、賃金労働者にトウモロコシを買って食べるように勧めた。その頃開通した鉄道がさらにトウモロコシの普及を後押しした。このようにして南部アフリカではしだいにトウモロコシが主食の座を占めるにいたった[13]。とくにザンビア、マラウイ、レソトでは、摂取カロリー中の五〇％以上をトウモロコシに頼るにいたった（**図8・2**）。この数字は、新大陸のメキシコやグアテマラをも超えて、世界最高である。

アフリカのトウモロコシ品種

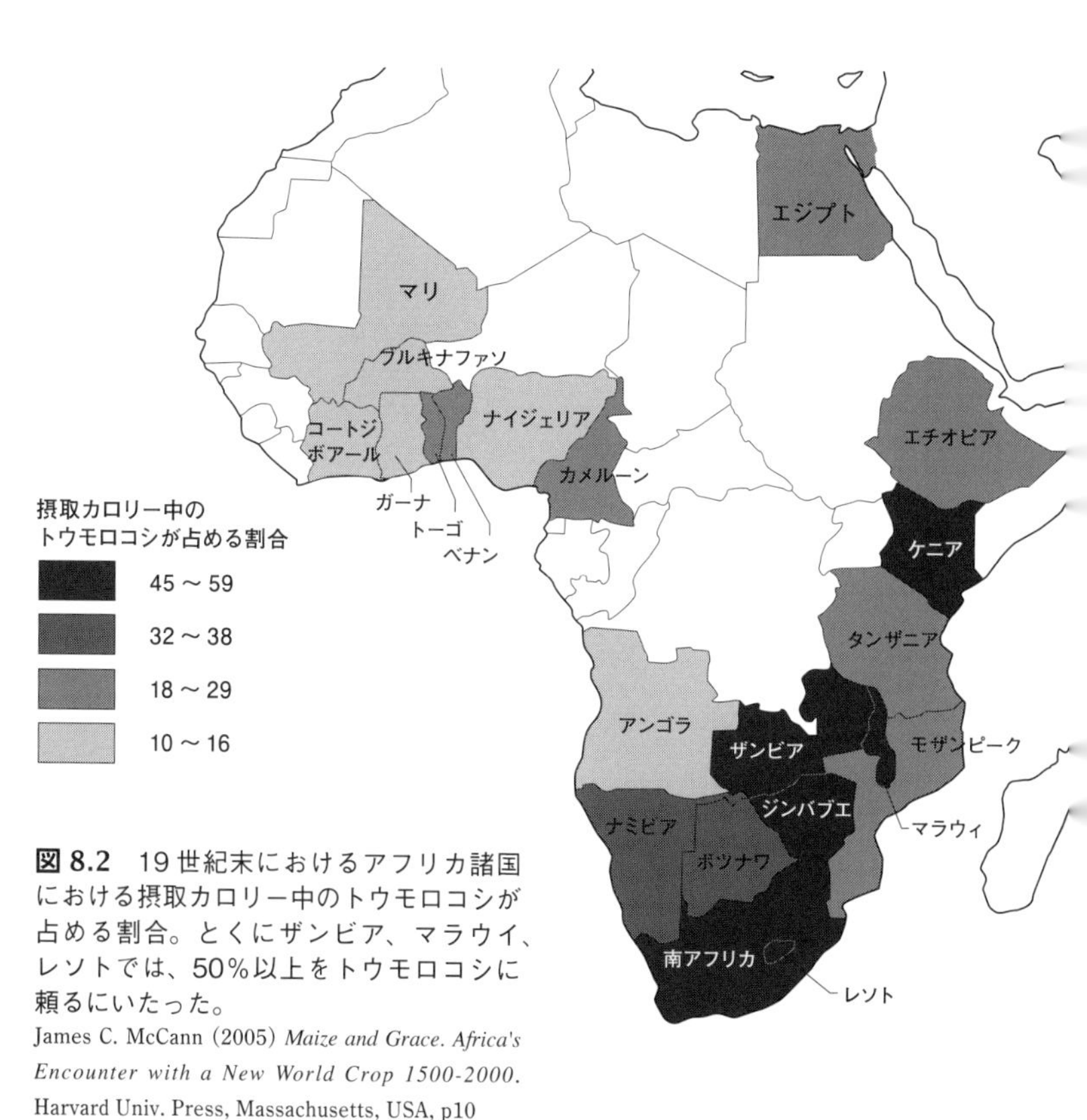

図 8.2　19世紀末におけるアフリカ諸国における摂取カロリー中のトウモロコシが占める割合。とくにザンビア、マラウイ、レソトでは、50％以上をトウモロコシに頼るにいたった。
James C. McCann (2005) *Maize and Grace. Africa's Encounter with a New World Crop 1500-2000*. Harvard Univ. Press, Massachusetts, USA, p10

アフリカのトウモロコシは、世界的にみて特異的である。米国やヨーロッパのような工業先進国ではトウモロコシは九六％が家畜の飼料や工業製品の材料とされているが、アフリカでは一貫してほとんどすべて人間の食べ物として利用されてきた。料理法も異なり、米国ではトウモロコシは焼くか油で揚げるのに対し、アフリカでは煮るか料理に用いる。さらに、アフリカではデントコーンとフリントコーンで利用法が違う。デントコーンは軟らかく粉にしやすいので、スープや濃いめの粥に用いる。フリントコーンは胚乳に硬いデンプンを含むので、薄い粥かクスクスにする。工業用製粉機には均質に仕上がることと、軟らかいため機械を傷つけることが少ないという理由でデントコーンが用いられる。いっぽう、マラウイでは、市場が小さく、製粉は女性の手作業で行なわれるが、貯蔵中のロスが少ないことからフリントコーンが好まれる。消費者も多くは、デントにくらべて香りがよいフリントコーンのほうを好む。

現在使用される品種も異なり、世界市場に出回っている品種は黄色品種であるのに対し、アフリカの品種の多くは白色品種である。これらは比較的新しい時代に米国南部、メキシコ、南米東部などから導入されたものである。南アフリカの品種は米国南部の品種に、熱帯の中央アフリカの品種は中米ないし南米の熱帯低地の品種に似ている。

アフリカにおけるトウモロコシ以外の作物

一六世紀に新大陸からアフリカにやってきた作物は、トウモロコシとインゲンマメだけではない。トマト、サツマイモ、カボチャ類、カカオ、ラッカセイ、キャッサバなどが伝わった。とくにカカオとラッカセイはそののち重要な輸出品となった。キャッサバはトウモロコシと並んで、アフリカでは重要な食料となった。キャッサバはベニン湾からコンゴ川を通って西海岸地帯に入った。また一八世紀にはレユニオン、マダガスカル島、ザンジバル島をへて東海岸に伝わった。キャッサバは枝を切って挿すだけで発根し、痩せた土地でも栽培でき、旱魃や病虫害に強く、栽培面積あたりの収量も高かったので、地域によっては重要な作物となった。

しかし、キャッサバはトウモロコシのかわりにはなりえなかった。アフリカの熱帯地方の高温湿潤な気候では、トウモロコシの穀粒なら長期間貯蔵できるが、キャッサバは根菜で水分含量が七〇％と高くそのままでは収穫後すぐに腐敗が進んでしまう。そのうえ品種によっては青酸配糖体にもとづく毒性がある。そのため、通常は粉に加工して利用される。とくに大量の食料を積みこまなければならず、また大西洋を一か月以上もかかって航行する奴隷船の食料には、キャッサバはあまり適さなかった。さらにトウモロコシの穀粒は、当時の船旅で大きな問題となっていた壊血病を防ぐだけ十分な含量のビタミンCをもっていることも有利であった。それでもブラジルのポルトガル人は、キャッサバを奴隷船での食事に用いていた。

一九世紀から二十世紀にかけて、植民地時代のアフリカのプランテーションには、ゴム、カカオ、サイザル（*Agave sisalana* リュウゼツラン科の多年草）、タバコなどが導入された。なお、グラベリマイネの栽培も早くから西アフリカではじめられたが、栽培に独特の技術と手法が要求されるために、限られた地域を除いて普及しなかった。

第9章

中国およびその周辺アジア諸国への伝播

中国への伝播

トウモロコシは、中国では玉蜀黍（ユシュシュ）とよばれる。また粗く砕いたトウモロコシは玉米（ユミ）という。地方によっては包谷（パオグ）や棒子（バンジ）とも、さらにほかの名も用いられる。トウモロコシは一五世紀末（明代半ば）までにアジアにまで伝播したが、中国に最初に入った時期やルートの詳細は不明である。

章楷（ジャンファン）と李根蟠（リゲンパン）の一九八三年の論文によれば、トウモロコシは三つのルートで中国に伝来した（図9・1）。①スペインからメッカへ、メッカから中央アジアを経て、中国の西北地区に入った陸路ルート、②ヨーロッパからインド、ビルマから西南地区の雲南省へ伝わった陸路ルート、③ヨーロッパからフィリピンに伝わり、そののちポルトガル人または中国貿易商人により中国東海岸へ入ったとする海路ルートである[1]。

篠田（一九七四）は、海路については、一六世紀に入りマテオ・リッチをはじめとするイエズス会の宣教師が次々と中国にやってきた頃、ジャガイモ、トウガラシ、ラッカセイとともに、トウモロコシが導入され、また陸路については、一五六〇年にメッカ巡礼の回教徒により甘粛省平涼に運ばれたと説明している[2]。

中国では古来、北はアワを主にキビなど雑穀を副とした小粒穀物が植えられ、南の平地ではイネが栽培されていた。北は貧しく、南は豊かであった。その状況は明代になっても変わらなかった。トウモロコシの伝来当初は南西部の省やその周辺の山間地に広がったが、これらは地域の中でも稲作に適さない痩せた土地であった。

トウモロコシは一六世紀後半に入ると、中国のいくつかの文献資料に現れてくる。中国農業遺産研究室の万国鼎は、中国全土の省、府、県の地誌を調査したところ、一五一一年、安徽省穎州の地誌にトウモロ

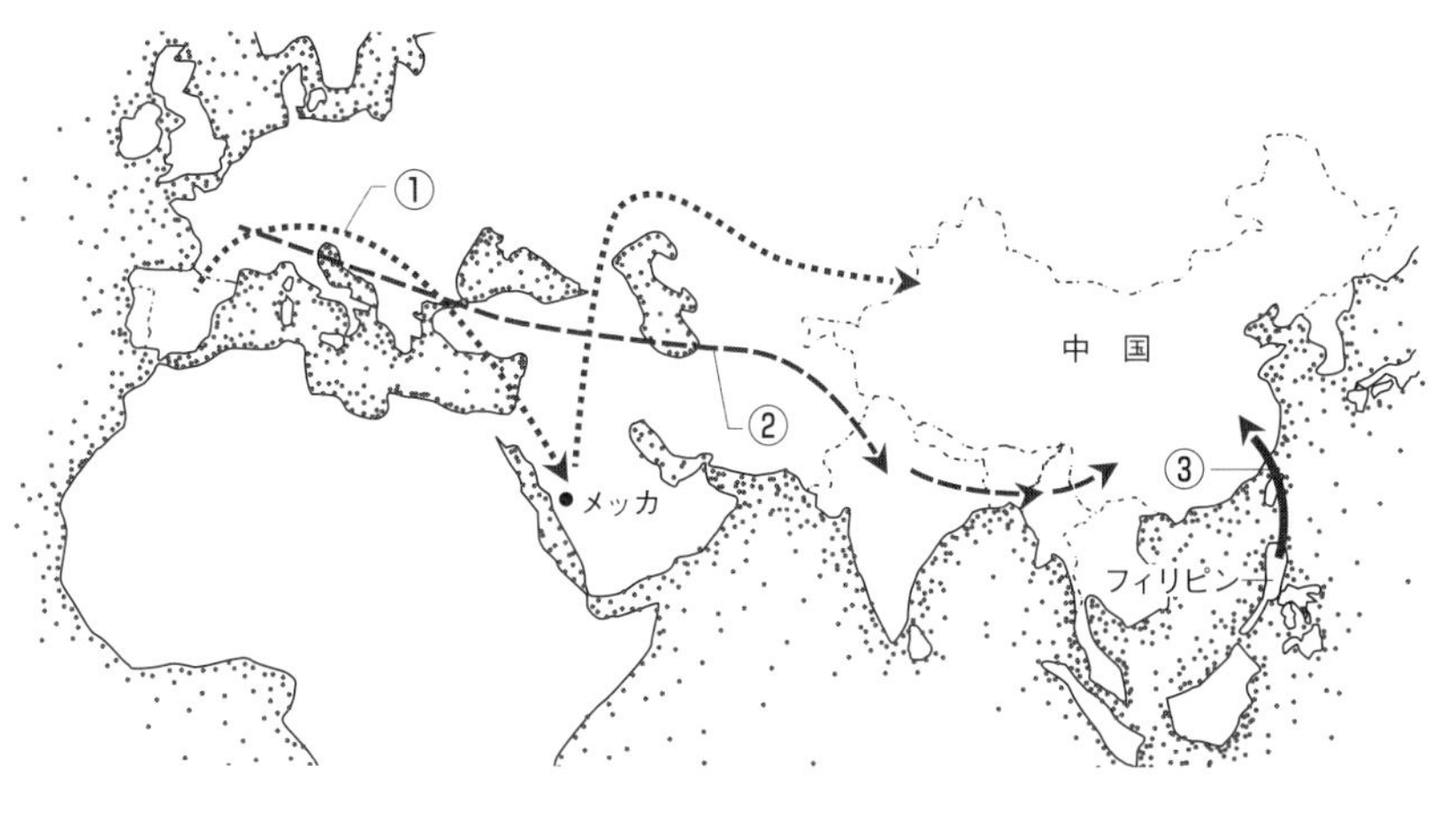

図 9.1　中国への３つの伝播ルート

コシの記録を発見した。これはコロンブスの航海から二〇年足らずのことなので、海路から導入されたと考えられている。河南省鄭州の鞏県の歴史について記された『鞏県誌』（一五五五）に、トウモロコシの記述がある。『平涼府志』（一五六〇）には、トウモロコシが番麦または西天麦として紹介されている。前述の章・李により提案された中国伝来の二番目のルートの根拠はこの書にある。『雲南大理府志』（一五六三）には玉麦として出てくる。浙江省杭州の田芸衡が著わした『留青日札』（一五七二）では、「トウモロコシは西方に由来し、古くは番麦と呼ばれた。皇帝一族（御）に献上されたので、御麦と呼ばれた」とか、「この作物はここ（杭州）に導入され、多くの農民が栽培している」と記されている。番麦とは異国の麦という意味である。[3]

一五七五年にスペインの宣教師が福建省にきたときには、そこでトウモロコシがすでに栽培されていた。またアウグスチン派の修道士ゴンザレス・ド・メンドーザが一五八五年にスペインで出した中国史についての著作の中に、一五七七年には福建省でトウモロコシが栽培されていたことが記されている。明代後期の一五七三〜一六二〇年に成立したといわれる長編小説『金瓶梅』にも、玉米粥（トウモロコシ粥）または玉米麺として複数回現れ、ご馳走として描かれているという。

一五九六年発刊の李時珍（リ・スーゼン）の『本草綱目』には、トウモロコシが「玉蜀黍、種ハ西土ニ出ズ。種ハ亦タ罕（カタ）シ」ではじまるわずか四行ほどの文で紹介されている。問題は、そこに付記されているトウモロコシの図で、雌穂が葉腋ではなく茎の頂上についていることである。著者も絵師も印刷工もみなトウモロコシを実際にみたことがなかったようである（図9・2）。

また一八三六年にマシュー・ボナフスがフランスで出版した著書の中で、中国人リー・シー・チェンが一五五二〜一五七八年に製作した版画が紹介されていて、その中にも似たように誤った形のトウモロコシが描かれている[4]（図9・3）。なお、明代末の一六三七年に、宋應星（ソン・インシン）によって書かれた産業技術百科全書『天工開物（てんこうかいぶつ）』の上巻一穀類の部には、イネ、コムギ、キビ、アワ、ダイズ、ソラマメ、インゲンマメ、アサ、ゴマなどが記されているが、新大陸からのトウモロコシやサツマイモはみあたらない。[5] 明末の徐光啓（シュー・グァンチー）による『農政全書』では、トウモロコシについての項目はなく、注として「玉米、玉麦、玉蜀林などともい

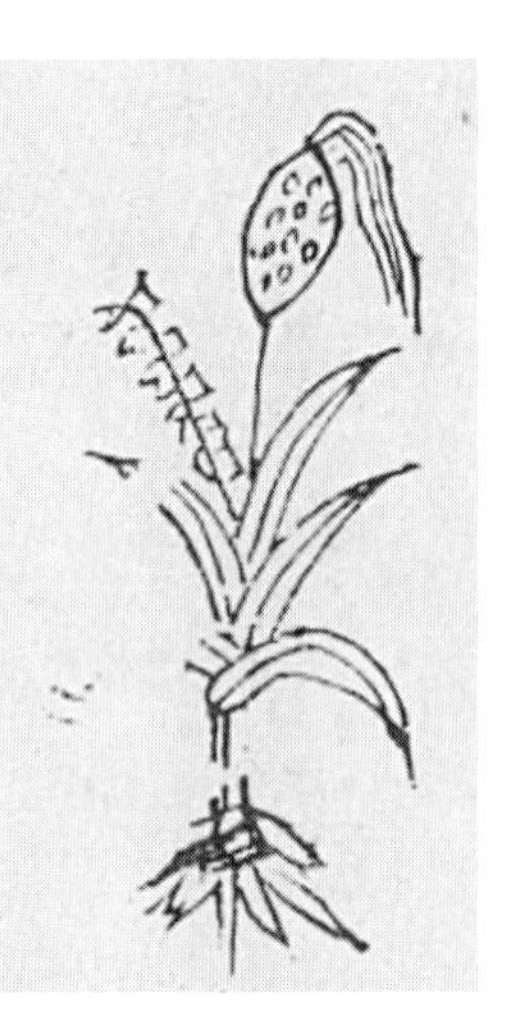

図 9.2 李時珍『本草綱目』に描かれた玉蜀黍の図。茎の頂部に雌穂がついている。雄穂らしき妙な形のものが茎の左側に突き出ている。この書では、図の信ぴょう性が低く、コムギやオオムギも茎の頂端が分岐し、そこに穂が１本ずつついていて、実物と異なっている。　国立国会図書館デジタルコレクション『本草綱目』22-25巻 No.33 および附図巻之上 No.60

図 9.3 中国人リー・シー・チェンが描いたというトウモロコシの図。茎の頂部に雄穂でなく雌穂がついている。雄穂は見当たらない。葉の数もわずか４枚である。この版画の作者も収穫されたトウモロコシの雌穂は知っていても、栽培中のトウモロコシは見ていないことが明らかである。
Paul Weatherwax (1954) *Indian Corn in Old America*. The MacMillan Company, New York.p133.

う」と書かれているだけである。博学多識をもって知られた徐光啓であったが、上海で生まれ北京と天津で暮らした彼にはトウモロコシはなじみが薄かったとみえる。現在の中国でよく使われている玉米の名は、この書ではじめて記録された。

三つのルートで中国に入ったトウモロコシ栽培は、それから一〇〇年以上の間は栽培がきわめて限られていた。当初は福建や雲南の山間部で小規模に植えられていただけであった。それからきわめてゆっくりと周辺の平野部に広がっていったが、中央部の揚子江流域には入れなかった。

中国でトウモロコシが大規模に栽培されるようになったのは、一八世紀に入ってからである。その頃中国内で大きな人口移動が発生した。明から清朝に移ったばかりの社会では、経済が弱体化し、支配階級の締め付けと搾取により農民の困窮が一層ひどくなり、農民は農地と故里を捨てて流浪せざるを得なくなった。人口移動の流れは複雑であった。湖北・福建・広東の農民が江西へ、江蘇・安徽・福建から浙江へ、福建・江西・浙江から安徽へ、湖北・湖南・広東・江西から四川・陝西へと移った。同じ省内でも移動があり、農民は平野部での暮らしをあきらめて荒涼とした山間部へと上がっていった。これらの人々は客民とか棚民とよばれたが、藍や麻の栽培や炭焼きで生計を立てた。山間部で彼らの主食となったのは、トウモロコシとサツマイモであった[6]。

単位面積あたりの収量が高いこと、栽培に先立ち大規模な整地や圃場造成の必要がないこと、山間の斜面で土壌の浅いところでも育てられること、さらに種子の完熟をまたずに若い雌穂や未熟の穀粒も食べることができて穀物の蓄えが尽きる時期に襲う飢餓を防げることなどから、山間部の作物としてトウモロコシはうってつけであった。もちろんいいことづくめではなく、斜面に畑をつくりすぎた結果、土壌の流失がおこったり、旱魃がおこりやすい地域でアワをトウモロコシでおきかえたため収穫が激減したり、反対に降雨でたびたび冠水するような土地にコウリャンのかわりにトウモロコシを植えて失敗したりした。

とにかくもこのようにして、これまでの稲作を中心とする集約的な灌漑農業が成り立たなかった周辺の山間地に、トウモロコシが多収作物として入り認められるようになった。陝西、四川、湖北三省の境界付近の山間では一九世紀に入り、主作物がアワからトウモロコシにおきかわった。いっぽう平野部では、トウモロコシは家族の副食用に畑の隅にわずかに植える程度であったが、山間部での大変化の影響を受けてしだいに広く普及するにいたった。この変化を中国における第二次農業革命とよぶ人もいる。

陝西の『扶風県志』（一八一八）には、「瘦せ地には皆包穀を植える。別名を玉米、省志では玉蜀黍という。南山の客民の植えたものが、浸透して平地に及んだのである。」と記されている。また、清の呉其濬（ウチージン）の『植物名實圖考（しょくぶつめいじつずこう）』（一八四八）には、トウモロコシについて、「四川、陝西、湖北、湖南の省では、すべての山田に皆これを植える。俗に包穀とよぶ。山地の農家の食料で、酒を造ったり、粉に挽いたりもする。用途はイネやオオムギと同じである。穂軸は煮て豚に食わせ、茎は乾かして竈にくべる。どの部分も棄てるところなく利用できる」という意味のことが書かれている。(7)

中国東北地方では、一九世紀後半に河北、山東の農民が移住してからトウモロコシ栽培が盛んとなった。中国北部では、かつて貧しい人々はトウモロコシを粉にして水でこねて蒸した窩窩頭（ウォーウォートウ）または窩頭というまんじゅうのようなものをつくって漬け物と一緒に食べた。これは冷めるとバサバサしてのどにつかえるようなしろものであったというが、著者も終戦直後の飢餓時代にトウモロコシ粉でつくった同じような固いざらついた食感のものを食べた記憶がある。

清朝末期の義和団事変の際に、八国連合に追われて紫禁城を脱して西安へ逃げた西太后（シータイホー）が、窮乏して農家から窩頭を恵んでもらい食べたところ、贅沢に慣れた舌にはかえって美味しかった。そこで乱がおさまり北京に戻ってから宮廷の料理人に命じてつくらせたという。[8] とんだ目黒のサンマ（落語）である。なお西太后は三センチほどの若い未熟のトウモロコシの穂も好んだという。

なお、中華人民共和国の政治家で文学者の郭沫若（グォーモーロー）は自伝の中で、彼が幼少だった一九世紀末の郷里四川省楽山県沙湾（シャワン）区の話として、「私の郷里では、農民の常食はトウモロコシなのである。いいかえれば、農民の常食は地主が飼っている豚の餌と同じなのである。これはまだ三十年余り前の状態である。」と記している。彼の家は中程度の地主であったが、年貢を納める時節がくると、小作人らは年貢米を自分で背負って来た。その時には地主の家で白米の飯を出してもてなしたので、老人も子供も家じゅうでやってきた。彼はこれを「自分で作ったものを自分では食べられず、他人のおこぼれにありつけると、みずから無上の恩恵と感ずる。これはまったく痛ましい悲劇ではないだろうか。」と地主の息子であった者として心から懺悔している。また「私の郷里の人々のおもな商売は、トウモロコシで酒を作ることだった。」とも書いている。[9]

農業革命もあり、トウモロコシの普及も進んだにもかかわらず、中国では飢饉が頻発した。一八五〇年からの一〇〇年間に大規模な飢饉が少なくとも四回おこった。とくに清朝末期の一八七六〜七九年に中国北部を襲った旱魃で、九五〇万〜一三〇〇万人が命を落とした。これは作物の生産量が不足していたからではなく、食料の分配の問題であった。飢饉では食料生産の只中にいるはずの農民が最も大きな被害を受けた。飢饉は農民の食料だけでなく、収入をも奪うからである。また一九五九〜六一年に発生した大飢饉は中国全土におよび、二〇〇〇万人以上が死亡した。三年という短期間にこれだけの死者がでたことは、世界史上未曾有のことであった。その原因は、劉少奇により「天災三人災七」とよばれた。天災は旱魃と洪水、人災は社会主義建設を急ぐ毛沢東（マオツェトン）政権によって主導された「大躍進運動」であった。[10]

中国では一九八〇年代の経済開放政策以後、トウモロコシを主食としていた地域でもコムギを食べるようになり、トウモロコシは家畜の飼料となった。これには、毛沢東により養豚発展のためトウモロコシを豚の飼料にまわすよう指令があったことが関係しているという。この頃の中国でのトウモロコシ生産は、北部および東北部、黄淮平原、南西部の三大生産地帯に分けられ、それらの地域は、地図上で東北部の黒竜江省ハルビンから、南西部の雲南省昆明にいたる太い線を引いたとき、それに沿った地域に主に分布する。

二〇〇〇〜〇一年度では、トウモロコシの生産高は一億六〇〇〇万トンで、そのうち九三〇〇万トンが飼料用とされた。二十世紀末の中国では灌漑農業のイネ、冬作物のコムギに並んで、トウモロコシは夏作物として三大主要作物の一つとなるにいたった。現在、中国は米国についで世界第二位のトウモロコシ生産国である。

なお、中国の総人口は、一七〇〇年の一億五〇〇〇万人から一〇〇年後に三億二〇〇〇万人、二〇〇年後に四億五〇〇〇万人、一九七五年には七億二〇〇〇万人へと急速に増加した。この人口増加がトウモロコシの普及によるとするのは単純すぎるが、山間地を中心とする貧しい農民の生活を潤し、人口増加に寄与したのは確かであろう。

そのほかのアジア諸国への伝播

インドでは一八〇〇年頃まではトウモロコシの栽培はあまり広まらず、どちらかといえば貧者の食べ物とみなされていた。しかしその後は急激に普及し、一九世紀末にはトウモロコシをみかけない地域はほとんどないほどとなった。とくに北東部山岳地帯のアッサムや北部のパンジャブでは、トウモロコシは主要な作物となった。トウモロコシはインドではメッカ（mecca）とかマッカ（makka）とかよばれていた。これはトウモロコシがイスラム圏からインドに伝わったことを示唆しているのかもしれない。

南アジアにはおそらく一六世紀初めに、ポルトガル人かアラブ商人の手により、ザンジバル経由で伝わったとされている。またシルクロードを行き交う商人によってヒマラヤ北東部にもたらされ、そこから周辺地域に伝わった。

一六五九年までにはインドネシア、フィリピン、タイで、一六九九年までにはティモール島で、トウモロコシは重要な作物となっていた。

アジアで最も広く普及しているトウモロコシの品種は、比較的最近に導入されたカリブ海のフリントコーンである。しかし古い品種もみられ、たとえばフィリピン南部のミンダナオ島の山岳民族の間では、早熟性で穂が小さく、うどんこ病に抵抗性のフリントコーンまたはポップコーンが栽培されている。ヒマラヤ東部のシッキムやブータンでは、西半球のトウモロコシにはない特異なタイプのポップコーンがみいだされている。いつどのようにしてそのようなトウモロコシがそこに伝わったのかは、わかっていない。

朝鮮半島には中国経由でトウモロコシが入ったと考えられるが、その時期については記録がない。柳重臨が一七六六年に著わした『増補山林経済』には、「玉蜀黍、種に五色有り。倶ニ春ニ種エ秋ニ熟ス。宜肥ノ地一尺ニ種ウ。一科ハ蒸食ス可ク、粥ヲ作スモ甚ダ佳シ」と記されている。それは、トウモロコシには五品種あり、春に播種し秋に成熟するもので、肥沃な土地を選んで栽培し、（収穫後は）蒸して食べるが、粥にするのもよい、という意味である。一九世紀の徐有渠の『杏蒲志』には、トウモロコシには青、白、紅の三品種あり、穀粒を砕いて食べればうまいのに、東国の人たちは好まない、と述べられている。[11] いっぽう、韓国北部の江原道では米やオオムギの生育がわるいので、二十世紀末でも代わりにトウモロコシが主食とされ、餅、飯、麺のすべてにトウモロコシが使われている。[12]

第10章

トウモロコシの日本への伝来

図 10.1 1549 年にイエズス会のフランシスコ・サビエルが日本に来着したことは、キリスト教がもたらされたとともに、南蛮貿易のきっかけとなった。
「フランシスコ・ザビエル」ウイキペディア日本語版

天正年間に伝来したカリビア型のトウモロコシ

室町時代末期の一五四三年頃、種子島西之浦湾に漂着した中国船に乗っていたポルトガル人が鉄砲を持参していて、それに興味を示した種子島恵時・時尭親子により高額で買い取られた。また一五四九年にはスペイン出身の司祭でイエズス会の創設メンバーの一人でもあったフランシスコ・サビエル（**図10・1**）が、現在の鹿児島県鹿児島市の祇園之洲町に着き、キリスト教をもたらした。

これをきっかけにポルトガル人やスペイン人が来航し、いわゆる南蛮貿易を通して南蛮文化や海外の多様な文物が伝来するようになった。その中に、新大陸原産のトウモロコシ、トウガラシ、カボチャ、サツマイモ、タバコ、アフリカ原産のスイカなどが含まれていた。

トウモロコシの伝来は天正年間（一五七三〜一五九一）である。江戸時代の享保年間に著された『近世世事談』によると、トウモロコシは玉蜀黍とよばれ、「玉蜀黍ハ天正ノハジメ、蛮船モチ来タル。関東ニテハ唐モロコシトイフ」と記されている。[1] このトウモロコシは、熱帯原産のカリビア型フリントコーンであったとみられる。カリビア型フリントコーンは、もともと有史以前に中米でアンデス型熱帯フリントコーンとメキシコ型ポップコーンとの交雑によって生まれたといわれる。カリビア型フリントコーンは現在、新大陸では中米および南米東部沿岸に広く分布している。また旧大陸では、地中海沿岸、ミャンマー、マレーシア、中国南部、フィリピン、グアム、日本南部に分布し、日本は栽培北限になっている。(2)

日本に伝来したものは、コロンブスがカリブ海地方からヨーロッパにもち帰ったものに由来する。もたらしたのはポルトガル人、導入場所は長崎または四国とされる。そこから九州の阿蘇山麓や四国の中山間地に定着し、また本州に渡って富士山麓、さらに東北地方で栽培された。(3)どの地域でも水稲の栽培ができない土地が当てられた。

磯野直秀（二〇〇六）によれば、禁中の女官たちが代々ひきついで記してきた『お湯殿の上の日記』の一五六一（永禄四）年の個所に、生花用としてトウキビの名がみられるという。しかし前述のとおり、トウモロコシの伝来を天正年間とすると、それ以前の記事であるので、このトウキビはモロコシのことであろうとしている。(4)

イエズス会宣教師によって天草で刊行されたラテン語、ポルトガル語、日本語の対訳辞典である『ラホ日辞典』（一五九五）に、Loba の訳語として「Tõqibino cara」（とうきびの殻）、Nucamenta の対訳として「Tõqibino fono gotoqu naru mono」（とうきびの穂の如く成る物）と記されている。(5)なお、モロコシやキビに関連した語はみられない。

中世末期、四国に住んだ武将土井清良の一代記を中心とした軍記物で、土井水也により江戸時代初期の一六二八年に編集された『清良記』、別名『親民鑑月集』の巻七之上には、「四月中ㇾ可植の事」および「八月種子取ものゝ事」とされる作物中に「唐秬」の名がみいだされる。現代でも北海道のようにトウモロコシをトウキビとよぶ地方があるので、この唐秬はトウモロコシのことと考えられもする。しかし一方では、キビ、ヒエ、アワなどの雑穀と並んで、「秬の事」という項があり、そこに「黒秬」、「白秬」、「はせきび」な

どの品種と並んで「唐秬」が示されており、モロコシ（ソルガム）の可能性もある。(6)

トウモロコシが伝来後に、どのように扱われてきたかを知るには、本草書を中心とした古い書籍の中に記録を探すのがよい。中国の李時珍による『本草綱目』は、発刊からわずか六年後の一六〇二年に日本に輸入された。これにより日本でも本草学が本格化した。

一六三〇（寛永七）年に林羅山が著した『多識篇』はそのはしりであるが、その巻之三穀部に、玉蜀黍の見出し語があり、多末岐比、玉高粱の和名が万葉仮名で記されている。『多識篇』における玉蜀黍の漢字からみて、遅くとも一七世紀半ばまでには現在と同じ書き方が成立していたことがわかる。いいかえると玉蜀黍という漢字名の成立まであまり紆余曲折をへなかったと思われる。ただし、玉蜀黍のよび方は、蜀黍と同じにトウキビとしている。

一六五〇（慶安三）年に松永貞徳により編纂された往来物『貞徳文集』には、南蛮黍の名がみられる。

日本の食物全般について、医者の人見必大が一六九二年に記した遺稿をその子元浩が刊行した本草書『本朝食鑑』（一六九七）の穀部に、南蛮黍としてトウモロコシが記されている。「此れ即ち玉蜀黍なり」ではじまる漢文調のかなり詳しい説明がある。それによれば、「俗に南蛮黍は唐毛呂古志、蜀黍は唐岐美という」、「唐の字が頭についていても中国由来ではなく、南蛮由来であり、近代長崎より移ってきた」もので、「高さ七—八尺で六、七月に開花し穂ができる」、「魚のような穂の上に白髭が出て、後に紫赤色に変わる。」、「苞の中にザクロの種子のような粒が黄白色で光沢がある」、「火にあぶって食べるか、乾燥して粉に挽き餅にするのもよい。」、「沢山食べ過ぎると消化不良となるが、有毒というのは誤りである」など、読んでいてなかなか面白い。「トウモロコシ」のよび名が文献に現れる最初である。幸いにして、『多識篇』および『本朝食鑑』は、全頁の画像を国立国会図書館のデジタル化史料としてオンラインで読むことができる。(7)

俳聖松尾芭蕉とその門下がトウモロコシを読んだ句として

唐黍や　軒端の萩の　取りちがえ　芭蕉
こぬ殿を　唐黍高し　見おろさん　荷兮（かけい）
唐黍に　かげらふ軒や　玉祭り　酒堂

などが知られている（**図10・2**）。芭蕉の句は、一六七七（延宝五）年、三四歳のときの作である。江戸時代も元禄になる頃には、トウモロコシは各地に普及していたらしい。一六九四（元禄七）年の貝原好古（かいばらこうこ）による辞書『和爾雅（わじが）』には、玉蜀黍（ナンバンキビ、タマキビ）と記されている。江戸時代の代表的な農書といわれる一六九七年の宮崎安貞（やすさだ）の『農業全書』では、

又一種玉蜀黍（なんばんきび）と云ふあり。種ゆる法前（蜀黍をさす）に同じ。其粒玉野如し。菓子にすべし。是も早くうゆるをよしとなす。遅ければ風難あり。且實りも少なし。是又肥地を好む。瘦地には實らず。根より出づるひこばへを去る事前と同じ

のように、栽培と利用法について説明がなされている。ただし、その記載はヒエ、モロコシ（ソルガム）、キビにくらべて四分の一以下にすぎず、しかもモロコシの記事の

図10.2　松尾芭蕉
「松尾芭蕉」ウイキペディア日本語版

末尾に併記されているだけで、独立の項目とされていない。まだトウモロコシの地位は低かったとみられる。
一八世紀の歌人、与謝蕪村にも次の句がある。

古寺に　唐黍を焚く　暮日哉
唐きびの　おどろき安し　秋の風

一七七五（安永四）年の越谷吾山（こしがやござん）による方言辞書『物類称呼（ぶつるいしょうこ）』では、畿内でナンバンキビまたは菓子キビ、東国でトウモロコシ、越後でマメキビ、奥州南部でキミ、備前でサツマキビとよぶと紹介されている。結局、江戸幕府のあった東国の方言が、その後の標準的よび方になったということだろうか。

一八〇四（文化元）年に島津重豪（しげひで）が曾槃（そうはん）、白尾国柱（しらおくにはしら）らに命じて編纂させた農書『成形図説（せいけいずせつ）』の巻之一九には、玉蜀黍の雄しべ、穂、絹糸、葉、根などが図に描かれている。[8] 粒がダイズのようであるから豆黍（マメキビ）というと記されている。また、唐黍、南蛮黍、高麗黍などと外国の名を冠するのは日本起源でないためとしている。唐諸越、薩麻黍などの別名や中国文献での玉高粱、郷麥、御麥、番麥、包子米などのよび方も掲げている。

トウモロコシ栽培については、二月に播いて七、八月に成熟すること、粒色に紫赤と白黄のものがあること、一個体につく穂数は肥えた土では三〜五本、痩せ土では二〜三本であること、冬に備えて貯蔵するには、苞皮を剥いて吊るすのがよいこと、などが示されている。利用法として、粒を炒る、粒を鍋にいれて炒り膨らみ裂けて梅の花のような形とする、粒を炒って磨り砂糖とまぜて菓子とする、飯のように炊く、酒や焼酎をつくる、など多様な利用法を紹介している。根や葉を湯煎したものは、淋病に効く、などという記述もある。

また江戸時代末期の一八四四（弘化一）年から一八五九（安政六）年に刊行された大蔵永常の『広益国産考』には、藩を豊かにするために栽培する作物の一つとして玉蜀黍を推奨し、

> 幾内にてなんばんきびといひ、関東にてはたうもろこしといふ。日向高千穂にては是を作りて朝夕の糧とする。豊後岡領にては薄地の野畑に多くつくりて食の助けとする也。

と記されている。これをみるとトウモロコシを主食なみに朝晩食べたり、飢えを防ぐための副食としたり、地域によって扱いが異なることがうかがえる。

艦長ウイリアム・ブロートンに率いられた英国海軍の帆船プロビデンス号が、当時ヨーロッパ人には未知の地域であった北太平洋アジア大陸東沿岸の探検に出た。そのときの見聞をまとめた艦長の航海日誌が一八〇六年にロンドンで出版された。その中に、一七九六（寛政八）年九月に蝦夷地の室蘭港に寄ったときに、絵鞆でインディアン・コーン（トウモロコシ）が小規模ながら栽培されているのをみたと書かれている。山本正『近世蝦夷地農作物地名別集成』（一九九八）によると、プロビデンス号の記事以外に、一八〇九年に松前で、一八五〇年代に亀尾（現、函館市）、べつて（現、黒松内町）、根室でトウモロコシが栽培されていたことを示すいくつかの資料が存在する。(9)

江戸時代後期に肥後平戸藩松浦清、号は静山が著した随筆集『甲子夜話』には、

> 谷文晁の云ひしと、又伝に聞く、雷の落ちたる時、其気に犯されたる者は、廃亡して遂に痴となり、医

薬験なきもの多し。然るに玉蜀黍の実を服すれば忽ち癒ゆ、或る年高松侯の厩に震して馬倒れ死す、仲間は乃ち廃亡して痴となる、侯の画工、石腸というものは文晃の門人なり、来って之を晃に告ぐ。晃因って玉蜀黍を細割して与ふるに一服して立ちどころに平癒す、……

と、トウモロコシにとんでもない薬効があるかのような話が出ている。

本草学者の岩崎常正が一八二四（文政七）年に、江戸とその周辺に産する農産物、薬草木、魚介類、昆虫、爬虫類、両性類、哺乳類などをまとめた冊子『武江産物志（ぶこうさんぶつし）』にも、玉蜀黍があげられている。天保年間（一八三〇～一八四四）に、加賀国能美郡犬丸村（現、石川県小松市）の十村役であった北村与右衛門良忠が描いた『民家検労図』（地の巻）一五頁に、南蛮黍の名でトウモロコシが描かれている。それによると、主茎のみで分げつはなく、穂は各個体に一つずつで、穂のつく位置は現在の品種より高いようにみえる（**図10・3**）。

江戸時代にトウモロコシが各地域に普及したとはいえ、天正の初めに導入されてから鎖国が完成した一六三九年まで、長くても六〇余年にすぎず、またその間に海外から異なるルートでたびたびトウモロコシが入ってきたとは思えないので、それらの全品種はもともと遺伝的にはカリビア型フリントコーンの中でも限られた集団に由来すると思われる。

しかしこれらのトウモロコシは江戸時代という長い年月の間に、伝播先の各地域の気候や土壌に適応し、また農家による選抜をくり返し受け、それぞれに特徴のある在来品種となっていった。事実、カリビア型フリントコーンの三七六品種についていくつかの病害抵抗性を調査した結果では、とくに重大な病害であるごま葉枯れ病について、品種間で抵抗性に大きな違いがあり、九州や四国に伝わる在来品種は、世界的にも高いレベルの抵抗性をもつことが発見された。[10] 多くの在来品種は、小さな村落や地域に栽培範囲が限られていたが、中にはほかの地域にまで普及したものもあった。中でも富士山麓地方の「甲州」はつくりやすい品種で、西は九州、四国、中国地方から、北は蝦夷地まで栽培された。[11]

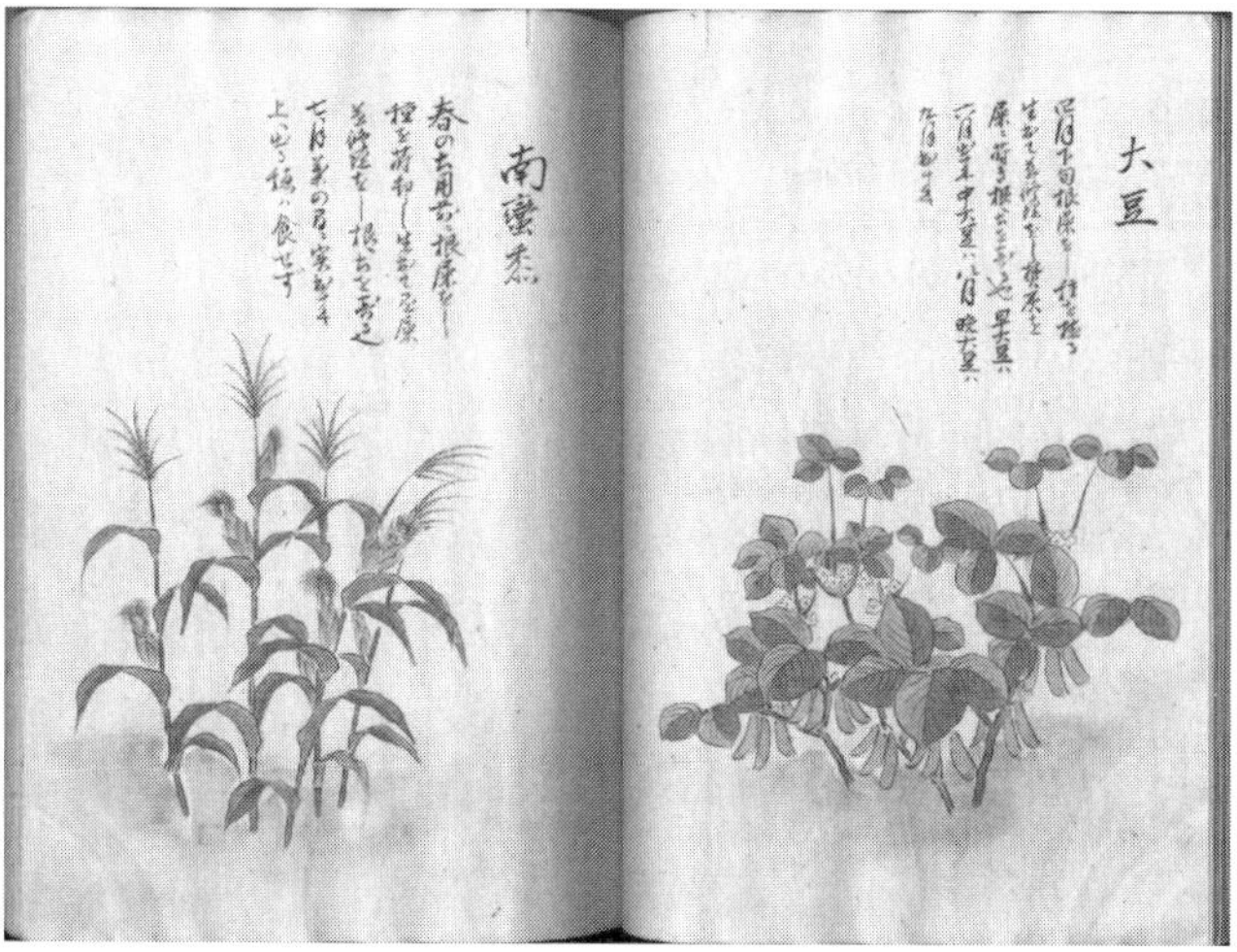

父祖の代から幕吏として松前蝦夷地のことにあたり、士族としては珍しく農事に通じていた庵原菡斎は、許可を得て、一八五五（安政二）年に函館郊外の東銭亀沢村（現、函館市銭亀町）をながれる汐泊川上流の亀尾に、一族三人とともに郎党、百姓をつれて入植した。彼は、荒地を耕し、用排水路を掘り、田〇・四ヘクタール、畑〇・六五ヘクタールを開拓し、イネ、コムギをはじめ野菜、果樹にいたるまでさまざまな作物について名のある品種を全国からあつめて試作した。作付けが遅れたうえにひでりの年であったにもかかわらず、この事業は成功し、開墾地は箱館奉行の直轄となり、菡斎はその責任者に任じられ、不十分ながら財政的補助も受けることとなった。この開拓は近代北海道の開墾事業の導火線となった。彼が開墾の初年度に箱館奉行への報告書として著したのが『亀尾疇圃栄』であるが、その中に当時、北海道ではほとんどつくられていなかったトウモロコシが、「唐もろこし内地の如く太く長く生育せり。乍

図 10.3 天保年間に北村与右衛門良忠が描いた『民家検労図』（地の巻）にある南蛮黍（トウモロコシ）。
石川県立図書館所蔵「民家検労図」

去一根ヨリ玉茨二本ならて実のらす。」と記述されている。なお畤圃とは田畑のことである。[12]

トウモロコシが再び日本に本格的に導入されるようになるには、明治時代まで待たなければならなかった。ただし、作物導入の端緒は幕末からすでにみかけられる。一八五三（嘉永六）年にマシュー・ペリーが米国海軍の艦船四隻を連ねて江戸湾の浦賀（現、横須賀市）に来航し、幕府に開港を迫ったとき、米国の種苗商から将軍への献上用にと託されたソラマメ、カボチャ、ホウレンソウ、キウリ、スイカ、ナスなどの野菜の種子に混じってトウモロコシも含まれていた。

明治に伝来した北方型フリントコーンとデントコーン

明治政府は、「田畑勝手作許可（でんぱたかってさくきょか）」（一八七一）を出し、従来の米麦に偏った農耕を控えて適地適作をするよう奨励した。それとともに優良な海外種苗を購入または寄贈により輸入し、それを本省試験機関で試作し、その結果優良と認定されたものは府県へ配布し増殖することを勧めた。その結果、イネ、コムギ、オオムギ、雑穀、果樹、野菜、工芸作物など、さまざまな作物が導入された。とくに果樹と野菜は重点的に輸入された。輸入された種苗の試作は、新宿試験場、三田育種場、開拓使官園で行なわれた。

トウモロコシはこの頃雑穀の中の一作物として記録されているが、一八八六（明治一九）年の『三田育種場舶来穀菜要覧』の中に一二品種が記されている。また、石原助熊が輸入種苗を年別に整理した記事の中で、一八七九年に英国から輸入された作物の欄にみられる。[13]

一八八九年の竹中卓郎による『穀菜弁覧　初篇』は、三田育種場で販売した種子の袋の目録を集めたものであるが、その冒頭にフランス由来の二品種「ジョーン・グロー（Jaune gros）」および「ド・アウクソン

（d'Auxone）」の絵が説明つきで掲げられている（**図10・4**）。ただし、フランス語の発音からすれば、これら二品種の名はそれぞれ、「ジョン・グロ」、「ドークソン」とするのが正しいと思われる。前者は名前から穂が太い黄色品種であることがわかる。後者には「四月中旬堆糞（つみごえ）を原肥にして蒔付け、五月上旬より中旬に間引き、人糞を施して、七月中旬より採るべし。炒りて孛妻（はぜ）となすに宜し。」とある。

図10.4 竹中卓郎による『穀菜弁覧　初篇』に描かれたフランス由来の二品種「ジョーン・グロー」および「ド・アウクソン」。
荒川区立荒川ふるさと文化館所蔵

1．北海道のトウモロコシ

明治以降のトウモロコシ栽培について語るには、北海道について重点的に触れなければならない。明治政府は蝦夷地を北海道と改め、その北の大地を開拓して近代化することの重要性を思い、黒田清隆を開拓次官に任命して一八七一年に米国に赴かせた。黒田はユリシーズ・グラント大統領に直接会い、日本に来て農業、水産業、工業、鉱業など産業全体の振興を企画提案してくれるような人物を紹介してくれるよう依頼した。懇望され、やってきたのが当時六六歳のホーレス・ケプロンであった。彼は、南北戦争で活躍した元軍人で牧場経営者としての経験もあり、現役の米国農務省の農務局長であったが、その職を辞して来日した。

彼は未開に近い北海道の各所を現地で寝泊りしながら視察してまわり、将来の北海道農業のあるべき姿は米国型の大規模農業であるとし、イネのかわりにコムギとライムギの栽培とパン食を奨励し、試験圃場を設け、馬車道や水路を整備し、日本初の缶詰工場の設立を進言した。また開拓使を通じてさまざまな穀類、野菜、果樹の種子や、デヴォン種の牛などを導入した。彼はさらに、北海道開拓の指導者を養成するための農業教育機関の設置を献策し、それに賛同した黒田は一八七二年に、東京芝増上寺境内に開拓使仮学校を設けた。それはのちの札幌農学校設立までのお膳立てであった。

北海道では明治以降に欧米の酪農技術がとりいれられ、しだいに近代的な酪農経営が行なわれるようになった。開拓当初の労苦は筆舌に尽くしがたかった。現在の札幌市豊平区にはじめて開拓の鍬を入れた畜産開拓者の宇都宮仙太郎の回顧録によれば、土地は痩せていて「小豆を作れば莢が地に着く、蕎麦を作れば二、三粒しか着かぬ。」という有様であった。かといって金肥（購入した化学肥料）で生産することは経営上採算がとれなかった。そのため畜産振興が北海道農業の基礎となった。

家畜の導入と作物の選択により「馬鈴薯は反当七十俵、デントコーンは一丈餘に延び宛も森林の様で、中に這入ると東西を辨ぜぬ鬱蒼さとなった」と状況は大きく改良された。まさに「家畜なければ肥料なく、肥料なければ農業なし」であった。いっぽうでは開拓の進捗とともに林木が乱伐されて防風効果が著しく減り、平野には寒風が吹きすさび、五年間で四年の冷害が襲った。日高、釧路、根室などでは濃霧が奥地まで潜入した。泥炭地では排水用の暗渠の敷設が急務となった[14]。

明治初年に導入されたトウモロコシは、早生フリントコーンとデントコーンであった。前者は北海道に、後者は東北および関東地方に入った。このとき導入されたフリントコーンは、天正年間に入った熱帯原産のカリビア型フリントコーンと異なり、寒冷地に適した北方型であった。

当初、開拓者の食料として期待されていたトウモロコシは、畜産の振興とともにウマやニワトリなど家畜の飼料として用いられるようになった。その頃、物資の運搬はウマに頼っていた。畜産統計によれば北海道全体で、一八八三年にはウマが約四万頭、ウシが約九〇〇〇頭しかいなかったが、明治末の一九一〇年にはウマが一六万頭、ウシは二万頭を超すにいたった。トウモロコシは北海道の気候風土によく適応し、畜産の発展と優良品種の導入に支えられて、一気に栽培が広がった。一八八六年には三五〇ヘクタールに過ぎなかった栽培面積が、約一〇年後には一万ヘクタールに急増した。[15]

北海道のトウモロコシは、当初は子実を目的として栽培され、残りの茎や葉は副産物として家畜に与えられる程度であった。しかしウシ、とくに乳牛を飼うことが増えた結果、茎や葉を雌穂がついたまま刈り取って与えるようになった。一九一九年になり、はじめて「青刈玉蜀黍」の名でそれが北海道庁の統計に掲載されるようになった。そのときはまだ三〇〇ヘクタール余りに栽培されたにすぎなかった。しかし、五年後には一七〇〇ヘクタール、一九二九年には四五〇〇ヘクタールに増加し、北海道におけるトウモロコシ栽培面積の二六％を占めるにいたった。当時は石狩、空知地方に多かった。いっぽう、子実用のほうは、一八九九年に一万ヘクタール、一九四一年には最大の二万九〇〇〇ヘクタールに達したが、その後減少した。子実は利用範囲がせまく、食用、デンプンやアルコールなどの工業原料とされていたが、その割合は低く、多くは濃厚飼料として家畜に与えられていた。[16]

2．組織的な育種試験の開始

北海道では、明治も後半になった一九〇一年に札幌農学校付属農場の一部を借入れて、国の試験研究機関として北海道農事試験場が設立された。当初の設計から、庁舎に加えて水田、畑、果樹園などを備えていた。トウモロコシの研究については、一九一〇年にはじめて品種や栽培の試験結果が報告された(17)。

北海道のトウモロコシ育種は、米国から導入された多くの子実用品種について、その特性と北海道での適応性を調査することからはじまった。この中から早熟性、耐冷性、多収を目標に優良な品種が農業試験場で選定され、増殖されて普及に移された。そのような品種として、フリントコーンの「ロングフェロー」、「札幌八行（さっぽろはちぎょう）」が一九〇五年に、「白色八行（はくしょくはちぎょう）」、「黄早生（きわせ）」、「中生白（なかてしろ）」が大正時代に認定された。

北海道で明治半ばに、米国やオランダからさまざまなルートで輸入された乳牛のホルスタイン種が民間で普及すると、その飼料を現地で確保することが必要となった。そこでトウモロコシの試験研究も子実用から飼料用の品種へと中心が移った。一九二〇年から多収を目標にして品種比較試験が行なわれ、一九二三年に青刈り用の「マンモスホワイトデントコーン」、サイレージ用の「エローデントコーン」、「ウイスコンシンＮｏ・８」、「ウイスコンシンＮｏ・12」などが選ばれた。この時代の青刈りおよびサイレージ用品種は、かさが多いことが重視され、晩生品種が良いとされた(18)(19)。

ちなみに品種「ロングフェロー」は、同じ名の米国人育成者により育成され、一八九〇年に札幌農学校で農学と植物学を担当したアーサー・ブリガムによって導入されたものである。「エローデントコーン」は、一九〇七年に、新山荘輔が米国から取り寄せて小岩井農場に入れた品種「レイド・イエローデント」に由来する。「札幌八行」はもとの名を「ステフェンス・ワウシアカム」といい、開拓使により米国から輸入された。

北海道に導入されたフリントコーンは、栽培がくり返される間に寒冷な気候への適応性が高まった。一つの好例が十勝地域浦幌町の坂下七郎によって選抜された品種「坂下（さかした）」であった。冷害による凶作の多い北海道でも一九一三年は最悪であった。八月の平均気温が例年より二度以上低く、九月には霜さえ降りた。このようなひどい冷害を受けて、十勝では栽培していた「札幌八行」はほとんど壊滅状態になったが、その中で唯一本だけしっかりと実をつけた雌穂がみつかり、その種子をとって品種に育てたのが「坂下」であった。この品種は早生で収量が「ロングフェロー」より多く、北海道の東部と北部に四〇年以上普及した。昭和に入り、「オノア」とともに子実用品種として認定された。またその子孫からはハイブリッド品種（後述）の親系統が育成され、北海道のトウモロコシの普及に大きく貢献した。[20]

昭和に入ると、北海道に限らず全国的に濃厚飼料および青刈りサイレージとしてのトウモロコシの需要が増え、それにともない海外からの輸入量が急増した。一九三二年に八・五万トン、五年後には三一万トンに達した。そこで国内産トウモロコシの生産を高めるため、政府ははじめて品種改良を組織的に進めることとした。イネやムギ類については、一九〇三年から農事試験場の本場と支場を中心に、本格的に品種改良のための試験研究が行なわれていたが、トウモロコシでは遅れていた。

一九三七年になって、農商務省は北海道の島松および長野県の桔梗ケ原（ききょうがはら）に「とうもろこし育種指定試験地」を設置し、飼料用トウモロコシの品種改良を開始した。また熊本農試阿蘇試験地の雑穀指定試験地でもトウモロコシの育種試験を行なうこととした。[21]指定試験地とは、人件費と事業費を全額国が補助するという条件で県の試験場で育種、土壌肥料、病虫害の研究を行なう組織であった。

同じ年に日中戦争が勃発し、日本における食料と飼料の欠乏が深刻となり、空地や荒地の利用による作物の増産運動がはじまった。また翌年、政府は「飼料玉蜀黍増産五ケ年計画」を推進した。山崎義人（よしと）は、『玉蜀黍の作り方』（一九四〇）という農民向けの小冊子を出し、飼料用に「エローデントコーン」、「ホワイトデントコーン」を、食用と飼料用に「ロングフェロー」、「阿蘇」、「甲州」、「大玉蜀黍」、「キャムプテンスアーリー」など一〇品種を推奨した。[22]

指定試験地では、当初は養鶏飼料用の品種の育成を目標として、品種の導入や既存品種の改良が行なわれた。長野県では、その成果として一九四一年に「長野1号」が生まれた。これは「エローデントコーン」を一穂一列法という方法で系統選抜したものであった。長野県ではつづいて長野4号、長野7号などが育成された。しかし、その後、トウモロコシの改良はハイブリッド品種（後述）へと方針が変えられた。

天正年間および明治時代初めに海外から導入されたトウモロコシ（カリビア型フリントコーン）は日本各地に適応し、さまざまな在来品種が形成された。トウモロコシの呼び名も人づてに伝わるうちに、「とうきび」、「とうまめ」、「さんかく」、「まんまん」など、地方によって異なるようになり、のちに農林省統計調査部がまとめた資料によれば、その種類は一二六もあった。中には「きび」、「もろこし」、「こうりゃん」など、ほかの作物とまぎらわしい名も含まれる。[23]

農林省の調査結果によると、四国の山岳地帯では第二次大戦までトウモロコシを主食とし、未成熟の穂よりも乾燥子実を食べていたが、戦後は飼料用とする地域が増えた。食用は、石臼で粉に挽いて利用されることが最も多かったが、そのほか、ひき割りにしてコメにまぜる、餅にする、子実を水に浸して炊く、砂とともに炒って黒砂糖をつけて間食とするなど、多様な方法が地域でみられた。飼料としては、乾燥子実を和牛の肥育や子牛の生産に用いたり、あるいは自家消費の養鶏に与えていた。土佐では未成熟の雌穂や茎葉を青刈りして半乾燥で和牛に与えた。[24]

第二次大戦後になって農林省は農業試験場の研究員を動員して、各地域でどのような在来品種が保存され栽培されているかを組織的に調査し、品種を収集した。対象地は、最初は九州、四国、富士山麓、ついで北関東山間部、南会津、山形県新庄であった。収集された在来品種は、ほとんどがカリビア型フリントコーンで、一部にスイートコーンやポップコーンもあった。

一九六〇年代後半になり、安価な濃厚飼料の輸入が増加したため子実用トウモロコシの作付けが激減し、一九八六年にはついに統計から姿を消してしまった。いっぽう、青刈りトウモロコシの栽培面積は、二〇一一年現在、全国で約九万二〇〇〇ヘクタールである。そのうち半分は北海道が占め、残りは宮崎、岩手、栃木、熊本などである。

3. 生活の中のトウモロコシ物語

明治、大正、昭和と時代が移るとともに、トウモロコシは庶民の生活に少しずつ入ってきて、童話や小説に描かれ、俳句や短歌にも詠まれるようになった。

一九一二年に出版された長塚節の農民小説『土』には、玉蜀黍がいくつかの個所で登場する。そのうち第一一章では、「到る處畑の玉蜀黍が葉の間からもさもさと赤い毛を吹いて、其の大きな葉がざわざわと人の心を騒がす様に成ると、男女の群れが霖雨の後の繁茂した林の下草に研ぎすました草刈鎌の刃を入れる。」と、トウモロコシが成長して絹糸が抽出する頃になると、農家の人々が研いだばかりの鎌を片手に林の下草を刈りにいくようすを描いている。この情景は、明治末期の茨城県南部のものであろう。また一三章では「初秋の風が吊放しの蚊帳の裾をさらさらと吹いて、疾から玉蜀黍が竈の灰の中でぱろぱりと威勢よく燃える麥藁の火に焼かれて、其の殻がそっちにもこっちにも捨てられる。」とある。

有島武郎の『カインの末裔』(一九一七)は、旧約聖書に題材をとった小説で、非道にも弟アベルを殺したため神により肥沃な土地を追われることになったカインのように、北海道の苛烈な自然の下で生きる小作人仁右衛門の生活を描いている。その中で「玉蜀黍殻（とうきびがら）の雪囲い」とか、「玉蜀黍殻といたどりの茎で囲いをした二間四方ほどの小屋」という表現が出てくる。貧しさのどん底に暮らす小作人は、粗末な小屋にトウモロコシの茎で雪囲いをして極寒の冬をしのいだらしい。

宮澤賢治（一八九六～一九三三）の『畑のへり』という童話はトウモロコシとカエルが主役で、

麻が刈られましたので、畑のへりに一列に植ゑられてゐたたうもろこしは、大へん立派に目立ってきました。小さな虻だのべっ甲いろのすきとほった羽虫だのみんなかはるがはる来て挨拶して行くのでした。たうもろこしには、もう頂上にひらひらした穂が立ち、大きな縮れた葉のつけねには尖った青いさやができてゐました。そして風にざわざわ鳴りました。

ではじまっている。カエルは、畦に植えられたトウモロコシを青いマントを六枚着た兵隊の列と思いこみ、青白い長い髪の毛をはやし、白い歯が七〇枚もある幽霊を二、三匹脇に抱えていると恐れている。

俳句では

唐黍（とうきび）やほどろと枯るる日のにほひ　　芥川龍之介

もろこしを焼く　ひたすらになってゐし　　中村汀女

が知られている。

短歌については、万葉から昭和中頃までの植物にかかわるものを編集した『植物短歌辞典』に、トウモロコシまたはとうきびを主題とする一二首が載っている。うち四首を示すと、[25]

唐黍(とうきび)の花の梢にひとつづつ蜻蛉をとめて夕さりにけり　長塚節

ありがたや玉蜀黍の実のもろもろもみな紅毛をいただきにけり　斎藤茂吉（『あらたま』一九二一）

ながれ来て宙にとどまる赤蜻蛉(あかあきつ)唐黍(とうきび)の花の咲き揃ふうへを　北原白秋（『雀の卵』一九二一）

玉蜀黍ゆふ餉のまへにかじりつつやがて暮れゆくけふ一日か　土岐善麿（『秋晴』一九四五）

太平洋戦争が勃発すると、トウモロコシは家畜の飼料用としてだけでなく、国民の食料としても重要となった。また、航空機燃料の特殊配合に用いられたブタノールおよびアセトンを抽出するための発酵原料としても期待された。

戦地における日本陸海軍兵士が携行していた野戦・非常糧食のリストには、腹の足しになるものとして、基本となるコメのほかダイズ、エンドウ、ジャガイモ、サトイモなどがみられるが、トウモロコシは含まれていなかったようである。[26]

斎藤茂吉は、終戦まぢかの四月に山形県に疎開したが、そこで次の短歌を詠んでいる。

たかだかと唐もろこしの並みたつを吾は見てをり日のしづむころ　斎藤茂吉（『小園』一九四九）

筆者は空襲で焦土と化した東京で小学生時代を過ごしたが、小さな裏庭で採れたトウモロコシの穂をコンロの炭火で焼いて焦げ目がついた頃に刷毛で醤油を塗ってはまたあぶって食べた思い出がある。今のスーパーで買ってくる冷凍トウモロコシよりも、ずっと香ばしく美味であった。また、トウモロコシの粉をこねて薄くのばして焼いたものが駄菓子屋などで売られていた。こちらのほうはぼそぼそとして消化のわるそうな食べ物だった。

当時は東京でも食料難で、国民の深刻なコメ不足を補うものとしてコムギ、サツマイモ、トウモロコシなどの粉が配給された。魚、肉、果物もたまに配給になったらしいが、筆者の記憶にはない。トウモロコシの粉は水で練ってパンを焼いた。しゃれたパン焼き器などない時代である。弁当箱を深くしたような小さな木箱の内側の両側面に薄い鉄板をつけて、それに導線をつないだだけの装置が多くの家庭にあった。その木箱に水で練った粉を入れて、電気を通すと鉄板が電極となり、粉に水分があるうちは電気抵抗によって発熱して温度が上がる。パンが焼き上がって水分がなくなると電気が通じなくなり、自然に温度が下がるというしかけである。しかけは簡単だが、ずいぶんとお世話になった。これは、農林統計には載らない食用としてのトウモロコシの利用だった。戦後すぐの時代に食べていたトウモロコシはスイートコーンではなかったと思われる。

朝日新聞一九八六年の年間優秀作第一席に選ばれた青木春繁の「さわさわと黍の葉が鳴る」ではじまる詩「玉蜀黍」には、戦時中に満州で飢えに耐えかねて貨車からトウモロコシを盗んで飯盒(はんごう)で煮て食べたとか、終戦後に進駐軍から貰ったトウモロコシ粉のホコリくさく苦みのある味に敗戦を覚えたという状況が、よく表現されている。(27)

スイートコーン

このように日本国内で栽培されるトウモロコシは大部分が飼料用としてつくられるようになったが、町でトウモロコシといえば、焼いたり茹でたりして食べる、あの黄色くて香ばしい穂が思いだされる。一九〇〇年代後半までは、これらの生食用トウモロコシにもフリントコーンが使われていたが、その後スイートコーンにおきかえられた。

スイートコーンがはじめて日本に導入された時期は不明である。明治時代にはすでに「エヴァーグリーン」と「クロスビー」が入っていたという。一九〇四年に北海道立農事試により米国から「ゴールデン・バンタム」が導入され、一九一四年に「黄金糯」の名で生食用に奨励された。一九四〇年には缶詰加工用の品種「ストウエルズ・エヴァーグリーン」が導入されたが、当時はまだ加工したトウモロコシを食べる習慣がなく、普及しなかった[28]。

戦後すぐの時代には、スイートコーンは北海道以外の地域ではよく知られていなかったらしい。アサガオやショウジョウバエの遺伝学者として知られた今井喜孝の随筆『五風十雨（ごふうじゅうう）』に、北海道の友人から「大した能書きのついた」しわくちゃなトウモロコシの種子をもらったが、どうせまたかつぐのだろうと思って、すべて捨ててしまった人の話が出ている。なお、その書ではスイートコーンは砂糖玉蜀黍と書かれている[29]。

戦後の一九四八年になって、北海道で加工用のスイートコーンの栽培が再開された。戦後の食糧難時代に、米国からララ（アジア救援公認団体）物資とよばれる救援物質が送られ、その中に食品として「ゴールデン・クロスバンタム」の穀粒が含まれていた[30]。これは単交雑によるハイブリッド品種であるが、一九五二年に北海道農業試験場が正式に米国インディアナ州立農業試験場から交雑親とする近交系を導入した。当

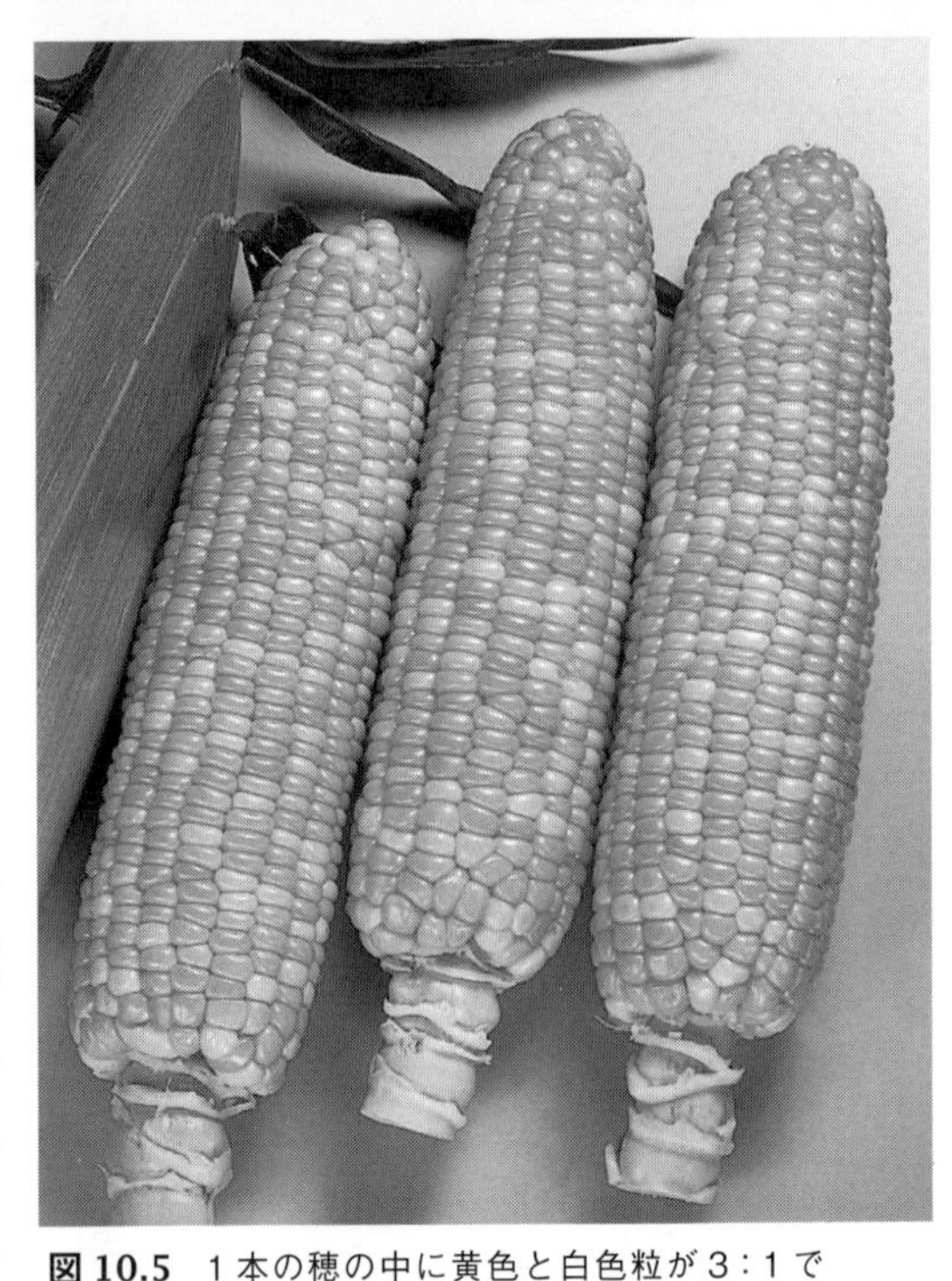

図 10.5　１本の穂の中に黄色と白色粒が３：１で混じる風変わりな品種「ピーターコーン」。サカタのタネが育成。「甘味があり、歯に皮がつきにくく風味が良い」と評判を得た。　株式会社サカタのタネ

時、これだけがスイートコーンの実質上唯一の奨励品種だったが、熟期が遅いという欠点があった。主産地の十勝や網走では冷害年に登熟不良となった。また使える品種が一つしかないことは、設備の稼動期間を少しでも長くしたい加工工場側にとって望ましいことではなかった。そのため農家は、早播、晩播、マルチ栽培と栽培様式を変えることで収穫期間を広げるという工夫をしていた。一九六〇年代前半では、栽培面積は一〇〇〇ヘクタール程度で、農家の栽培規模も小さかった。

しかし、日本が高度経済成長期にあった一九六五年頃から栽培が急増し、一九七〇年代半ばには六五〇〇ヘクタールに広まった。一戸当りの作付面積も二～五ヘクタールになり、畑にはハーベスターが導入され、それまでの手作業から大型機械栽培となった。そうなると、従来のような細かな栽培様式の工夫ができなくなった。そのような中で、早生のハイブリッド品種「ピリカスイート」が育成された[31]（後述）。

一九六八年頃から、従来のスイートコーンにかわって、スーパースイートコーンが市場に出まわるようになった。坂田種苗（現、サカタのタネ）が、米国のイリノイ・ファンデーション・シーズ（IFS）社の品種

「イリニ・エクストラ・スイート」を導入して、神奈川県と長野県で試作したのち、一九七一年に「ハニーバンタム」の名で売り出した。坂田種苗はさらにＩＦＳ社と共同で開発したハイブリッドの品種「ハニーバンタム ピーターコーン」を、一九八五年に販売開始した（**図10・5**）。この品種は雌穂の上で黄色粒と白色粒が三対一の比で分離するという、最初のバイカラー・タイプであった。当初は粒色が分離することが理解されなかったが、一目でほかのトウモロコシと見分けがつき、視覚的な面白さとおいしさの相乗効果で大ヒットし、その後のバイカラー・タイプの流行をよびおこした[32]。

スイートコーンは収穫後急速に糖含量が下がり、甘味が減る。そのため産地から長距離輸送ののち市場に出る頃には、味がぐっと落ちた。スーパースイートコーンではその欠点が改良され、収穫から三日たっても甘味が保持された。そのため、空輸されれば北海道の産地からでも全国に送ることができ、スーパーの棚に並んだ後も鮮度が保たれる。生産者、輸送業者、販売店の三者に有利な商品となった。しかし、栽培上の問題があった。種子が軽く、低温での発芽力が弱く、初期成育も不良である。倒伏に弱く、生育が不揃いになりやすい[33]。また、主に生食用とされるので、加工用が多い通常型スイートコーン以上に、雌穂の長さや揃いのよさが要求される。

札幌の焼きトウモロコシ

焼きトウモロコシといえば、札幌の大通公園のトウモロコシが有名である。札幌ではトウモロコシをトウキビとよぶ。焼きトウキビは、平岸村（豊平区）の小作農家であった重延久太郎の妻テルの小遣い稼ぎからはじまった。彼女は少しでも家計のたしにするため、最初は野に生えるわらびやぜんまいを採ってきて

図10.6　石川啄木　「石川啄木」ウイキペディア日本語版

札幌で銭に替えていたが、後には自分で栽培したトウキビを札幌の街中で火鉢の上で焼きながら通りの客に売るようになった。これがのちに街の名物になっていった。時代は一八九二年ごろといわれる。昭和初めには、札幌市内で焼きトウモロコシを売る通称「ヤキ屋」といわれた人たちが一〇〇人に及んだという。

石川啄木（**図10・6**）は「半生を放浪の間に送つて來た私には、折にふれてしみじみ思出される土地（とところ）の多い中に、札幌の二週間ほど、慌しい様な懐しい記憶を私の心に殘した土地は無い。」と、明治末の札幌を偲び、

しんとして幅広き街の秋の夜の玉蜀黍の焼くるにほひよ

と詠んでいる。焼きトウキビに使われた品種は、当初は北米型フリントコーンで粒列が八行の「ロングフェロー」や「札幌八行」であったが[34]、第二次大戦後に「ゴールデン・バンタム」などのスイートコーンが用いられるようになり、さらに一九八〇年頃にはスーパースイートコーンにかわった。

ポップコーン

ポップコーンがいつ米国から日本に伝わったかは不明である。明治時代という説もあるが、確かな根拠が

みあたらない。ポップコーンは、第二次大戦前には映画館、縁日、駄菓子屋で「爆弾あられ」という名で売られていた。東京下町などでは行商人がリヤカーに大砲のような炒り機をつんでやってきて、子供が親からもらったコメをもっていくと爆弾あられにしてくれた。農村地帯の爆弾あられにはトウモロコシが使われることが多かった。

また、著者の個人的思い出であるが、終戦の年の三月に東京大空襲で焼け出され、縁故を頼って疎開した折に、東京駅で列車を待つ間に見ず知らずの方が空腹の著者に恵んでくれたのが一袋の爆弾あられだった。ポップコーンは焦土と化した東京で、手軽にもち運べて飢えをしのぐのによい、貴重な食べ物であった。

戦争が終わるとすぐにポップコーンは煎餅やキャラメルとともに映画をみながら食べるものの定番として復活した。ロックバンドの甲斐よしひろが「ポップコーン」(一九七五年シングルB面)で、「映画を見るならフランス映画さ(中略)ポップコーンをほおばって、ポップコーンをほおばって、天使達の声に耳を傾けている」と歌った。

第11章

画期的な多収品種ハイブリッドコーンの開発

一九世紀米国のトウモロコシ

前述のとおり、コロンブスのアメリカ大陸到達以降、トウモロコシ栽培はヨーロッパ人にひきつがれ、西部開拓とともに広がった。しかし、植民地時代から一八〇〇年代半ばまでの間、その品種は改良されず、先住民からひきついだままの姿であった。農家では集団選抜（マス・セレクション）という方法で改良しようとした。それは、畑でみて生育がよく大きな穂をもち、実をたくさんつけた個体をいくつか選んで、そこから良さそうな穂を採って、それらの種子を一緒にして翌年の播種に用いるという方法である。しかし、それは先住民が数千年も用いてきた最も古く最も単純な選抜方法で、同じ方法で選抜効果が上がる余地はもう残っていなかった。イネやコムギとちがって、トウモロコシは自然交雑によって種子をつけるので、どの集団もさまざまな遺伝子型の雑種が混じりあい、選抜をいくら重ねても一定の優れた遺伝子型だけからなる固定した集団とはならず、ただ集団内の優良な遺伝子の頻度が少し高くなるだけであった。自然受粉で代々栽培されている品種は、ほとんどすべて集団選抜で得られたものであった。

一九世紀前半の頃の米国のトウモロコシは、自然受粉で採種される品種が用いられていた。自然受粉とは、代々自然条件下でなんの人手も加えずに受粉をさせる方法で、放任受粉ともいう。

コーンベルトでは農家による選抜が長年くりかえされ、一八四〇年頃の米国では集団選抜で改良された自然受粉品種がすでに二五〇ほどできあがっていた。

その後、自然受粉品種として典型的な成功例といわれる、「レイド・イエローデント」が育成された。この品種は開花期が中生で、二三〜二五センチ長の穂をもち、穀粒は黄色で、先端から根元までびっしりと粒が稔った。穂、穀粒、そして穂軸まで、姿がすばらしいと早くから評判であった。

その物語は一八四六年にロバート・レイド（リード）がオハイオからイリノイ州のデラヴァンに引越してきたときからはじまる（**図11・1**）。その折、彼はオハイオで「ゴードン・ホプキンス」とよばれていた品種の種子を幌馬車に積んでもってきた。レイドの家族がデラヴァンに着いたのは晩春の頃で、トウモロコシの栽培には遅すぎた。すぐに種子を播いたが、多くの個体は成長がわるかったので、それらを除き欠株となった場所に「リトルイエロー」という地元の品種を補植した。その結果、期せずして遺伝的に大きく異なる二品種間が同じ畑に植わることになり、その間で自然交雑がおこり、品種間雑種の集団ができあがった。その集団をもとにして、ロバート・レイドは二〇年にわたり、イリノイ州中央部の土壌と気候に適した系統の選抜に集中した。

息子のジェームズ・レイド（リード）は独立して、父のつくった系統を材料として選抜をつづけた。病気

図 11.1　ロバート・レイド（上）とその息子ジェームズ・L・レイド（下）。優れた自然受粉品種「レイド・イエローデント」を開発した。

がちの父は息子に四歳のとき読み書きを、九歳で犂をウマに挽かせて畦を切るすべを、やがてトウモロコシの選抜方法を教え込んであった。ジェームズは父から譲りうけたトウモロコシ集団中に、選抜に応えるだけの十分な遺伝変異が内在していることを確信していた。そのため、その集団が地元のほかの品種と交雑することを恐れた。しかし、彼のとった方法は自分の集団を隔離することではなかった。彼は、隣家にも同じ選抜種子を分けてやることにより、隣家の畑から花粉が飛んできて自分の集団と交雑したとしても遺伝的に劣化しないようにした。一〇年間の選抜の結果、イリノイ州の平均収量の四・六倍も多収の品種を、ついに得ることに成功した。

彼の育成した品種「レイド・イエローデント」は、一八七九年に出展したイリノイ州の農業祭でブルーリボン賞を与えられ、さらに二年後にはシカゴ万国博覧会でのコーンショーで金賞を獲得して、一躍有名になった。その品種は多収性に加えて、広い適応性と高い飼料価値をもつことから、農家に喜んで受け入れられ、五〇年もの間コーンベルトのトウモロコシ畑の四分の三で栽培された。また多くの育種家がこぞって交配母本に用いた。彼のおかげで、米国の地図上にコーンベルトが描かれるようになったといわれた[1]。

一九世紀末には、自然受粉品種「ミネソタ13」が育成された。この品種は「レイド・イエローデント」や「ランカスター・シュア・クロップ」などとともに、のちにハイブリッドコーン生産における貴重な遺伝資源となった。

しかし、その後の米国におけるトウモロコシの単位面積あたり収量はあまり向上せず、南北戦争後の一八八〇年代〜一九三〇年代半ばまで、一ヘクタールあたり一・六トン程度の低い水準のままであった。

けではない。

雑種強勢という現象の発見

ここで米国の白人の名誉のために記すと、彼らが現在までトウモロコシの改良のために何もしなかったわけではない。

二十世紀に入り、トウモロコシの生産に大変革がおこった。それはカーネギー研究所にいたジョージ・ハリソン・シャルが、ハイブリッドのトウモロコシ（ハイブリッドコーン）の原理を発見したことからはじまった。「ハイブリッド」という語はいまや、トヨタなどの車（ハイブリッドカー）で一般にもなじみのある語になったが、もともとはラテン語の hybrida に由来し、生物の「雑種」という意味である。純系の両親よりもその子供の雑種のほうが身体が大きく丈夫になることは、身近ではイヌなどでもみられるが、植物でも同様なことがおこる。ただし、ただ雑種ならどれもが優れた個体になるのではなく、成長や収量に関する遺伝子ができるだけたがいに異なる両親の間にできた雑種にかぎる。

植物の異なる品種や種間で交雑したとき、その子孫を雑種（ハイブリッド）という。とくに子を一代雑種、雑種第一代、または簡単にF_1という。雑種は両親のどちらよりもずっと旺盛な生育を示すことが多い。これを雑種強勢またはヘテロシスという。

雑種強勢の現象自体は、ヨーロッパの植物育種家の間では一八世紀から知られていた。最初の記録は、ドイツのカールスルーエ大学の自然史の教授であったヨセフ・ケルロイターによる。彼は、一七六三年に発行した著書『仮報告』（*Vorläufige Nachricht*）および『続篇』（*Fortsetzungen*）の中で、タバコの異なる種間で交雑するとその一代雑種は親よりずっと速く成長し、その違いは種の発芽から開花にいたるどの時期でも認められると記した。ただし彼は、種間雑種が不稔となるのは、親にくらべて速すぎる生育のせ

図 11.2 『進化論』で有名なチャールズ・ダーウィンは、雑種強勢についても詳細な研究を長期間行なった。

いで、開花の時期に達しても「雌雄の受精物質」が形成されていないことによると考えた。これは目的論による誤った結論であった[2]。

またスイスのカール・ネーゲリは、七〇〇種一万組合わせにおよぶ種間交雑を行ない、一八六五年にその結果を報告した。それによれば、雑種はしばしば両親にくらべて、草丈が高く、分枝は旺盛で、大きな葉をより多くつけ、花は大きく数が多く、ときに色がより鮮やかで芳香があり、開花は早くからはじまり秋遅くまでつづき、花の日もちがよく、繁殖力が旺盛であるなど、いいことずくめで、さまざまな点で違いを示すことを認めた。

「進化論」で有名な英国のチャールズ・ダーウィン（**図11・2**）も、一八五九年に出版された『種の起源』第四章で、次のように述べている。

> まず第一に、私はほぼすべての育種家が抱いている信念と一致する事実を大量に集めている。それは、動物でも植物でも、異なる変種間の交雑や、同じ変種でも系統の異なる個体間の交雑では、健康で繁殖力の高い子どもが生まれるという事実である。それに対して近親間の同系交配では活力と繁殖力が弱くなる[3]（福岡伸一訳、二〇〇九）。

彼は、ケルロイターやネーゲリから一歩進んで、種間だけでなく、品種間交雑における一代雑種も多くの

図 11.3　毎世代自殖をつづけると、トウモロコシの草丈は次第に低くなり、生育も衰える。　R.W.Jugenheimer (1985) *Corn, Improvement, Seed Production, and Uses*. Robert E. Krieger Publishing Company, Malabar, Florida, USA, p134.

場合に近交系より草丈や収量が大きくなることに気づいていた。ただし、それが種間雑種で認められる雑種強勢と同じ現象とは気づかなかった。

彼は『種の起源』の執筆後に、自ら五属五七種もの植物を材料として、同じ種内の品種間または同じ品種の個体間での交雑と自殖を行ない、後代の形質、とくに草丈、重量、稔性に与える影響を丹念に調べあげた。実験材料には花卉・花木やハーブが多く用いられたが、ソバ、エンドウ、ブラシカ、レタス、パセリ、テンサイ、タバコ、ルーピン、それにトウモロコシなどの作物も含まれていた。実験は一一年におよび、交雑と自殖の作業はそれぞれ一〇〇〇を超えた。気の遠くなるような仕事である。ダーウィンは卓抜した思想家であるだけでなく、時間と労力の消耗に耐えうるきわめて粘り強い実験家でもあった。研究成果は一八七六年に、『植物界における交雑と自家受精の効果』と題してロンドンで出版された[4]。その中で彼は、ほとんどすべての種は、品種間で交雑をすると一代雑種に雑種強勢が生じ、逆に近親交配をすると活性や稔性が低くなると結論した。たとえばアサガオでは、一〇代にわたって連続して交雑と自殖をくりかえし、自殖では草丈が交雑した場合の七七％にまで下がると記録している（図11・3）。そこで彼は、生物の種は近交をつづけると、やがては絶滅してしまうと考えた。なお雑種強勢は、一代雑種だけでなく、二代目以降の子孫でも認められること、および近縁関係にある植物間よりは遠縁の植物間の交雑のほうが大きく現れることもみいだした。

ウイリアム・ビールと品種間交雑

ダーウィンは実験結果を、米国ハーヴァード大学の植物学者エイサ・グレイ教授に手紙で伝えた。グレイとダーウィンはキュー植物園ではじめて面識を得てから、海を越えてたびたび文通をする仲となり、その友情は生涯つづいた。もつべきものは友であり、ふたりの交際がなかったなら、米国におけるハイブリッドコーンの開発は少し遅れたかもしれない。

ダーウィンの結果は、さらにグレイの学生であったウイリアム・ビール（図11・4）に伝えられた。ビールは卒業後、シカゴ大学をへて、米国最初の州立農科大学として設立されたミシガン農科大学に赴任し、植物学教授として四〇年間勤めた。その間彼が開設した牧草類を主体とした植物園は、米国最古の現存する植物園となった。

ビールは、トウモロコシを使って大規模な交雑を試みた。トウモロコシを材料に選んだのは、風媒性で、しかも雌穂と雄穂が同じ個体上に別器官として生じるため、交配作業がしやすいと思ったからである。種子親、つまり母親となる株については頂部についた雄穂は不要なので、開花して花粉が散る前に切り除き、その株の雌穂にほかの品種の雄穂から採った花粉をふりかけた。その際、交配の組み合わせについては、ダーウィンの助言にしたがって、異なる環境条件で何年も栽培されてきた品種間で行なうようにした。それらは遺伝的にもたがいに異なっていた。また、ダーウィンにならって自殖の影響を調べるため、トウモロコシに自家受粉させる実験も行なった。それには植物体全体に袋をかけ、頂部の雄穂にできた花粉が、同じ株の茎の脇についた雌穂の絹糸に自然にふりかかるようにした。

一部の品種間交雑では、一代雑種の収量が両親の収量よりも高くなることが認められた。このような雑種強勢は、ミシガン州の北部からとりよせたフリントコーンに南部からのデントコーンを交雑したときにとくに際立っていた。デントコーンとデントコーンの交雑では雑種強勢はあまり認められなかった。実のところ、この発見は新しいものとはいえなかった。

図 11.4 品種間交雑の一代雑種を研究したウイリアム・ビール。

米国北部の栽培期間が短い地域では、耐冷性があり、低温でもよく成長するフリントコーンが適応していたが、それ以外の広い地域では、一九世紀初めに出現した多収のデントコーンがつくられていた。中間的地域では北のフリントと南のデントがともに植えられていたが、それらの間で自然交雑して生じた雑種個体は、両親より勝ることに農家は以前から気づいていた。

また、この実験では交配親とした品種を構成する個体群に問題があった。親品種は代々自然受粉したものであった。自然受粉下では品種内の個体間で遺伝子型が異なり、品種といっても遺伝学的には雑ぱくな集団となる。したがって、ある特定の組み合わせで品種間交雑をしても、個体単位でみればさまざまな遺伝子型間での交雑の効果が平均化されたものにすぎなくなる。

ここで注意すべきは、トウモロコシにおける品種間交雑は、イネやコムギなどの自殖性作物の改良における品種間交雑とは意味が異なることである。自殖性作物の改良では、通常、品種間交雑をしたあと何代か(たとえば六世代)自殖をつづけながら世代を進めて増殖と形質検定を行ない、優良個体(または系統)を選抜する。選抜された優良個体は世代が進む間に遺伝的に固定してくるので、それを増殖して、最終的に農家に配布する。それに対してトウモロコシでビールが行なったような品種間交雑では、交雑のすぐ次の代(つまり子)である一代雑種の優劣を評価する。優良な一代雑種がみつかったからといって、その一代雑種の個体に実った種子を増殖して農家に配布するわけではない。優良なのは一代雑種という世代の個体であって、その子孫も同様に優良とは限らないからである。そこで、ある組み合わせ(品種A×品種B)の一代雑種が優良だと認められたら、その両親(品種Aと品種B)をそれぞれ集団として毎年栽培しておいて、必要なときに交雑して、(たとえば品種Aを母親、Bを父親とすると)母親Aの個体の上に実った種子を直接農家に配布して栽培してもらおうというものである。

ビールの実験結果は一八八〇年に報告された。彼は、新品種の優れた特性を維持するためには、自然交雑で不良品種の花粉がかかることがないように、また自殖や近親交配がおこることのないようにと、農家に説いてまわった。しかし残念ながら彼が勧めたのは品種の管理だけで、一代雑種でせっかくみつけた雑種強勢の積極的利用ではなかった。また自殖をすると後代の生育が下がるというのを目にしていたので、一代雑種を作出するための親として近交系を育成しようとはしなかった。近交系とは自殖やきょうだい交配などの近親交配を何代もつづけて得られる系統のことで、遺伝的に純系に近い。

いっぽう農家や種苗業者のほうは、従来から家畜育種に準じた方法でトウモロコシの種子生産を行なっていた。しかし家畜育種では、系譜にしたがって品種の組み合わせを選んで交雑をして、優良な子孫を増殖する。それに対しトウモロコシの採種では、花粉がどの品種のどの個体から飛んでくるかわからないため、家畜の場合とちがって改良効果は期待できなかった。

イリノイ農科大学の学部長ユージン・ダヴェンポートは、在任中トウモロコシの改良に熱意をもっていた。ただし彼の専門は畜産学であった。彼はトウモロコシでも家畜と同様の方法が有効だと信じていた。それに、かつて短期間ながらミシガン大学でビールの助手を務めていた折に、体系的な方式を用いれば、トウモロコシの収量や品質を改良できることをその目でみていた。そこで一八九五年にプロジェクトを立ち上げて、大学の評議委員会に提出した。その承認を得るとすぐに、ビールの助手で彼自身の助手でもあったペリー・ホルデンをミシガン大学から土壌物理の助教として引きぬいた。ホルデンはすぐに米国で最初の農学系教授となった。ダヴェンポートはさらに研究員としてアーチバルド・シャメル、エドワード・イースト、H・ラヴを次々と雇った。[5]

ホルデンが招かれた目的は、当然トウモロコシの品種改良にあった。しかしビールの発見した雑種強勢は、同じ大学内の研究者によってすでに確認済みだった。そこでホルデンは何代も自殖をつづけたらどうなるかを実験してみることにした。結果は惨憺たるもので、草丈は通常の三分の二以下になり、種子もほとんどつかず、多くの個体は四年以上継代できなかった。「自殖は強勢と多収の仇(かたき)だ」とホルデンは結論した。自然受粉品種を基準とした当時の考えでは、自殖ないし近親交配はその基準を大きく下げてしまう忌まわしい操作と思われた。これは彼に限らず、一九世紀末までのイリノイやアイオワのすべてのトウモロコシ研究者に共通した考えだった。

ホルデンはその後、トウモロコシの研究自体からは離れたようであるが、ハイブリッドコーンについてはかかわりつづけた。アイオワ州立大学の副学部長をへて、普及センター長となった。彼はそこで数々の先進的な企画をたててハイブリッドコーンの普及に努め、「トウモロコシの福音宣教師」とよばれた。

シリル・ホプキンスによる穀粒成分の選抜と一穂一列法

ダヴェンポートのプロジェクトと同時期の一八九六年に、同じ大学の化学者シリル・ホプキンスが、トウモロコシの穀粒のタンパク質と油の含量を選抜によって、高低両方向に極限まで変える実験を開始した。彼は、たとえばタンパク質含量が高く油含量が低い穀粒がみつかったら、それが由来した雌穂から残りの粒を採って、一本の畦に播いた。つまり一本の畦が一本の穂に対応するようにした。成長した次代の個体の測定値を畦別にまとめて平均し、その高低によって、もとの雌穂の優劣を判定した。

これははからずもトウモロコシにおける新しい選抜方法となり、一穂一列法（ear-to-row selection）と名づけられた。一穂一列法は家畜育種における系譜をたどる改良法と本質的に近い選抜法であった。選抜された複数の優良個体からの種子を混ぜて次代に播く従来の集団選抜法とちがって、一穂一列法では親と子のつながりをチェックできる。優良な成績を示す畦がみいだされたら、系譜を逆にたどって、どの祖先が優れた血筋をもっていたかを推測できる。それだけではなく、同じ親に由来する複数の次代個体の形質を計り、その平均で親の優劣を推定すること（これを後代検定という）は、集団選抜のように親個体だけで優劣を評価する方法よりも、はるかに正確であった。

実験開始から三年後に結果が報告された。タンパク質はもとの一〇・九二％から一二・三二％へ、油含量は四・七％から六・一二％へと増加した。つまり、穀粒の成分は選抜によって改変できることが証明された[6]。成分の量を変えることが可能ならば、家畜の飼料としても最適な栄養分をもつトウモロコシ品種が育成できるであろうと期待感が大きく膨らんだ。そこで大学内の予算と人手はホプキンスの実験に集中的に向けられることになり、ホルデンを含めダヴェンポートの実験に携わっていた研究者も一穂一列法の実験に加わることになった。実験は大学の内側だけにとどまらず、種苗会社まで巻き込む大プロジェクトに拡大された。しかし、バラ色とみえた成分改良の実験には、高い壁がたちはだかった。成分含量を向上させたら、収量がめっきり減ってしまったのである。それでは市場価値がみいだせなかった。ダヴェンポートが雇った若者はスミスを除いて、みなほかの職場に移り、イリノイ農科大学の育種研究は休眠状態に入ってしまった。

ホプキンスが開発した一穂一列法は穀粒成分だけでなく、ほかの形質の選抜にも有効であった。L・スミスによれば、一穂一列法で穂の着く位置について六代選抜した結果、高い方向に選抜した系統では地表から一四五センチ、低い方向に選抜した系統では五八センチとなった。しかし、農業上最も重要な形質である収量については、一〇年間一穂一列法で選抜しても、集団選抜法によるのと大差ない結果しか得られなかった。ほかの研究者がやってみても、一穂一列法は多収性の選抜には役立たなかった。一穂一列法には欠点があった。一つは、何世代もこの選抜法を行なうと自殖と同じ効果となり、植物体が弱くなることである。第二に、子の世代にもとづいて選抜された親の優良性とは、母親の優良性であり、父親のほうは寄与していない。いいかえると、子の遺伝子型のうち花粉に由来する分は、同じ畑の中のどの個体に由来するものか不明であり、その部分は選抜の対象になっていないことである。

ジョージ・シャルによる近交系間交雑による雑種強勢の発見

一九〇〇年にメンデルの遺伝法則が、オランダのユーゴ・ド・フリース、ドイツのカール・コレンス、オーストリアのエリッヒ・チェルマクの三人により再発見された。[7] このことは、遺伝学上の大発見となっただけでなく、コムギ、イネをはじめ、多くの作物の品種改良にも大きな進展をもたらした。形質の異なる品種間で交雑したときの子孫で、どのような形質が分離してくるかを正確に予測することが可能となり、品種改良事業が試行錯誤から、遺伝理論にもとづく科学となった。

しかし、遺伝法則の再発見はトウモロコシの改良にすぐには影響を与えなかった。それには理由があった。メンデルの遺伝法則は、エンドウという自殖性作物を材料として確立された。自殖性作物では同じ品種の中の個体はどれもまったく同じ遺伝子型をもち、しかも完全ホモ接合であるので代々増殖しても異なる遺伝子型が分離することもない。それに対してトウモロコシでは、品種といっても雑ぱくである。つまり、品種内の個体間で遺伝子型が異なる。そのうえ多くの遺伝子座でヘテロ接合であるので、自殖してもさまざまな遺伝子型が分離してくる。要するに、自殖性作物とちがってトウモロコシでは、品種間交雑の子孫で分離してくる遺伝子型を予測することが難しかった。遺伝法則はエンドウでもトウモロコシでも共通であるが、品種改良事業への応用となると同じにはいかなかった。ちなみにホモ接合、ヘテロ接合というのは、たとえば赤花の遺伝子と白花の遺伝子をそれぞれRとrで表すとき。RRおよびrrの遺伝子型をホモ接合、Rrの遺伝子型をヘテロ接合という。ホモ接合の状態になることを遺伝的固定という。

停滞を打ち破りトウモロコシの育種方式を決定的に変革したのは、米国のニューヨーク州ロングアイランドにあるコールド・スプリングハーバーのカーネギー研究所にいたジョージ・シャルの仕事であった（図

11・5)。

彼は一八七四年、オハイオ州クラーク郡の農場で生まれた。両親は賃貸農場を転々としながら働く農民であった。農繁期には彼も手伝わなければならず、その期間は学校にほとんど通えなかった。一八九二年から九年間は公立校で教えるかたわら、アンテオケ・カレジに通った。ついでシカゴ大学大学院に入り、まもなく植物専門家として米国植物産業局に転勤した。

一九〇四年に、ダヴェンポートが開設されたばかりのカーネギー財団の実験進化研究所の所長になったとき、彼も応募してその研究員として移った。トウモロコシの一代雑種すなわちハイブリッドコーンの有用性を実証してみせたのは、この研究所においてである(8)。

一九〇四年、コールド・スプリングハーバーの実験進化研究所に着任したとき、研究室はまだ建設工事中だった。圃場は〇・四ヘクタールしかない狭さで、そのうえ半分が沼地で半分が庭園の跡地のままであった。

図 11.5 多収のハイブリッド・コーン作成の方式を発見したジョージ・ハリソン・シャル。Clerand,R.E.(1972) *Oenothera*. Academic Press, p49 (Originally from American Philosophical Society)

初夏になり、シャルはこの畑にトウモロコシの種子を播いた。品種はダヴェンポート夫人の父親からゆずってもらった白色デントコーンと黄色のスイートコーンであった。

当初の実験目的は品種改良とは関係のないものであった。前述のド・フリースが当時、オオマツヨイグサの自然集団で新種が中間型をへずに突然出現することをみいだし、その現象をはじめて突然変異と名づけ、進化における突然変異説を展開していた。シャルはこのド・フリースの結果は突然変異ではなく、オオマツヨイグサのような他殖性植物をむりに自殖したことによる現象にすぎないのではと疑い、オオマツヨイグサとトウモロコシを材料として、自殖と交雑の実験で再検討することにした。

ここではトウモロコシの結果だけを話題にしよう。計るべき形質としては穂の粒列数を選んだ。粒列数はトウモロコシの系統により八〜三〇までの変異があった。彼はある品種の畑から、粒列数が異なる穂を採り、一穂一列法と同じやりかたでその種子を穂別に畦に播いた。各穂別系統からいくつかの個体を選んで自殖したところ、次代では予期したとおり草丈や収量が少し低下した。それだけでなく、異なる穂に由来する系統間では大きな変異がみられ、同時に系統内の個体間では比較的均質であった。

これは一九〇二年にデンマークのウイルヘルム・ヨハンセンが、市販のインゲンマメの実験でみつけたことと似ていた。ヨハンセンは、二代つづけて自殖して種子の重さを計り、親子関係をたどって調べた結果、最初の世代の種子間の差は孫の世代でも認められたが、子供の世代で親が共通の個体間にみられる差は、孫の世代には伝わらず消失することを発見した。換言すると、親の世代の差は遺伝的差異であるが、子の世代の差は環境条件によるものであった。このように個体間で遺伝的変異のない系統を、彼は「純系」と名づけた。純系はすべての遺伝子座で相同遺伝子がホモ接合になった状態の系統である。インゲンマメは自殖性であるが、シャルは他殖性作物のトウモロコシでも純系をつくることができたと確信した。ただし、シャルの実験では自殖を一回しかやっていないので、真の純系にはなってなく、純系に近いが遺伝子座によってはヘテロ接合が少し残っている「近交系」とよぶべきものであった。

実験の最大の成果は別のところにあった。草丈や収量が低下した近交系どうしを試しに交雑したところ、驚くべき結果が得られた。次代の雑種（F_1）は近交系の両親と同様に均質で、しかも両親よりずっとがっしりとして背が高く収量も多かった。当時栽培されていた自然受粉品種より多収の雑種さえあった。

雑種強勢について、彼はほかの研究者とは異なる斬新な解釈をした。彼は、自殖や近交で生じる近交弱勢とF_1でみられる雑種強勢とは同じ現象の表裏にすぎないことに気づいた。また近交弱勢と雑種強勢という現象をもたらすのは、自殖と交雑という増殖様式の違いというより、近交系とその交雑F_1という遺伝子型の違いによると考えた。彼は最大の雑種強勢を得るには、交雑される両親が近交系であることがポイントであることを明らかにした。それはビールやホルデンの思いつかなかったことである。研究はシャルの当初の目的を離れて、意外な方向に大きく展開した。シャル自身は、生涯を通じて品種改良より遺伝学に興味をもっていたが、このときばかりは、自分の発見した方法は近い将来、母国のトウモロコシの生産を高める画期的方法になると強く主張した。彼は実験結果を、一九〇八年一月のワシントンDCで開かれた米国育種家協会の報告会や、一九一四年のドイツのゲッチンゲンでの招待講演で披露した。

なおシャルは、雑種強勢を表すのに当時使われていたstimulus of heterozygosity（ヘテロ接合性の刺激）などにかえてheterosis（ヘテロシス）という簡潔な用語をつくり、一九一四年に提案した。ヨハンセンが遺伝子本体についてのあらゆる仮説とは無関係な用語としてgene（遺伝子）という語を提案したように、彼はヘテロシスをその原因として提示されていた種々の仮説とは独立の概念とした。彼は新しい学術用語の造語が得意で、ほかにもduplicate gene（重複遺伝子）、sib（同朋）、geneticist（遺伝学者）などを提案した。

シャルのいた実験進化研究所はのちに、一九二一年にカーネギー研究所遺伝学部門、さらに一九六二年にブルックリン財団の生物学研究所と合併してコールド・スプリングハーバー研究所となり、そこから後年、バーバラ・マクリントック、マックス・デルブリック、サルヴァドール・ルリア、アルフレッド・ハーシーなどにより分子生物学の基礎を築いた数々の研究が生みだされた。

図 11.6 ハイブリッド・コーンの育成に貢献したエドワード・マレイ・イースト。
P.A.Peterson and A. Bianchi (1999) *Maize Genetics and Breeding in the 20th Century*. p18. World Scientific, New Jersey, USA. (Originally, from Genetics Biographics)

エドワード・イーストと単交雑実験

ダヴェンポートが雇ったエドワード・イーストは、シャルとともにハイブリッドコーンの育成に貢献した（**図11・6**）。

彼は一九〇四年に修士号を得たのち、イリノイ農業試験場をへて翌年から四年間コネティカット農業試験場に勤めた。この間ホルデンの学生としてイリノイ大学から化学の学位を得た。一九一四年に、ボストンにあるハーヴァード大学バッセイ研究所の実験植物形態学教授となった。当時はまだ、遺伝学が科学の分科とみなされていなかった。遺伝学教授となったのは一九二六年である。

イーストが率いるバッセイ研究所は二十世紀の最初の二〇年間、米国の植物学の中心となった。擬似突然変異の現象を発見したR・ブリンク、トウモロコシの進化を追求したマンゲルスドルフ、コムギの細胞遺伝学者として多くの先駆的業績をあげたアーネスト・シアーズなど、米国の遺伝・育種学を発展させた多くの俊秀がその門下から巣立った[9]。

イーストは当初、化学者としてイリノイ農業試験場に雇われた。その務めは、ホプキンスおよびL・スミスに協力して、トウモロコシ穀粒の栄養価を高めるためにタンパク質と油の含量を分析することにあった[9]。

しかし、含量を高低両方向に何世代か選抜するうちに肝腎の収量が下がってしまった。その原因を調べた結果、高タンパク質の系統はすべて一個体から由来していて、タンパク質含量の選抜にともなって知らないうちに近交弱勢になっていたことに気づいた。そこでホプキンスに自殖の影響をもっとしっかり調べてみたいと提言したところ、ホプキンスはすでに近交弱勢はすでに解決済みであり、収量がいかに下がるかの研究などに予算はつけられないと、にべもなくはねつけた。

しかたなくイーストは、独りで一九〇四年から連続自殖の実験にとりかかった。実験材料は、多収で飼料価値が高く、農家に人気があった黄色粒のデントコーン品種に変更した。州試験場にも基礎研究の予算が下りるようになって、イーストは一九〇五年にニューヘイヴンにあるコネティカット試験場に移った。彼は新しい職場でも自殖の実験をつづけた。その結果、近交弱勢の程度は系統によって異なり、五〇世代もの自殖を生きぬいた系統もいくつかあった。

一九〇八年にワシントンDCでのシャルの報告を会場で聴いていたイーストは、直ちに近交系間で交雑することの重要性を理解し、翌年近交系間の交雑種子を播いて雑種強勢の効果を確認した。シャルの実験はすべて同一品種由来の近交系を使って行なわれたものであったが、イーストは視点を広げて、デント、フリント、ポップ、スイートという異なる種類のトウモロコシ間で交雑を行ない、雑種強勢の程度を調べあげた。

一九一二年に、イーストと当時彼の助手であったハーバート・ヘイズは、米国農務省報告に論文を発表し、トウモロコシの一代雑種が両親にくらべていかに強勢になるかをはじめて写真つきで示した。イーストはこれがコーンベルトの畑で栽培されたら、農民の間にセンセーションを巻きおこすにちがいないと語った。

雑種強勢を得るためにシャルやイーストが行なった一対の近交系の間の交雑を、単交雑（single cross）という（**図11・7**）。単交雑は、系統Aと系統Bを交雑（A×B）して得られる種子を農家に配布して利用する

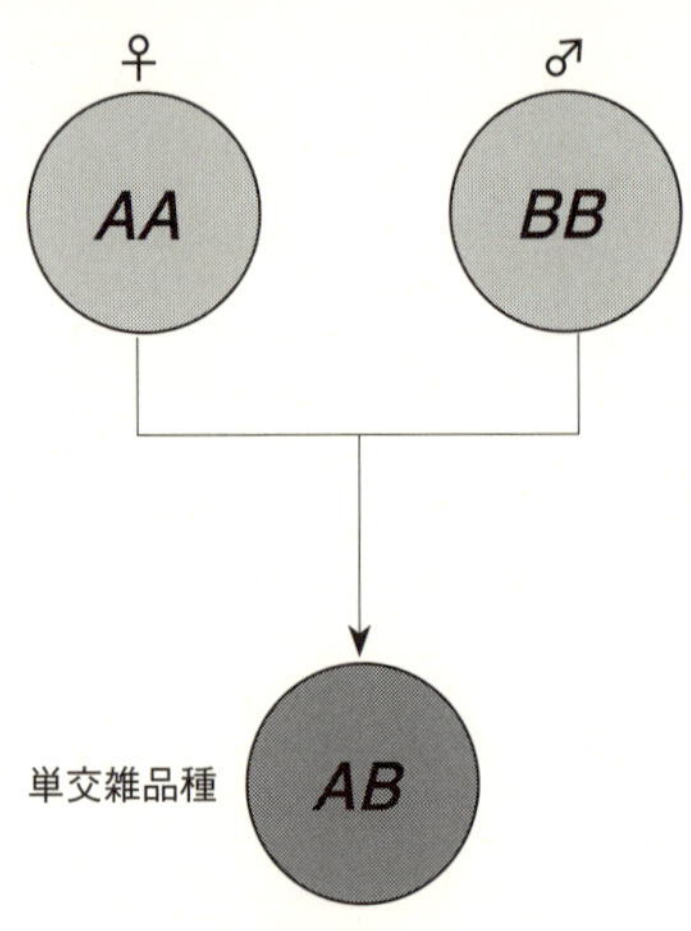

図 11.7　単交雑品種のつくり方。*AA*、*BB* は近交系の遺伝子型をモデル的に表す。AB は交雑 *AA* × *BB* でつくられる単交雑に相当する。同じ交雑組みあわせでつくられた単交雑品種は、どれも同じ遺伝子をもつ。

方法である。通常の交雑とちがう点は、単交雑では系統AとBがともに近交系でなければならないということにある。イネやコムギのような自殖性作物では、一つの育成品種は一つの近交系または純系とみなせる。品種間交雑はイコール単交雑である。しかしトウモロコシは他殖性作物であり、自然受粉で維持してきた品種や系統は、個体間で遺伝的な違いがあり、また各個体の遺伝子型はヘテロ接合を多く含む。そのため自然受粉品種を両親とする交雑では、子の世代で生じるヘテロ接合が少なくなり、雑種強勢が充分発現されない。たがいに遺伝子型の異なる近交系間で交雑すれば、その雑種はたくさんのヘテロ接合の遺伝子座をもつことになる。ハイブリッド育種では、これが肝腎である。トウモロコシの近交系は、通常六世代ほど連続して自殖をくりかえして作成する。

単交雑による一代雑種は、近交系さえ揃えておけば採種は簡単で、雑種強勢は最大に発現し、雑種個体間は遺伝的に均質で、どこからみても申し分のない方法と思われた。しかし、一代雑種の種子を増殖して農家に供給する段階で大きな壁にぶつかった。

第一に、当時の手もちの近交系はどれも草丈が低くひ弱だった。人工交配をしても母親の雌穂が小さいので、採れる種子の量もずいぶんと少なかった。

第二に、ハイブリッド種子の形状が異常で播種機にかからないものが多く、さらにせっかく播いても良い苗が育たなかった。

第三に、用いた近交系は米国でも東部に適応したものであったため、その一代雑種を西部で栽培しても多収が望めなかった。

結局、鳴り物入りで喧伝された単交雑によるハイブリッドコーンも農家には受けいれられず、わずかにスイートコーンでだけ用いられた。それ以外のトウモロコシの種子生産は、ビールの時代に逆戻りして品種間交雑で行なわれることになった。一九〇九年にイースト、ヘイズ、シャルが議論した結果でも、単交雑は理論としては優れているが実用化は難しいと結論せざるをえなかった。

なお、最初の商業的に有用な近交系を得たのはホルデンとイーストで、彼らはイリノイ大学で一八九五〜一九〇五年にかけて、「チェスター・リーミング」から近交系を作出した。ホルデンは一八九八年にこれらの近交系間で交雑して最初の単交雑をつくった。しかしこの単交雑は試験的なものであった[11]。

最初の商業的な単交雑品種は、一九二四年にアイオワでヘンリー・ウオーレスにより育成された「コッパークロス」(Copper Cross)であるといわれる。種子の値段は一ポンド(四五三グラム)あたり一ドルであった。ウオーレスは一九二六年に種苗会社を設立したが、これがのちの全米最大のハイブリッド種子生産会社のパイオニア・ハイブレッド社(現、デュポン・パイオニア)となった。またウオーレスは第二次大戦中の副大統領となった。

ドナルド・ジョーンズによる複交雑の提案

米国のハイブリッドコーン種子の商業生産への道を開いたのは、コネティカット農業試験場にいた研究者

図 11.8　複交雑によるハイブリッドコーンの普及に貢献したドナルド・フォルシャ・ジョーンズ。P.A.Peterson and A. Bianchi (1999) *Maize Genetics and Breeding in the 20th Century*. World Scientific, New Jersey、USA. (Originally, from Genetics Biographics)

のドナルド・ジョーンズである（**図11・8**）。

彼はかつてイーストの学生であった。はじめアリゾナ試験場でマメ科牧草のアルファルファの仕事をしていたが、イーストとヘイズの共著論文に惹かれて一九一三年に、イーストにトウモロコシ遺伝学の指導を頼んだ。シラキューズ大学で二年間園芸学と遺伝学を教えたのち、ミネソタ大学へ転じたヘイズの後任として、コネティカット試験場の主任遺伝学者に任命された[12]。

ジョーンズは一九一七年に、四つの近交系からなる二組の単交雑間の交雑、つまり複交雑（double cross）の育種方式を提案した（**図11・9**）。四近交系をA、B、C、Dとすると、複交雑では（A×B）と（C×D）という二つの単交雑を一年目につくり、できた二種の一代雑種の間の交雑を二年目に行なう。つまり交雑形式は（A×B）×（C×D）となる。単交雑にくらべて複交雑では、農家へ販売する種子を得るまでに一年余計にかかる、単交雑にくらべて雑種強勢の発現がやや低い、個体間での形質の揃いが少しわるい、という欠点がある。しかし、複交雑では、農家に配る雑種種子は（A×B）、（C×D）という強くて成長の良い一代雑種個体の上に稔る。そのため、わずか一〇〇リットルの単交雑種子から、三万リットル以上の大きく稔った販売用の複交雑種子が得られ、販売種子の価格も安くなり、単交雑のもつ欠点を補うことができた。

その後多くの研究者により、複交雑でも単交雑にくらべてあまり劣らぬ収量が期待でき、充分ヘテロシス利用が可能であることが実証された。こうしてジョーンズにより一九一七年に最初の複交雑品種「バー・リーミング複交雑」(Burr-Leaming double cross) がコネティカット試験場で育成され、農家に販売された（**図11・10**）。この複交雑品種の作成に用いられた四品種のうち二つの親は品種「バー・ホワイト」から、ほかの二つの親は「チェスター・リーミング」に由来した。これらの品種は、もとは民間育種家により育成され、それがイリノイ大学で選抜されたものである。[13]

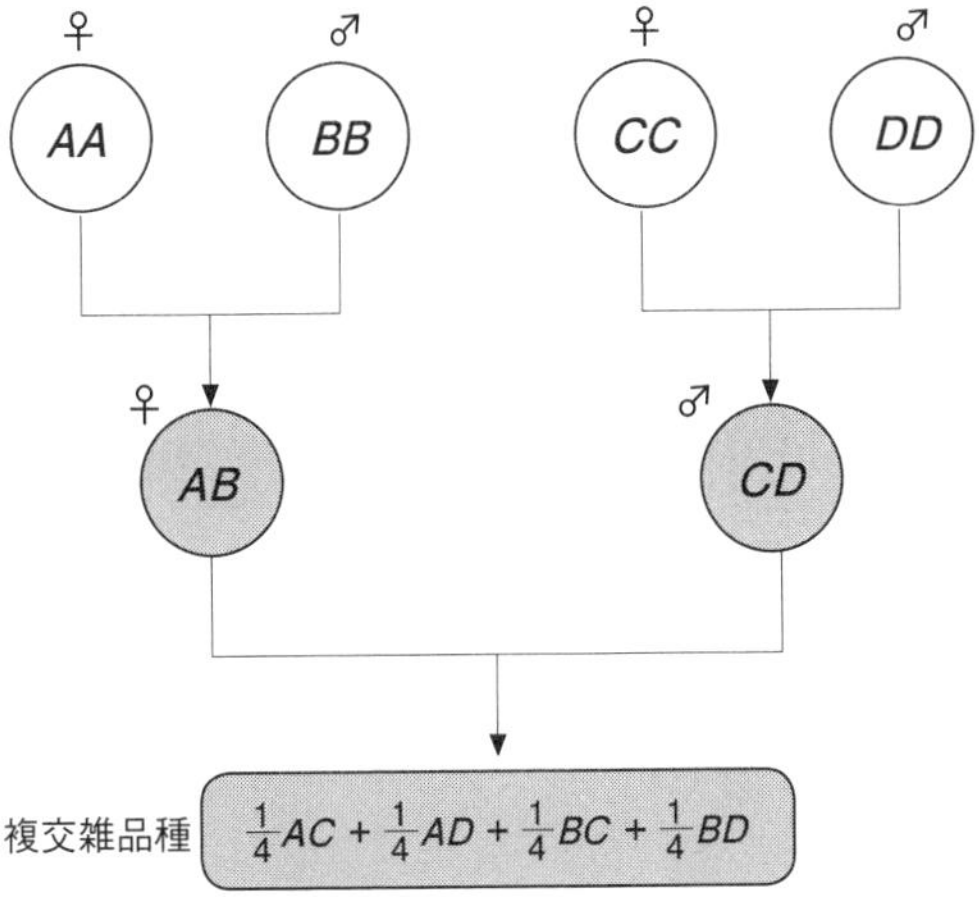

複交雑品種 $\frac{1}{4}AC + \frac{1}{4}AD + \frac{1}{4}BC + \frac{1}{4}BD$

図 11.9　複交雑のつくり方。*AA*、*BB*、*CC*、*DD*、は近交系の遺伝子型をモデル的に表す。*AB*、*CD* はそれぞれ交雑 *AA* × *BB*、*CC* × *DD* でつくられる単交雑に相当する。複交雑品種では、各遺伝子座に *AC*、*AD*、*BC*、*BD* の４種類の遺伝子型が存在する。

しかし、複交雑になったからといって、ハイブリッドコーンがすぐに農家に受けいれられたわけではなかった。それまでは農家が栽培用にトウモロコシの種子を買うのはたまの種子更新のときだけで、通常は前年作の種子を保存しておいたものを出してきて用いた。ハイブリッド品種を利用する方式では、自家採種した種子ではその能力が低いので、種子を毎年種苗会社から買わなければならず、おまけに自然受粉種子にくらべ倍の値段であった。雑種個体の栽培には農薬の使用が必要で、その散布用の農業機械の購入も農家の負担となった。さらに収量が増加しても利益をもたらすとはかぎらず、市場でトウモロコシがだぶついて、農家はせっかくの収穫物が売れずに、火をつけて燃やさざるをえない場合さえあった。

大学や試験場の小さな圃場での実験結果だけでは、ハイブリッドがいくら高い収量をあげても農家は納得できない面があった。そのような状況でハイブリッドコーンの普及に役立ったのはファンク兄弟（Funk brothers）社による大規模な農場での栽培であった（図11・11）。同社は、ユージン・ファンクを中心として親類一同が協力して一九〇一年に創立した種苗会社で、九〇〇〇ヘクタールという広大な圃場をもっていた。この会社は単に農家向けに種子を販売するだけでなく、トウモロコシの品種改良にも意欲を燃やしていた。パデュー大学で植物病理学の修士号を得たばかりの若いJ・ホルバートが一九一六年に加わり、ヘイズの励

図 11.10 ジョーンズにより育成された最初の複交雑品種「バー・リーミング」。上段左の２親は品種「バー・ホワイト」の２系統、上段右の２親は「チェスター・リーミング」の２系統。中段左は「バー・ホワイト」２系統間の一代雑種、中段右は「チェスター・リーミング」２系統間の一代雑種。下段は一代雑種間の交雑（複交雑）により得られた代表的個体。複交雑では、中段の穂の種子を播き、成長した個体が開花期に達したら人工交雑し、得られた種子を農家に販売する。下段の穂は、農家の畑で稔ることになる。

ましをうけつつ、翌年から近交系の作出とハイブリッドの育成を行なうようになった。このことは、ジョーンズが出した複交雑の論文がきっかけとなった。ファンクの品種改良事業における長年の経験と、ホルバートの高い研究能力が合わさって、ファンク兄弟社から優れたハイブリッドコーンが生み出された。五年後にはヘイズ、ジョーンズ、ウオーレスをはじめ米国中から専門家が集まり、ファンク社で供覧会が催された。ジョーンズが理論的に示した複交雑の優秀性が、ファンク兄弟社の数千ヘクタールの圃場で証明された。[14]

図 11.11　1901 年創業のファンク兄弟社の社屋。
C.W. Smith et al. (eds) (2004) *Corn : Origin, History, Technology, and Production* John Wiley & Sons, Inc. Hoboken, New Jersey, USA, p180.

さらに天運が味方した。一九三〇年代半ばに旱魃が襲った際に、従来の自然受粉品種がみな不作になったのに、ハイブリッドコーンは被害が少なかった。これを目の前にしてはじめて、農家はハイブリッドコーンに乗換え、その種子を買うようになった。

米国で栽培されるトウモロコシ品種中の複交雑品種の割合は、一九三四年には〇・四%にすぎなかったが、一九四四年には五九%、一九五六年には九〇%になった。一八六五年の南北戦争終結以来ずっとヘクタールあたり二トン以下で低迷していた収量は、一九三〇年からの三〇年間で倍増した。複交雑品種は多収であるだけでなく、旱害や病虫害に強く、また形質がほぼ均質であることから機械栽培に適していた。採種業者にとっては、単交雑の二系統にかわって、複交雑種子では四系統の親を隔離栽培しておかなければならず面倒であったが、ハイブリッドコーンの採種量の多さはその労と経費を充分補って余りあった。

一九四二〜四年の三年間、米国農業は第二次大戦への参戦による労働力不足と悪天候に悩まされた。しかし、ハイブリッドコーンの急速な普及にともない、少ない人手でも収量を上げることができ、深刻な食料不足に陥らずに済んだ。実際に米国内のトウモロコシの生産は、戦時でもわずか一割減にとどまった。

なお、ハイブリッドコーンの普及が図られた一九二〇年代には、その種子は種苗会社から買うのではなく、農家自身が生産すればよいと考えられていた。アイオワ大学とウイスコンシン大学は、農家のための短期研修コースを開催した。一九三九年には、ウイスコンシン州だけでも四三六の農家でハイブリッド種子の小規模な生産が行なわれていた。しかし、ハイブリッド種子の生産システムを理解するには育種の知識が必要であるうえ、生産規模が拡大すると農家では支えきれなくなった。結局、種子生産は人手と資本の多い種苗会社の手に移ることとなった[15]。

単交雑によるハイブリッドコーンの普及

ハイブリッドコーンの歴史は、複交雑品種で終わらなかった。一九六〇年までに、最良の近交系を選んでそれらを交雑し、その集団から再び新しい近交系を育成するというリサイクルの方法によって、単交雑の親として使えるほど収量が高く安定した近交系が開発された。また種子生産に雄性不稔が利用されるようになり、交雑の労力が軽減されるようになった。そのため複交雑よりも、（A×B）×Cという形式の三系交雑や単交雑が見直されるようになった。当初は、北部地域では単交雑品種の能力が複交雑品種に及ばなかったため、単交雑を種子親に近交系を花粉親とする三系交雑品種が用いられたが、やがて収量や均質性に優れた単交雑品種が全地域で主流となった。一九七〇年には米国で栽培されるトウモロコシの七五%が単交雑となった。

品種は単に収量が高いだけでは普及しない。栽培しやすいような特性をもつことも必要である。単交雑であれ複交雑であれハイブリッド品種では、親となる近交系を選ぶことによって、さまざまな特性をもった品種を育成できる。たとえば、形態形質では、収穫作業の機械化に合わせて、丈夫な茎をもち茎の一定の高さに雌穂がつくようにし、また一本の茎に二個以上の雌穂がつくように改良された。形態の変化だけでなく、病害や旱魃に抵抗性のある品種もつくられた。

米国は地域によって気候や土壌がさまざまに異なるので、栽培地域にあわせた特性をもつさまざまなトウモロコシ品種が必要となる。トウモロコシはもともと温暖な気候の下でよく育つ植物である。コーンベルトでは、夏の昼間の平均気温は二一〜二七℃で、夜間は一四℃を超える。降霜のない日数は平均して一四〇日を下らない。生育シーズンに七六ミリ以上の降水量が得られる地域で、最も高い収量が得られる。逆に降水量が五〇ミリを割る地域では、灌漑をしない限り収量が激減する。生育期間の中でもとくに、雄しべが茎の頂点に抽出してくる時期の降水量が鍵となる。

一口にコーンベルトといっても、北部と南部とでは生育環境が異なる。降霜のない日数は北部にいくほど減少する。しかしいっぽうでは、夏至の日の日長は北部のほうが南部よりずっと長い。さらに、北部でしかも西部の地域では晴天が多く、日射量が大きい。コーンベルトの南部では、七月下旬から八月にかけて高温のうえ雨不足になりがちである。北部では、早熟性品種ならば一〇〇日で成熟するのに対し、南部では成熟に一五〇日を要することがある。そのため南部地域の農家は早めに開花する品種を選んで、その種子を早めに播くことで被害を回避している。開花の時期は品種の遺伝子型で決まり環境の影響を受けにくいので、ほかの特性にくらべて改良しやすい。

ハイブリッドコーンは、コーンベルト東部のオハイオ州から西部のネブラスカ州まで栽培されるようになった。しかし、東部と西部では生育環境、とくに降雨の分布、一日の最高および最低温度、発生する病害の種類などが異なる。たとえばコーンベルト西部の暑く乾燥した気候の下では、ごま葉枯れ病と炭疽病には罹りにくいが、ウイルス性病害、細菌性萎縮病、黒穂病におかされやすい。このような事情から、コーンベルトを横断して広く東から西まで栽培可能な広い適応性をもつ品種を育成することは容易ではない。有望と思われる系統を何か所もの試験地で数年にわたって栽培し、その成績から慎重に新品種を選抜しなければならない。

ハイブリッドコーンをつくるための近交系の育成

単交雑でも複交雑でも、優秀なハイブリッドコーンを得るには、その土台となる近交系が優れていなければならない。米国では一八四〇年に二五〇のトウモロコシ品種が存在した。コーンベルト地帯が北へ西へと拡大するにつれて、早生や旱魃に強い品種が加わり、一九一六年までに品種数は一〇〇〇に増加した。これらはすべて自然受粉品種であった。

この頃、利用される品種の構成に大きな変化があった。その原因となったのは、一九一六〜一九二〇年までインディアナおよびウイスコンシン試験場で行なわれたトウモロコシによるブタ飼育における品種比較試験であった。試験の結果、黄色品種は白色品種より家畜に対し優れていることが判明した。前者の穀粒はビタミンAを豊富に含んでいたからである。それにより白色品種の栽培は激減した。

ハイブリッドコーンの優秀さが理解されるようになると、一九二〇年に有用な近交系を育成するために一〇〇〇の自然受粉品種すべてについて自殖が開始された。すべての種苗会社がほとんど同じ近交系群を利用して、どのような近交系間で交雑をすれば優良なハイブリッドコーンとなるかの検討を開始した。

トウモロコシ栽培が熱帯圏のメキシコから温帯圏の南米や北米の地域に広がるにともない、日長、気温、降水量、土壌などが異なる多様な環境に直面した。温帯では栽培に適した期間が短く、季節によって日長が変動する。トウモロコシは短日植物、すなわち日長が短くなると花が咲く植物である。トウモロコシの故郷であるメキシコのテワカン（北緯一八度）では、最大日長は一三・二時間である。それが温帯に伝わると、より長い日長時間でも花が咲くように適応した。温帯では気温の季節および日による較差も大きい。降水量は熱帯では概して一年を通じて多いが、温帯では地域によって異なる。多様な環境の一つ一つに局所的に適応するように選抜された結果生まれたのが、自然受粉品種であるといえる。

しかし、ハイブリッドコーンの品種では局所的な適応ではなく、環境が少しくらい変化しても栽培しやすく高い収量が見込める性質、つまり広域適応性をもつ品種が必要であった。ハイブリッドの種子生産には莫大な経費がかかるので、種子会社は広域適応性品種を育成して、広い栽培地域に種子を販売しないと

図 11.12　近交系をつくるには、何世代か自殖を続けなければならない。他の個体からの花粉が絹糸について自然交雑してしまうことがないように、あらかじめ透光性の高い紙袋を雌穂にかぶせておく。同じ個体の花粉が成熟したときをみはからって、紙袋を抜いて人為的に花粉をかけてやり、そののち再び袋をかけておく。

経営できなかった。広域適応性のハイブリッドは広域適応性の自然受粉品種の血筋から生まれる。

近交系の作出と選抜の過程で、自然受粉品種としては優秀であった品種でも、自殖の結果、欠点が現れるものがある。一九四〇年代の初めに、西部に適応した近交系の多くが葉の病害に罹りやすいことが判明し、それらはすべて廃棄された。

一九三六年までには、九六の自然受粉品種から育成された三六七の近交系ができあがった（図11・12）。自然受粉品種中で、最も優れたものは前述（284頁）の「レイド・イエローデント」で、近交系の五割がその血筋を引いていた。この品種は、開花期は中生で、二三〜二五センチの長さの穂をもつ黄色品種で、シカゴで開かれた世界コーンショーで金賞を獲得してからとくに有名になり、五〇年間コーンベルト地帯でトップを占める大物品種となった。

自然受粉品種では、雄しべから花粉が放出される時期にはまだ絹糸（雌しべ）は苞から十分抽出していないのが普通である。絹糸抽出が遅れることにより、自殖が避けられ交雑が促進されるというメリットがある。しかし、ハイブリッドコーンの時代になり、近交系の作出が必要となると、それまでとは正反対に花粉が放出される頃に絹糸が遅れずに抽出するような系統が優良とされるようになった。

一九三〇年に、G・スプラーグにより強靭な茎をもつ一六の近交系を相互に交雑して、「スティフ・ストーク・シンセティク（Stiff Stalk Synthetic を略して SSS）」という合成系統が育成された。合成の親として用いられた近交系のうち一〇系統が「レイド・イエローデント」の血を引いていた。SSSは、アイオワ州の試験場で選抜にかけられ、そこからB37、B73、B14などの有望な近交系が得られた。さらに一九八三年までにこれら三系統から一一二の近交系が育成され各地で利用された。とくにB14から育成された早生の近交系は、コーンベルト北部、カナダ、ヨーロッパで広く用いられた。[16]

「レイド・イエローデント」に次ぐ優良な自然受粉品種は、「リーミング・コーン」、三番は「ミネソタ13」、四番は「ノースウエスタン・デント」であった。

「リーミング・コーン」は一八五〇年代にヤコブ・リーミングにより育成された品種で、一説によれば、一八五五年に彼がウマに乗って外出した際に、たまたまウマを休ませるために止まった路端の畑でみつけて購入した品種に由来するという。この品種は、一八七八年のパリ万国博覧会で入賞し、最初の広域普及品種として一八八〇年代から一九世紀末まで好評を博した。草丈は三メートルにおよぶが穂のつく位置は低い。穂は先にいくほど細くなるという特徴をもつ。この品種は、前述のエドワード・イーストの自殖実験やドナルド・ジョーンズの複交雑品種の育成にも利用された。

「ミネソタ13」は、ミネソタ大学のウイレット・ヘイズの求めによりアンドリュー・ボスがセントポールの種苗会社から購入した黄色品種のデントコーンに由来する。やや早生であるが多収で、この品種からミネソタ、ウイスコンシン、モンタナ、ノースダコダ、コロラドなどの州で近交系が育成された。ウイレット・ヘイズは作物の選抜法であるセントジナー（centgener）法の創始者である。この方法は、一個体の親に由来する一〇〇個体を近接して植えることにより畑の環境条件の影響を少なくするもので、改良された集団選抜法といえる。彼はこの選抜法をトウモロコシはじめ、コムギ、アマ、インゲンマメの品種改良に用いた。

「ノースウエスタン・デント」は、オスカー・ウイルによって選抜され、一八九六年に発売された品種で、「ミネソタ13」より早生で、米国北西部に広く栽培されていた。穂は一五〜二〇センチの長さで、穀粒は赤色である。

近交系で最も広く用いられたのは、ＷＦ９であった。これはパデュー大学のベンジャミン・ダッドルストンが一九三六年に育成したものである（**図11・13**）。ＷＦ９は、第二世界大戦中の一九四二年に、コーンベ

図 11.13　ハイブリッド・コーンの仕分けを見つめる100歳のベンジャミン・ダッドルストン。彼は優れた近交系を育成した。　C.W. Smith et al. (eds) (2004) *Corn: Origin, History, Technology, and Production* John Wiley & Sons, Inc. Hoboken, New Jersey, USA、p189

ルトの五州でハイブリッド用種子の生産に用いられた国の圃場七〇〇〇ヘクタールのうちの九三%に植えつけられていた。またWF9を親とするハイブリッドコーンは、作成後三〇年にわたって米国のトウモロコシ畑の三〇%をカバーした。

　ダッドルストンは近交系育成で並ぶ者のない成功を収めた。彼の成功は、農場の位置、優れた遺伝資源、絶好の時期、長年の努力の賜物であった。農場はインディアナ州ラフィエット市に近くコーンベルトの中央部にあった。近交系の材料にとりあげたのは、最も優秀な自然受粉品種「レイド・イエローデント」の改良系統であった。彼はこの品種の優秀さを早くから認め、一九一八年にアイオワ大学に提出した学位論文の中でその改良方向を正しく示している。彼が近交系の作成にとりかかった最初の四年間は、パデュー大学の圃場は自然受粉品種が植えられていて使えなかった。そのため、毎年地域が異なる圃場を転々としながら近交系を維持し選抜しなければならなかった。しかし、逆境かならずしも不幸ならずで、さまざまな環境をへて選抜されたことにより、近交系に広域適応性が付与されたのかもしれない。一九二一年に複交雑によるハイブリッドコーンの実用化をめざしていたジョーンズは、近交系育成に最も努力しているのはパデュー大学だと賞讃した。

交雑の手間を省くための細胞質雄性不稔の利用

1．自殖を防ぐ方法

ヘテロシス育種の時代では、農家が買った種子を播けば、ヘテロシスによって高い収量が得られることが保証されなければならない。そのためには、単交雑にせよ複交雑にせよ、販売種子は近交系間の雑種種子で一〇〇％構成されていなければならない。いいかえると自殖種子が混じっていては困る。

トウモロコシの自然受粉品種では、茎の頂部にある雄しべが熟して花粉を出す頃には、同じ株の下部にある雌しべはまだ未熟なので、ふつうは花粉がふりかかっても自殖することは少ない。しかし皆無ではなく、一～五％は自殖してしまう。近交系育成の過程で、花粉放出と絹糸抽出の時期のずれが少なくなってくると、自殖率はもっと高くなる。

品種育成のために交配するような場合には、自殖を防ぐために、あらかじめ絹糸がでるまえの雌しべに紙袋をかけておき、交配の際にだけ一時的に袋をとって花粉をつける。しかし、ハイブリッドコーンとして農家に販売するために大量の一代雑種種子を得たい場合には、このような手間のかかる作業はできない。

そのため、イネやコムギなどの自殖性作物の採種圃とはちがった植え方が工夫された。種子親と花粉親をそれぞれ別の列（畦）とし、その畦を雌雄交互に並ぶように配置した。ヘテロシス育種がはじまった当時は、開花期前に種子親（母親）の雄穂を一本ずつ人手でとり除くことが行なわれた。それには夏休み中の高校生などがアルバイトで駆り出されたが、酷暑の季節に広い圃場に植えられた種子親の個体すべてから雄穂を除くのはとてもきつい作業だった。

2. 雄性不稔

そこで考えだされたのが、雄性不稔の利用である。雄性不稔とは、花粉ないし雄しべが形成されないか、機能が失われるが、雌しべのほうは正常のままであるという遺伝的特性のことである。花粉がもともと形成されない系統を種子親とすれば、その雄穂を手作業で除く作業はまったく要らなくなる。雄性不稔には細胞の核内遺伝子に支配される遺伝子性雄性不稔と、核外の細胞質による細胞質雄性不稔とがある。採種圃では、種子親の集団はすべて雄性不稔の個体でなければならない。しかし、遺伝子性雄性不稔ではそのよう集団をつくることはむずかしい。それに対して細胞質雄性不稔の細胞質（cms）は母親からだけ遺伝する母性遺伝をするので、雄性不稔の母親に稔性のある品種を交雑すると種子はすべて雄性不稔となる。この細胞質性雄性不稔は、稔性回復遺伝子（*R*）という核内遺伝子が存在すると不稔が解消される。

この原理を利用して、巧妙な採種システムが考案された。cms 細胞質をもつ系統を種子親にして、遺伝子*R*をホモ接合でもつ花粉親（父親）（*RR*）の花粉をかけると、雌穂に細胞質は cms で核内に *Rr* 遺伝子をもつ種子が稔ることになる。*R* は優性遺伝子なので、ヘテロ接合でも稔性回復作用を表す。そのようにして採種された種子を農家の畑に播けば、強壮で種子が豊かに稔るハイブリッドコーンとして成長する。

トウモロコシの雄性不稔は第二次大戦後まもなく、L・ジョセフソンとM・ジェンキンズによって発見され[17]、その後多くの研究がなされた。遺伝子性雄性不稔の遺伝子は多数みつかったが、細胞質雄性不稔は限られていた。選ばれたのはテキサス（Texas）細胞質、略してT細胞質とよばれた種類であった。これはマンゲルスドルフがテキサスA&M大学にいたときにスイートコーンの品種「ハニー・ジューン」で発見したものであった[18]。一九六〇年代末までに、八〇%以上のハイブリッドコーン品種にこのT細胞質が入れられ、一八〇〇万ヘクタールの農地に栽培されていた。

3. ごま葉枯れ病の大発生

しかし好事魔多しで、一九七〇年にコーンベルト地帯に悲劇が襲った。トウモロコシにごま葉枯れ病が大発生し、とりわけT細胞質をもつ個体ががその病害にきわめて弱いことがわかった。この病気は温暖な天候と湿潤な土壌の畑に発生しやすい。ごま葉枯れ病菌（Bipolaris maydis）は子嚢菌類に属し、菌糸や胞子は土や植物残滓（ざんし）中で越冬する。胞子は風でとばされてあるいは水滴とともに葉表面に付着し、発芽して気孔から葉中に侵入する。菌は植物体の細胞質中のミトコンドリアを攻撃し、エネルギー代謝を妨げる。葉には無数の暗赤色の病斑が生じ（**図11・14**）、雄穂も雌穂もおかされ、収量が激減する。栽培されているすべての品種がある特定の病害に弱い遺伝子をもっている場合に、その病害の蔓延は甚だしい。

一九七〇年二月に南部フロリダからはじまった被害は、五月にはアラバマ州やミシシッピ州に移り、さらに野火のように周辺の州へと広がった。実は、このような禍の発生は八年も前から予想されていたが、適切な処置がされなかった。被害拡大により、トウモロコシの収穫の一五%、二五五億リットルが失われた。株

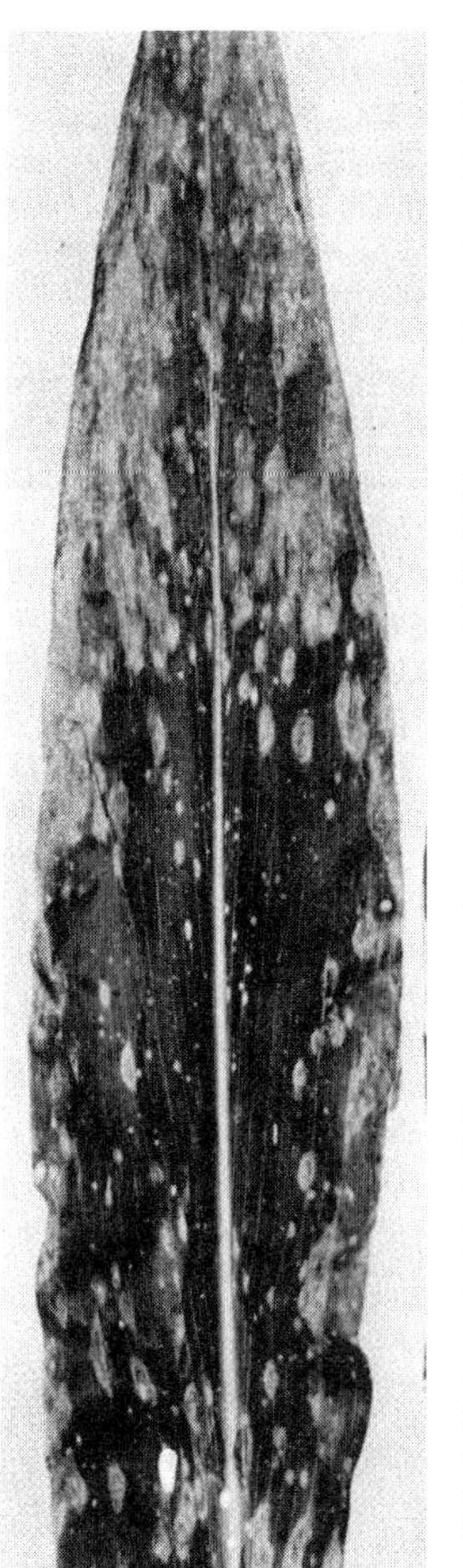

図 11.14　ごま葉枯れ病（Southern leaf blight）におかされたトウモロコシの葉。
R.W.Jugenheimer (1985) *Corn: Improvement, Seed Production, and Uses*. Robert E. Krieger Publishing Company, Malabar, Florida, USA, p.65

相場はパニックとなり、時の大統領ニクソンはその鎮静化に追われた。

一九七一年にT細胞質を含まないデントコーン品種の育成が開始され、その際にとりあげられたのがワキシーコーンがもつ特性の利用であった。

その後

単交雑によるハイブリッドコーンの種子を全米の農家に奨励した結果、米国のトウモロコシ生産は年を追って増加した。米国において単交雑品種が主流となるにともない、トウモロコシ生産の年あたりの増加率は、複交雑時代からさらに倍加された（**図11・15**）。ヘテロシスの育種的利用は、米国農業において経済効果をもたらした最初の科学技術といえる。また農業機械、農薬、化学肥料の使用とあいまって、農業体系の近代化に貢献した。いっぽう、農家がハイブリッド品種の種子を毎年購入するようになったことから、種苗会社による販売用種子の生産が巨大ビジネスとなった。

トウモロコシ育種のにない手は、当初の大学や研究所からやがて企業に移った。とくに大学の研究がバイオテクノロジーに集中するようになり、大学が育種家の卵を育てるという社会の要請に応えられなくなると、育種家としての教育訓練も企業がになうようになっていった。

コーンベルトだけでなく米国全体のトウモロコシの栽培面積も急増した。一八八〇年の段階で、すでに二五〇〇万ヘクタールにトウモロコシが栽培されていたが、一九〇〇年には三八〇〇万ヘクタール、さらに一九一七年には四四〇〇万ヘクタールになった。

総栽培面積は一九一七年をピークとしてその後減少したが、コーンベルト地帯を中心に生育環境がよい

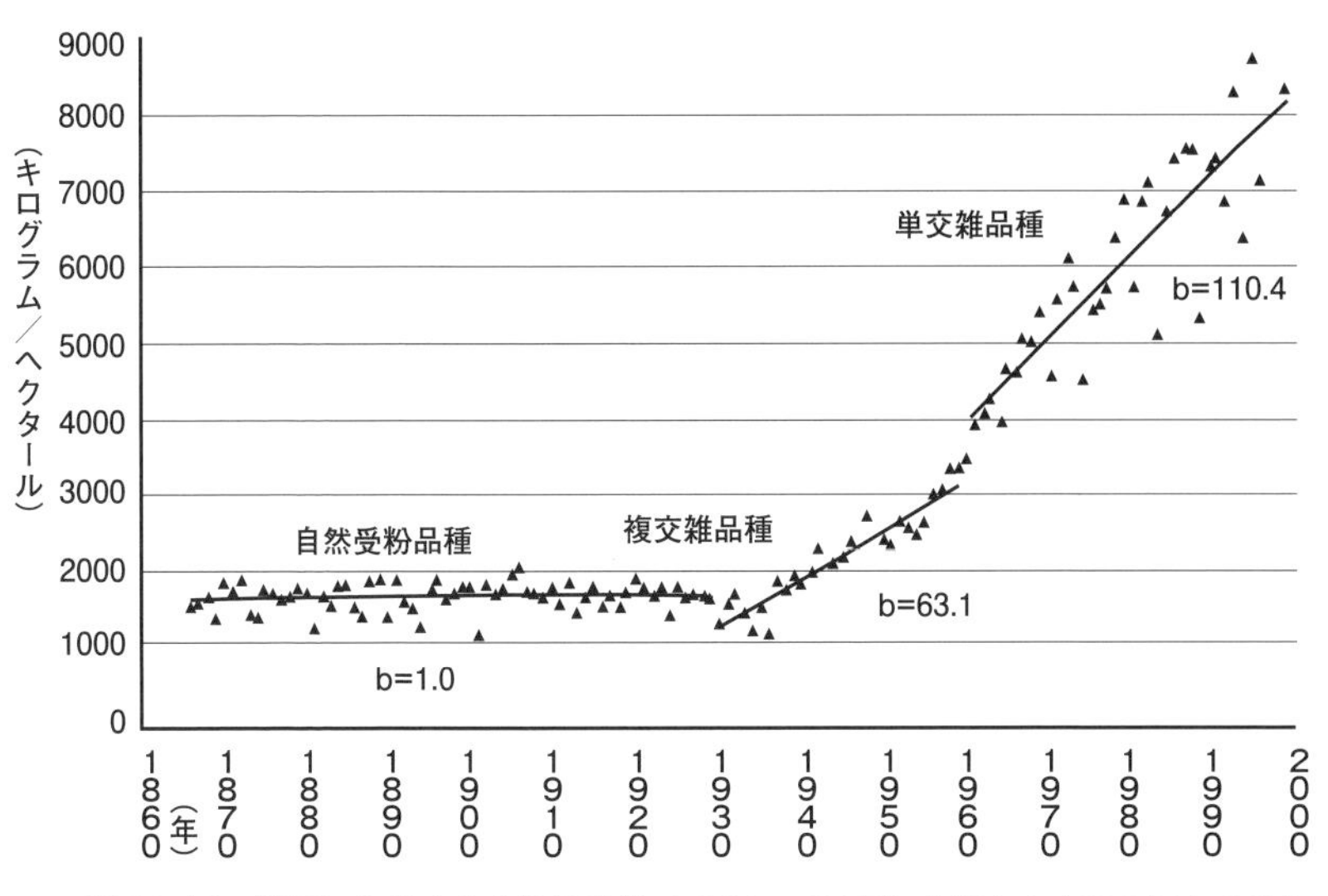

図 11.15　米国における南北戦争時代（1861 ～ 65 年）末期から 1998 年までのトウモロコシの平均収量（キログラム／ヘクタール）。b の値は、年次に対する平均収量の回帰直線を求めたときの回帰係数で、年あたりの平均収量の増加量に相当する。自然受粉品種時代（1886 ～ 1930 年）には収量の増加はまったくなかったが、ハイブリッドコーンが開発・普及された複交雑時代（1930 ～ 60 年）では、年あたり 63.1 キロ、単交雑が普及した時代（1960 年以降）には 110.4 キロと、技術革新によってそれぞれの時代に収量が直線的に増加していることが認められる。
Crop Science (2002) 42 : Crop Science Society of America, p7.

地域の栽培が増大した。その中でとくにアイオワ州が突出していた。一九一〇年に三四〇〇万ヘクタールであった栽培地は、一九六〇年には五〇〇〇万ヘクタールに広がった。トウモロコシとともにダイズの栽培も増え、作物の加工と販売、農業機械の生産、畜産業など、周辺産業も大きく発展した。

現在では米国のトウモロコシの九割以上がハイブリッドで、収量はかつての五倍のヘクタールあたり八トンを超えるにいたった。

米国におけるハイブリッドコーンは品種改良の大きな成功例といえる。しかし、今後の問題がないわけではない。それは、その成功が一部の限られた遺伝資源の上に築き上げられていることである。南北アメリカ大陸の先住民がつくり上げたトウモロコシのきわめて多様な品種がもつ特性のほとんどは、未利用のまま残されているといえる。また自然受粉品種も、そこから育成した近交系も、時代の流れとともに古くなった。自然受粉品種は約一世紀、近交系は七〇年以上も変わっていない。トウモロコシ改良の今後の進展には、多様な遺伝資源をもとめ、より広い変異の中から、新しい道をさぐることが必要である。

米国から世界へ

1. メキシコ

メキシコはトウモロコシが主食とされているが、メキシコ政府とロックフェラー財団の協力で、J・ハールの指導の下で、エドウイン・ウエルハンゼンとルイス・ロバーツにより一九四三年から実行されたメキシコ・ハイブリッドコーン計画により、七年間でトウモロコシ生産が劇的に増加し、一九一二年以降ではじめてトウモロコシを輸入する必要がなくなった[19]。

2. ヨーロッパ

米国の農業を変えたハイブリッドコーンは、海を越えて大きな変革をおよぼした。ヨーロッパ南部や東欧の国では、米国産のハイブリッドコーンの種子の輸入で、生産が増大した。イタリアでは一九四九年に一六品種からなる二〇〇〇トンのハイブリッドコーンの種子が六万ヘクタールに播かれ栽培された。ハイブリッドコーンはイタリアの風土によく適応し、在来の優良品種よりも二五〜三〇%収量が高かった。旧ユーゴスラヴィアでは、アイオワ州からハイブリッドコーンの種子を輸入して栽培をはじめ、すぐにトウモロコシの生産国となった。ふつうは他国から導入された品種がそのまま活躍することはまれであるが、ユーゴスラヴィアがアイオワ州とほぼ同緯度に位置し、気候も似ていたことが幸いした。[20]

3．アフリカ

アフリカでは独自にトウモロコシの改良が行なわれたという記録は少ないが、それぞれの地域に適した自然受粉品種が選ばれたことは確かである。英国植民地時代のジンバブエでは、早くも一九三二年からハイブリッドコーンの研究が独自になされてきた。

一九六〇年にハイブリッド品種「ＳＲ52」がローデシア・ニヤサランド連邦で育成された。ＳＲは、サウザンローデシアの頭文字である。このアフリカ自前の品種は、世界で最も早く商業生産された単交雑ハイブリッドの一つであった。このような品種が政治情勢のきわめて不安定な国の無名の研究所から生まれたのは奇跡であった。一九五〇年頃に普及していた品種「サリスベリー・ホワイト」と「サウザンクロス」の雑種で、晩生で白色粒のデントコーンで、安定した収量と広域適応性を示した。育成から二〇年間で、アフリカ南部のトウモロコシ収量はそれまでの四倍以上になった。大規模農家のうちハイブリッド品種を植えた農家は、一九五〇年には二二％にすぎなかったが、一九六七年には九三％になり、しかもそのほとんどすべてで「ＳＲ52」が用いられた。育成に貢献したのは、ダン・マクローリンとハリー・アーノルドであった。[21]

南ローデシアでは白人経営で商業生産する大規模農家と黒人による小規模農家があり、当初ハイブリッドコーンは白人農家向けの技術として奨励された。一九八〇年に南ローデシアがジンバブエ共和国として独立すると、政府はハイブリッドコーンを積極的に支援し、大規模農家だけでなく、ハイブリッド種子を毎年買うには貧しい小規模農家にも普及させるよう努め、独立後一〇年でトウモロコシ栽培を倍増させることに成

功した。[22]

4. ソ連

一九五九年にソ連のフルシチョフがアイゼンハワー大統領時代の米国を訪れた。時は東西冷戦のまっただ中だったので、当初米国民に歓迎ムードはみられなかった。ロサンゼルスではディズニーランドにも案内されず市長から冷たくあしらわれたため、彼は旅程を中断して即刻帰国すると脅した。しかしサンフランシスコに行くと丁重にもてなされたので機嫌をなおし、アイオワ州の牧場でハイブリッドコーンをみせられたときは、その長く太い穂のできばえに大変驚き、賞賛を惜しまなかった。満面の笑みを浮かべた顔が写真誌『ＬＩＦＥ』一〇月五日号の表紙を飾った[23]（**図11・16**）。

図 11.16 米国自慢のハブリッドコーンの成果をみせられて満面の笑みをうかべる旧ソ連第一書記のニキータ・フルシチョフ。『LIFE』(1959 年 10 月 5 日号表紙)

フルシチョフの米国訪問は、冷戦の一時的緩和に役立ったが、せっかく目にすることができた世界最先端のハイブリッドコーンからは何も学ばなかったようである。当時、ソ連ではメンデルの遺伝学を認めないトロフィム・ルイセンコの一派が巻き返しを図っていて、フルシチョフをとり込むことに成功していた。フルシチョフはにせ科学であるルイセンコ学説を生涯盲信した。その結果、一九六一年に世界最初の有人宇宙旅行を成功させたソ連も、品種改良についてはまったく停滞し、農業生産は低迷し、米国から穀物を輸入する事態を招いた。

5. 中国

中国では、トウモロコシの改良は一九三二年にはじめられた。彼らはフリントコーンの複交雑品種をいくつか育成したが、収量の増加が期待したほどでなく農家に配布されずに終わった。蒋介石の国民党政府の下では、ハイブリッド種子の生産組織はつくられなかった。

中華人民共和国が建国されると、トウモロコシ研究が再開された。一九五〇年代初めから、国内各地のトウモロコシの遺伝資源の探索が行なわれ、一万四〇〇〇の在来品種が集められた。その中でとくに、一九三六年に上海に導入されていた米国のデントコーン品種「ゴールデン・クイーン」が注目され、これをもとに近交系が育成された。しかしそれらは倒伏に弱く、ごま葉枯れ病に罹りやすかったので、中国在来の品種と交雑された。一九六〇年代までに、多くの複交雑によるハイブリッド品種が育成された。[24] これらは米国のコーンベルトのデントコーンと中国の優良なフリントコーンを交雑した集団から得られたもので、それまでの普及品種より草姿が揃っていて、草丈が低く倒伏しにくく、収量が高かったので農家に喜ばれた。しかし、一九六六年に中国北部ですす紋病が蔓延し、ハイブリッド品種の評判が一転して悪くなった。

折から毛沢東の指令による文化大革命がおこり、農学研究者も研究所から農村へ下向させられ、畑作業に従事することとなった。研究施設が破壊され、印刷物が廃棄され、大学および研究機関が閉鎖されたため、研究活動はすべて停止し後退した。研究が復活したのは一九八〇年以降である。トウモロコシの研究は各地の中国農業科学院および各省の研究所で進められた。最も広く用いられたハイブリッド品種は「ゾンダン2」で、二〇〇万ヘクタールで栽培された。

日本のハイブリッドコーン

1. カイコではじまった日本のハイブリッド品種

じつは、動物育種も含めれば、ハイブリッドの育種的利用が世界で最も早かったのは米国のトウモロコシではなく、日本のカイコである。天保年間（一八三〇〜一八四四年）に中山という人物が、カイコの雑種第二代を養蚕家に供給したといわれる。[25] また一八九四年には、神奈川の橘川が日本種と支那種の一代雑種の利用を勧めた。さらに一九〇六年に、東京帝国大学の外山亀太郎（とやまかめたろう）が一代雑種を奨励したことから本格的な利用がはじまった。一代雑種は幼虫が発育旺盛で飼いやすく、飼育日数が短くてすみ、収繭量は多く、糸の長さも大きく増加した。一九一三年から外山の指導の下、農商務省産業試験場で一代雑種の研究が行なわれ、四年後にその成果が発表された。一九一七年から一代雑種が養蚕農家に配布されて実際に飼育されるようになると、急速に広まり、春蚕は一九二五年頃、夏秋蚕は一九三〇年頃までに、ほとんどが一代雑種の品種におきかわった。それは米国でのトウモロコシの複交雑品種の普及より、二〇年以上も早かった。

2. 野菜のハイブリッド品種

カイコだけでなく、日本では野菜類の一代雑種品種の育成が世界に先んじて行なわれた。埼玉県北足立郡浦和町（現、さいたま市浦和区）に移転してまもない埼玉県農事試験場本場に、一九二二年に園芸部主任技師として赴任した柿崎洋一がナスの一代雑種品種育成の仕事にとりかかり、二年後に「浦和交配1号」および「同2号」を育成し、種子を農家に配布した。これが世界で最初の野菜の一代雑種品種である。二番手は神奈川県農事試験場の竹内鼎（かなえ）による品種「橘真（きっしん）」である。これがきっかけとなりナスの一代雑種品種が各地で生まれた。

奈良県農事試験場では一九二四年頃からスイカの品種改良をはじめ、品種間のさまざまな組み合わせの交雑を行ない、一代雑種の栽培特性を検討した結果、「大和3号」×「甘露」の組み合わせが優れていたので、一九二八年に「新大和」として発表した。大阪府農事試験場でも、一九二五年からナスとキュウリの一代雑種の研究が着手されていた。江口庸夫（つねお）および熊澤三郎の努力により、一九三二年に一代雑種「大仙毛馬節成（けまふしなり）」が発表された[26]。

熊澤の後任となった伊藤庄次郎はトマトの一代雑種品種の育成を行ない、一九三八年に「福寿1号」を世に出した。彼はその後タキイ種苗に移り、キャベツとハクサイの一代雑種種子の生産に従事し、自家不和合性を利用した採種体系をつくり、一九四九年に「長岡交配ハクサイ1号」、翌年に「長岡交配キャベツ1号」を育成した。後者は世界的な品評会のオール・アメリカ・セレクションズ（AAS）で、銅賞を獲得した。

図 11.17　宗正雄（1884 ～ 1980）。東京帝国大学教授として、日本で最初の本格的な育種学教科書を著わし、先導的教育をおこなった。

3．トウモロコシのハイブリッド品種育成の前夜

このようなカイコや野菜での実績があるにもかかわらず、トウモロコシ育種でのヘテロシス利用

は遅かった。東京帝国大学の宗正雄（そうまさお）（図11・17）の『育種学講義』（一九二五）は日本で最初の本格的な育種学教科書であるが、その後編各論の第十章玉蜀黍で、「初代雑種の利用法」としてトウモロコシの品種間交雑による一代雑種について次のように簡単ながら紹介している。なお同氏による『品種改良法』（一九二六）でもまったく同じ説明が載っている。[27][28]

別に一個の採種田を設け、右二品種を一列毎に交互に植栽し、何れか一方の雄穂を全部除去して他方の品種に生じたる種子を採る時は、是れ初代雑種なるを以って、本圃には年々斯くして得たる初代雑種の植物を栽培することゝなさば、生産上、経済上、裨益する所鮮少に非ざる可し

日本でのハイブリッドコーンの育成は、前述（269頁）の一九三七年に北海道、長野、熊本に設置されたトウモロコシ育種の指定試験地からはじまる。米国で複交雑の品種ができてから一六年後であった。日本のハイブリッドコーンの育成は、長野方式と北海道方式に代表される。

新設された長野県農事試験場桔梗ケ原分場に一〇月になって初代主任として赴任したのは、奈良県の小麦育種地方試験地でコムギの研究をしていた山崎義人であった。農業試験場の主任、とくに初代主任の業務は容易ではない。秋に赴任して翌春までに、土地を開墾して圃場をつくり、試験場の敷地を決め、建物を設計し、実験設備を整えなければならなかった。育種といえば水稲が全盛の時代にあって、トウモロコシ育種についいて頼れる先達はほとんどいなかった。昼は開墾と建築の仕事に追われ、夜は一〇時頃まで米国の研究者の論文を読んで、同僚と試験計画のための議論をするのが日課であった。

山崎は計画書を策定し、その中で、

①国内外の材料の適応性評価
②一穂一列法による優良な自然受粉品種の育成
③日本在来フリントコーンと米国デントコーンとの交雑
④優れた品種間交雑の両親から選抜された近交系の利用による単交雑品種の育成

などを提案した[29]。

先進国の米国にならってハイブリッドコーンの育成と利用に全面的にとりかかるには、日本の現状は整っていないと彼は考えた。日本では農業技術者も農家も、多くは長年、イネ、コムギ、オオムギなど自殖性作物を中心に仕事をしてきたので、他殖性作物であるトウモロコシの扱いに慣れるには時間がかかると予想された。また米国のようなハイブリッドコーンの種子生産をになってくれる種苗商がないことと、トウモロコシの成熟期にしばしば台風に襲われる日本では、採種が困難と予想されることも、ためらいの理由となった[30]。

彼は、日本ではトウモロコシ栽培に慣れた地域とそうでない地域とがあるので、それぞれに適した対処が必要と考えた。まず米国および日本各地の品種を広く収集し、それらの特性を調べ、優劣を比較することからはじめた。トウモロコシが農業上あまり重要でない地域に対しては、既成の品種の中から栽培しやすく多収の品種を選んで、それを普及させるのが現実的と考えた。

いっぽう、九州、四国、静岡、関東の一部のようにトウモロコシ栽培が古くから行なわれている地域では、一穂一列法による自然受粉品種の育成や、採種の簡単な合成品種による改良が適するとした。ハイブリッドコーンに踏み切るには、これらの地域では台風のため採種事業が難しかった。一穂一列法の功罪を確かめるために、五か年計画が立てられた。なお、合成品種とは、交雑の結果が優れる系統（＝組み合わせ能力が高い系統）間で相互に交雑し、その後は自然交雑にまかせて維持される品種のことで、品種内に変異を保持しているので、大きな環境変動に耐える力をもつ。一穂一列法によって「長野1号」から「長野24号」までの新品種が育成された。とくに「長野1号」は、一九三七年に北海道の種苗商からとりよせた黄色のデントコーンを材料として育成されたもので、東北地方では子実用、北海道ではサイレージ用として普及した。

4. 品種間交雑によるハイブリッド品種

米国では品種間交雑によるハイブリッドの利用は成功しなかったが、山崎が文献を調べてみると、その根拠となった実験が小規模で年数も足りない例が多かったので、品種間交雑の利用価値を再検討することにした。一九三八年に、米国および日本各地からとりよせた主要品種のうちから少数を選んで、品種間交雑の一代雑種を作成してみた。その中には「長野1号」の原品種である「イエローデントコーン」にくらべても優れたものがあったが、結局品種間交雑による一代雑種の新品種とならなかった。

そこで一九三九年に、広範な組み合わせでトウモロコシ品種間の交雑を行ない、一代雑種のヘテロシスの程度を調査した結果、北米コーンベルト由来のデントコーンと日本在来のカリビア型フリントコーンの間の一代雑種が、著しいヘテロシスを示すことがわかった。この組み合わせ手法は俗に「長野方式」とよばれた。この方式で生まれた品種中でとくに「長交30号」、「長交31号」、「長交36号」が優れた組み合わせの品種間雑種となった。長野県ではこれにもとづき、デントコーンとカリビア型のフリントコーンを用いた品種間交雑によるハイブリッド品種の作出が大きな目標とされた[31]。

近交系間のハイブリッドについては、山崎もその効果は疑いようのないものと認識していた。試験研究の中心もそこにあると考え、当初から近交系の育成を行なっていた。彼は、北海道のようにトウモロコシが農業上最も重要な位置を占め、技術者も農家もその関心が高く、台風害の比較的少ない地域では、ハイブリッドコーンの育成と普及を目的とした研究をすぐにでも開始すべきと考えていた。

なお、一九三七年に長野県立農事試験場で農林省指定雑穀試験の一部としてトウモロコシの近交系が作出されたのが、日本最初の近交系育成である。規模は、山崎の記憶によれば、七品種ほどをもちい、各品種から二〇～三〇の近交系を育成したという。近交系を植えた圃場では、白（アルビノ）、黄（キサンタ）、淡緑の葉色をもつ個体や、葉がねじれたり、皺（しわ）が寄ったりした個体などが出現して、さながらお花畑のようであったと伝えられている。それまでの放任授粉ではトウモロコシ集団の中にヘテロ接合で隠れていた自然突然変異が、集団が自殖を受けた結果、メンデルの法則にしたがって分離したものであった。この試験で作出された近交系がハイブリッド品種の育成に利用されたかどうかは不明である。

いっぽう、北海道農試と北海道立農試では、複交雑によるハイブリッド品種育成が目標とされた。その材料となったのは米国由来のデントコーンと、明治期に米国から導入されて以来北海道の風土で順化し在来品種となった北方系フリントコーンであった。これが「北海道方式」である。北方系フリントコーンは、低温での発芽と初期成育が優れ、比較的冷涼な気候でも登熟がよいが、倒伏しやすいという欠点がある。いっぽうの米国由来のデントコーンは、密植栽培にむいていて倒伏しにくく収量も高いが、初期成育が劣り、冷害の年には生育が遅れる傾向がある。そこで両者の欠点をおぎなう複交雑品種の育成が目標となった。

しかし、複交雑品種の育成には、親となる近交系を養成するのに少なくとも六年はかかるうえに、さらにどのような組み合わせで近交系を交雑すればよい雑種が得られるか（これを組み合わせ能力という）を検討するのに一〇年前後も必要となる。そこで、複交雑品種育成の準備作業を進める間の仕事として、近交系間ではなく、品種間交雑によるハイブリッド品種の育成が行なわれた。

前述の山崎の農民向け小冊子では、一九四〇年の時点で「将来は優良一代雑種を利用する様になる」

との期待が示されている。それに応えるように、北海道で「真交13号」(一九四一)と「北交130号」(一九四五)が育成された。前者は乳牛に与えるサイレージ用、後者は子実用であった。交配親となる近交系は国内ではまだほとんど育成できてなく、前者では米国から導入された「ノースウエスタン・デント」と「ウイスコンシンNo.12」が、後者では在来種の「坂下」と「マイスペタ」が親に用いられた品種間ハイブリッドであった。これらは日本で育成された最初のハイブリッド品種だったが、農林登録はされなかった。また採種の引き受け手が道内になく、札幌周辺で栽培された程度で終わった。

日本のトウモロコシ生産は明治末から第二次大戦直後の一九四九年まで、一ヘクタールあたり一・五トンの収量レベルで停滞したままであった。とくに一九三五年以降は下降気味でさえあった。[32]

5. ハイブリッド品種の時代

日本ではじめて農林登録にまでいたったハイブリッド品種は、一九五一年に長野県農事試験場で育成された「長交161号」と「長交202号」である。ただし、これらも品種間ハイブリッドである。一九五三年頃からハイブリッド品種が実用化すると、トウモロコシの収量も期待どおり増加し、一九六〇年には全国平均でヘクタールあたり二・五トンに達した。とくに長野県では、最初の二品種につづけて「交2号」(一九五四)、早生密植型の「交3号」(一九五七)などが育成され、それらの普及によってトウモロコシの収量が急速に伸び、一九六〇年代には全国平均の二倍(ヘクタールあたり四・五トン)に達した。

北海道では戦後になってから、米国ですでに育成された一代雑種をそのまま導入して試験栽培して、その中から優良なものを選定することが行なわれた。そのような方法で一九五二年に北海道農試から子実・青刈り兼用の複交雑品種「複交1号」、「複交2号」、「複交3号」が、また一九五七年に北海道立農試から子実用の「複交4号」から「複交7号」までが育成され、奨励された。

その間、国内で近交系の育成からはじめてハイブリッド品種を育成するという研究も地道に行なわれていたが、それが実を結んだのが、一九五八年に北海道農試で三系交雑によって育成された「交4号」であった。開拓当初から導入されたトウモロコシが一世紀近くをへて、ようやく北海道の気候風土に適応し、それを用いて自前のハイブリッドをつくり出すことができた。この品種は子実用の早生で、初期成育がすぐれ耐病性があり収量も多かった。欠点は、倒伏しやすいことと、北海道東部ではやや晩生になることであった。「交4号」は、道東や道北では一九七〇年大半ばまで栽培された。

その後、北海道農試で一九六一年に子実用の「交6号」、「月交205号」、「交504号」が、北海道立農試で一九五九年に子実用の「複交8号」、一九六一年にサイレージ用の「ジャイアンツ」が育成された。「ジャイアンツ」は北海道では最初にT型雄性不稔細胞質を利用してつくられたハイブリッド品種で、一九六八年に長野県農試からでたサイレージ用品種「交8号」とともに、それまで使われていた極晩生品種「エローデントコーン」のかわりに奨励されるようになった。

一九六〇年代、日本が経済的に高度成長期に入り、飼料用トウモロコシの需要が増えたのに対応するために、飼料の国内自給率を高めるために、一九六三年に農林省により宮崎県および北海道十勝に指定試験地が増設された。前者では、品種間交雑が採用され、「交10号」(一九七〇)と「スジシラズ」(一九七一)が育成された。後者では、当面、既存の近交系を用いた複交雑品種の育成が目標となり、収穫作業の機械化にむいた耐倒伏性の「ヘイゲンワセ」(一九七二)が生まれた。

一九七〇年代になると、北海道のトウモロコシ栽培に大きな変化がおこった。それは、子実用トウモロコシの作付けの減少と収穫作業の機械化であった。それに対応するために、北海道農試や十勝農試では子実用品種の育種が中止され、サイレージ用品種の改良に的がしぼられた。また、機械化に適するよう倒伏しにくい品種の育成が重要な目標となった。さらに十勝農試で、子実用早生品種は密植して肥料を多めに施すようにして栽培すると、従来の中生や晩生の品種よりも多収となるうえ、かえって良質のサイレージがつくれることが明らかにされた。この発見により、その後のサイレージ用品種の早生化が進んだ。このような中で、一九七三年に育成された子実用で耐倒伏性の「ヘイゲンワセ」が、「交4号」にかわってサイレージ用として登場し普及することになった。品種の交替がめまぐるしく行なわれた[33]。五年後には「ワセホマレ」が、一〇年後には「ダイヘイゲン」が育成され、一九八五年には最も早生の「ヒノデワセ」が世にでた。その後も品種の登録がつづいた。一九八一年には、道産品種の作付けは八七〇〇ヘクタールに達した。しかし、一九八五年頃を境として国産品種の作付けは減少に転じ、やがて全作付面積の一%を切るにいたった。そのため十勝農協の道産品種採種事業は、一九九三年に中止となった。

このような事態になったのは、一九七〇年代になって海外からハイブリッド品種が大量に輸入されるようになり、国産品種では太刀打ちできなくなったからである。外来品種は単交雑のハイブリッドで均質性にすぐれ、倒伏に強く多収であった。農家は利益の高い外来品種を栽培するようになった。さらに一九八五年頃からは、登熟後期まで茎葉の緑があせず持続する、いわゆる「ステイグリーン」の特徴をもち、草型が立性で密植に適する外来品種が増加し、すべてこのタイプで占められるようになった。外来品種にも問題がないわけではない。外来品種は耐冷性がないため、冷害の年には大幅に収量が減り、品質がわるくなる。

6．トウモロコシの採種事業と雄性不稔系統の利用

ハイブリッド品種が育成されると、日本でもその種子を農家に配布するための種子生産が必要となった。

山崎によれば、彼は一九四三年頃に「長交30号」の種子生産を農家に委託した。この品種を選んだのは、年による収量の変動が少なく、旱魃に強く、黒穂病にも罹りにくかったからである。規模は一ヘクタールにもおよばなかった。しかし、十分注意したにもかかわらず完全な失敗に終わった。採種圃の隔離が不十分であったこと、桑園の跡地で行なったものは畦幅が広すぎて授粉が不完全となったこと、不良な畑であった個所では旱魃ぎみとなり、出穂期が変動して授粉がうまく行なわれなかったこと、雄穂の除去が完全でなく自殖も混じったこと、などの多くの原因があった。要するに、当時の農家はトウモロコシの扱い方をあまりよく知らなかったのである。

ハイブリッドの種子生産として日本で最初に成功したのは、一九四九年に長野県ではじめられた「長交161号」と「長交202号」の採種とされる。この二品種は、六年以上の比較試験でもつねに優れた収量を示した。「長野1号」にくらべて二割以上の多収であったばかりか、日本の風土では米国から導入したハイブリッドコーンよりも優れていた。

前例にこりて、今回は農家に全面的に委託するのではなく、試験場の職員も必死に指導し協力した。三九ヘクタールほどの畑であったが、試験場の技術陣は研究室を空にして指導に明け暮れ、いっぽう採種農家のほうは除雄作業で予想以上の苦労をなめた。種子親では絹糸がじゅうぶん苞の先から抽出しているのに花粉親の開花が遅れたため、受粉できずに収穫皆無になるおそれがでて、指導者と農家が一緒になって雄穂を一本一本ゆすって歩いたと伝えられている。五年後には「交1号」の採種がはじまったが、種子親が晩生のうえ、茎が人の背丈をはるかに超えるほど長大で、除雄作業はさらに困難をきわめた[34]。

そこで、当時米国で実用化が進んでいた細胞質雄性不稔をくみこんだ採種方式を採用することとした。長野県農事試験場では、一九五二年に寺尾博が米国から導入した四系統の雄性不稔系統を農業技術研究所からゆずりうけて研究を開始した。さらに五年後に、T細胞質をもつ雄性不稔系統を二系統、米国から導入して研究材料に加えた。

このようにして日本でもトウモロコシ育種に細胞質雄性不稔系統が導入され、それに「愛媛大玉蜀黍1号」を組み合わせた一代雑種品種「交5号」が長野県農試で、一九五九年に育成された。その後、同試験場の「交7号」、北海道立農試の「ジャイアンツ」なども生まれた。しかし、米国でごま葉枯れ病菌Tレースによる被害が蔓延した後を追うように、日本でも被害が発生しだした。一九六八年、東北地方は七、八月に異常な低温多湿となり、ごま葉枯れ病が多発した。その際に福島県における「交7号」の原々種圃で雄性不稔系統が全滅に近い被害をうけた。一九七〇年には、長野県の採種地帯のトウモロコシに甚大な被害が発生した。以来日本では、細胞質雄性不稔をトウモロコシの採種に利用することはなくなった。

7. 単交雑ハイブリッドのための近交系の作成

日本最初の単交雑品種は、一九七五年に北海道十勝農試で育成された「ピリカスイート」である。この品種は粒が鮮黄色のスイートコーンで、「ゴールデン・クロスバンタム」より一五日ほど早生であった。北海道でふつう採用される複交雑でなく単交雑にしたのは、単交雑のほうが育成品種の個体間で収穫期の熟度や雌穂の形質が斉一になるためであった。この斉一さは、スイートコーンでは最も必要とされる特性であった。なお、この品種の育成で単交雑の両親として用いた近交系は、自前でなく、ほかの試験場やカナダの系統をゆずりうけて使用した。北海道在来品種に由来する実用性の高い近交系が少なかったため、選択できる単交雑の組み合わせが非常に狭い範囲に限られたと、のちに育成者らは述懐している[35]。

二十一世紀になり、日本でも単交雑によるハイブリッド品種が本格的に嘱望されるようになった。実用性のある独自の近交系を育成する仕事もそれに先立ち一九八〇年代後半から進められていて、北海道農試、畜産草地研究所、九州沖縄農業研究センターなどからデントコーンまたはフリントコーンの近交系が、いくつか発表されるようになった。

近交系の育成には年月がかかる。たとえばデントコーンの近交系「Ｈｏ57」では、米国パイオニア社が育成した一代雑種品種「３３８９」を材料として個体間できょうだい交配を行ない、一九八七年に最初の世代（S_0）を得て、その後一九九三年まで六世代にわたって自殖と特性選抜を行ない遺伝的に固定した近交系を作出し、二〇〇二年に「とうもろこし農林交親55号」として登録された。その間一五年かかった。[36]

第12章

遺伝子組換えトウモロコシ

トウモロコシは、二十世紀になって従来の自然受粉品種からハイブリッドコーンに変身しただけで終わらなかった。トウモロコシの体内にトウモロコシのものではない遺伝子を抱え込むようになった。二十世紀は遺伝学の世紀といわれるが、世紀末の研究結果として遺伝子組換えという技術が登場した。

二十世紀における遺伝学の発展

二十世紀はグレゴール・ヨハン・メンデルの遺伝法則の再発見で幕を開けた。周知のとおり、一九世紀にメンデルが修道院の庭で行なったエンドウの実験にもとづき確立した遺伝法則が、彼の発表から三五年のちに、エンドウだけでなくほかの植物や動物でもなりたつことが認められた。それにより、作物や家畜の改良手段として品種間交雑が広く行なわれるようになった。メンデルは遺伝学の開祖であるとともに、近代育種学の恩人でもある。

メンデルの遺伝法則では、遺伝をになう実体は不明で、因子（Faktor）または要素（Element）とよばれていた。いっぽう一八七〇年に、ドイツのヴァルター・フレミングによりサンショウウオの胚で染色体がはじめて観察され、その分裂過程が体細胞や生殖細胞で詳しく調べられ、一八八〇年代前半にはこの染色体が遺伝現象に深く関連しているのではと考えられるようになっていた。さらに二十世紀初めには米国のモーガンにより、遺伝因子が染色体上にのっていること、減数分裂では染色体の部分的交換がおこり遺伝子の並びが変化することなどがみいだされた。一九三七年にA・ブレイクスリーとB・アヴェリーにより、コルヒチンという、生物がもつ染色体の数を倍加することできる薬品が発見され、倍数体の人為的な作成が可能となった。なお、それより先の一九二七年には、米国のハーマン・ジョーゼフ・マラーにより、ショウジョウバエでX線を照射すると人為的に突然変異を誘発できることが発見され、作物の改良にも応用されるようになった。

遺伝子組換え技術の開発

遺伝因子と染色体との関連は二十世紀初頭から認められていたにもかかわらず、その正体はいぜんとして不明であった。多くの科学者は、遺伝因子はタンパク質であると信じこんでいた。複雑な生命現象をになうには、それと同等の複雑さをもつタンパク質こそ有力な候補だと考えたからである。それにくらべて四種類の塩基しか存在しないDNAは、どうみても単純すぎた。しかし、一九四四年米国のオズワルド・アヴェリーは肺炎球菌の形質転換実験において、形質転換させる物質、すなわち遺伝物質がDNAであることを確定した。

第二次大戦後のDNAに関連する研究の発展はめざましかった。また一九五二年にアルフレッド・ハーシーとマーサ・チェイスは大腸菌がバクテリオファージに感染するプロセスを研究して、ファージのうち大腸菌内に移るのはタンパク質ではなくDNAであることを示した。翌年にはジェームズ・ワトソンとフランシス・クリックによりDNA分子の構造が明らかにされた。

やがてDNAを切断する酵素が発見され、一九七三年にはハーバート・ボイヤーやスタンレイ・コーエンらにより、大腸菌で最初の遺伝子組換え生物（遺伝子組換え体ともいう）（Genetically Modified Organisum, GMO）が作出された。ここに遺伝子操作実験が本格的にスタートした。やがて異種のDNA断片を宿主細胞に導入するさまざまな技術が開発された。植物でも遺伝子組換えの技術が確立されると、すぐに品種改良に応用された。

遺伝子組換えで生まれた作物（以下ＧＭ作物とよぶ）のトップバッターは、一九九四年に販売開始された生食用トマトの「フレーヴァーセイヴァー」（Flavr Savr）であった。

トマトの販売上の問題点は、収穫後の日持ちが短いことにある。スーパーなどの店頭では真っ赤に熟れたトマトでなければ売れない。しかし生産地と消費地が離れている場合には、畑で赤みがかってから果実を収穫して市場に出すと、流通の過程で過熟になり腐ってしまった。そこでまだ緑色で果皮が硬いうちに果実を採って、エチレンで人為的に赤くしていた。しかし、それでは色は変えられても青臭さがぬけなかった。

トマトが赤く熟すると果皮や果肉が軟らかくなるのは、ポリガラクツロナーゼ（ＰＧ）という酵素が果実内に生成されて、植物細胞壁の主成分であるペクチンがＰＧにより分解されることによる。収穫後の日もちをよくするためには、その酵素の産生をなんらかの方法で抑制すればよい。そこで「フレーヴァーセイヴァー」では、アンチセンスＲＮＡ法といって、遺伝子組換えによりメッセンジャーＲＮＡと相補的なＲＮＡをつくらせることで、標的とするタンパク質の生合成を妨げる方法が考案された。この原理の特許が一九八八年に米国のカルジーン社で申請され、それをもちいて「フレーヴァーセイヴァー」が育成された[1]。

「フレーヴァーセイヴァー」の果実は収穫してから四週間以上室内に置いても腐らず、生鮮食品売場でのトマトの日もちが画期的に高まった。「フレーヴァーセイヴァー」なら、充分赤く完熟するまで畑においてから収穫できた。この完熟トマトは、発売当初は他品種の倍の値段で取引された。

しかし、カルジーン社は農作物としてのトマト品種の栽培や流通販売についての経験に乏しく、「フレーヴァーセイヴァー」の収量や品質は期待したほどではなかった。また、完熟トマトはそれまで流通していた緑色トマトにくらべれば軟らかく、流通過程で傷つきやすかった。また、他品種同様に香りに難点があった。

生食用トマトの事業は失敗に終わった。

Ｂｔトウモロコシ

農業にとって害虫と雑草は大敵である。害虫には殺虫剤、雑草には除草剤がいろいろと開発されてきた。しかし、殺虫剤や除草剤の散布による防除では防除効果が完全でないだけでなく、薬剤の散布を何回も行なわなければならず、労力がかかる上に経費もばかにならない。薬剤散布が多くなると、土壌中の微生物への影響も無視できなくなる。消費者にとっては作物につく残留農薬の問題も大きくなる。

バチルス・チュリンギエンシス（*Bacillus thuringiensis*）という土壌細菌は、胞子が形成される時期にデルタエンドトキシンという昆虫に毒性を示すタンパク質（Cry1Ab）を生産する。このタンパク質を土壌細菌の学名の略号をつけてＢｔ毒素とよぶ。この毒素は土壌細菌中では前駆体の形で存在していて無害であるが、害虫が毒素のかかった植物体部分を食べると、前駆体が昆虫体内に入りアルカリ性の消化液にふれた時点で活性化する。ちなみにこの土壌細菌は、一九〇一年にカイコの卒倒病をひきおこす細菌として、日本の研究者により発見されたものである。

Ｂｔ毒素はすべての昆虫を殺すわけではなく、ガ、チョウ、カ、カブトムシなど特定の昆虫だけに殺虫性をもち、しかもそれらの幼虫期にだけ効く。一言でいえば選択性が高く、昆虫に対して無駄な殺生をしないですむ。そのためかつては有機農業でこの土壌細菌自体を生物農薬として散布していた。しかし、生物農薬として植物体の外側から散布するのでは、茎の内部にまでは達しないので、そこにひそむ害虫は駆除しにくかった。そこで遺伝子組換え技術により、防除したい植物自体にこのＢｔ毒素を生産する遺伝子を入れこも

うというアイデアが生まれた。これは、害虫退治を薬剤散布に頼るのではなく、作物自体にやらせる方法といえる。(2)

遺伝子組換え技術によって、Ｂｔ遺伝子を導入された植物体でＢｔ毒素が形成される。土壌細菌中で生成される毒素は前駆体であったが、遺伝子組換えされた植物体中では活性のある毒素そのものが生産される。なお、通常生物は二本ずつの相同染色体をもっているが、Ｂｔ遺伝子は相同染色体の片方にだけ入っている。つまりＢｔ遺伝子についてヘテロ接合となっている。ヘテロ接合であっても栄養体である茎や葉では十分毒素が生成される。しかし、花粉では五〇％、稔った種子では七五％だけがＢｔ遺伝子をもつことになる。

図 12.1 アワノメイガの幼虫

昆虫がＧＭＯの葉や茎を食むと、毒素も一緒に摂取されて、消化液中のタンパク質分解酵素プロテアーゼにより部分的に分解されて、より低分子で毒性のあるポリペプチドとなり、これが昆虫の消化管の中腸上皮細胞にある受容体と結合し、中腸を麻痺させ栄養素を摂取できなくさせる。これにより昆虫は食欲を失って死ぬことになる。いっぽう、人間を含めて哺乳類は、消化液が酸性であるので、Ｂｔ毒素がほかのタンパク質と同様にアミノ酸にまで分解される。また受容体ももっていないので、害を免れる。

Ｂｔ遺伝子を導入されたトウモロコシをＢｔトウモロコシとよぶ。トウモロコシを害する虫の主役は鱗翅目のアワノメイガ（**図12・1**）である。雄穂が茎の上部に抽出してくる頃に幼虫が茎、雄穂、雌穂に食い入る。茎では主に髄部を食害するため、被害個所で折れたり、その上部が枯れたりする。雄穂では基部に発生して開花不能となり、雌穂では結実が妨げられる。Ｂｔトウモロコシを食べたアワノメイガは死ぬ。

なおＢｔ毒素にはいくつかの種類があり、その種類により標的とする害虫を選ぶことができる、最近では土壌中のネキリムシに対する抵抗性をもつＢｔトウモロコシが、モンサント社から市販されている。

一九九六年にチバガイギー社とマイコゲン・シード社は、はじめてＢｔトウモロコシの一代雑種品種を育成した。その後、優良なトウモロコシ近交系にＢｔ遺伝子を導入する種子会社が増加した。Ｂｔトウモロコシはトウモロコシの潅水栽培が行なわれ、アワノメイガの被害が大きいテキサス、カンサス西部、コロラド東部、ネブラスカなどで採用されるようになった。二〇一〇年現在、米国産トウモロコシの六三％がＢｔトウモロコシとなっている。

除草剤耐性トウモロコシ

いっぽう雑草退治については、除草剤の影響を受けないタンパク質をつくる微生物由来の遺伝子を、遺伝子組換え技術によって作物にくみ込むことで、除草剤に耐性をもたせることができる。

米国の大豆栽培では、雑草駆除が数十年来の難題であった。長い間、栽培方法を工夫したり、農業機械で土壌表面を耕したりすることによって対応してきた。一九六〇年代になるとようやく、ダイズの作付け直前または作付け時に土壌に散布するタイプの除草剤（出芽前処理除草剤）が開発された。除草剤は一種類では不十分で、イネ科雑草用と広葉雑草用の二種類以上の除草剤をタンクの中で混ぜてから撒くことも行なわれた。ただし、このタイプの除草剤を作付けまでに散布するだけでは、そののちダイズの成長中に生えてくる雑草は防げないので、農家はダイズが繁茂して雑草を覆うようになるまでは、機械で畝間を耕すことで雑草害を抑えていた。

一九七〇年に米国のモンサント社の研究者は、化学物質グリフォサートが除草剤として使えることを発見した。グリフォサートはイネ科雑草、広葉の雑草、木本性植物など、さまざまな植物を無差別に枯らす効果があり、緑色のものなら何でも枯らすといわれた。つまり非選択性除草剤である。何よりも好都合だったのは、これまでの除草剤とちがって、グリフォサートは成長中の雑草を枯らしてくれることであった。つまり出芽後作用除草剤であった。グリフォサートは雑草の葉から吸収され、成長点に達して作用する。モンサント社はその除草剤にラウンドアップ（Roundup）という商品名をつけて販売することにした。ラウンドアップは作物や野菜の畑、果樹園、工場周辺地、樹木園など、多くの場所で多年生雑草の駆除に用いられた。その後、他社からもさまざまな出芽後作用除草剤が開発された。

出芽後作用除草剤の出現によって、農家のダイズ栽培方法が大きく変化した。ダイズが発芽する前に出芽前処理除草剤を撒いて雑草を抑えるのは変わらなかったが、ダイズが成長中の雑草駆除を、機械のかわりに出芽後作用除草剤を使って駆除するようになった。除草剤のほうが機械に頼るより速く除草作業が進んだからである。その結果、ダイズの大規模栽培が可能となった[3]。

また、保存型耕起が可能となった。トウモロコシの茎など、前作の作物の一部を畑に残したまま耕す方法を保存型耕起というが、これにより土壌の浸食や流亡をより有効に防ぐことができるようになった。さらに、作物が成長中に耕起するため、機械を畑に入れる必要がなくなったので畝間を狭くでき、そのぶんだけ畑の面積を多くダイズ栽培に使えるようになった。また作物の成長が速まり、雑草に負けずに早く畑を覆うようになった。

いっぽうでは困った点もいくつかあった。除草剤の散布で、肝腎の作物に成長阻害、葉の黄化、葉脈の赤化などの障害が生じ、雑草との競争力が低下した。作物への障碍を避けるために除草剤の濃度を低くしなければならず、それでも除草効果が下がらないようにするには、雑草がまだ小さいうちに散布しなければならなかった。次の問題は、除草剤耐性の雑草が生じることであった。これは、同じタイプの除草剤の散布をくりかえすことにより、もともと耐性をもつ雑草が相対的に増えたり、自然突然変異によって新たに生じたりしたものである。さらに、除草剤の中には、土壌中で分解せずにいつまでも残留するものがあり、作物の輪作の妨げになった。たとえば、米国中西部では、トウモロコシとダイズの輪作が行なわれていたが、ダイズ作で施用された除草剤が残留してトウモロコシの成長に悪影響をおよぼした。

分子生物学の一つの成果として、一九八三年にグリフォサートに対する耐性遺伝子が腸内細菌サルモネラの突然変異体から得られた。この遺伝子を作物に導入する方法がモンサント社で応用され、一九九六年に最初にダイズでGM作物が製品化された。ラウンドアップに耐性の組換え体は除草剤に身構えができている（Ready）という意味で、ラウンドアップレディ（RoundupReady）と名づけられて、除草剤と種子がセットで同社から販売された。このシステムは従来のように除草剤のさまざまな組み合わせに悩むことなく、ラウンドアップだけを散布すればよく、単純明快なダイズ栽培法であった。そのため、農家に急速に普及し、発売から二年後に三八％に達した。ほかの除草剤、とくに出芽後作用タイプの使用は急減した。ラウンドアップでは、遅い時期に散布しても、除草効果が下がることも、作物に害を与えることもなかった。また土壌に残留して輪作体系を乱すことも少なかった。

ダイズにつづいて、トウモロコシ、ワタ、ナタネ、さらに牧草のアルファルファなどでも、遺伝子組み換えによりラウンドアップレディ品種が作出された。ダイズをはじめとするラウンドアップレディ作物は、二十一世紀初頭には同社の売上の六割以上を占める大ヒット商品となった。

植物にはホスホエノールピルビン酸とシキミ酸-3-リン酸からアミノ酸を生成する一連の化学反応がある。

グリフォサートを植物に散布すると、植物細胞中でこのシキミ酸経路を制御する合成酵素にグリフォサートが結合して働かなくさせる。これにより植物体内で必要なチロシン、トリプトファン、フェニルアラニンなどの芳香族アミノ酸が生成されず、シキミ酸-3-リン酸が蓄積し、細胞が死に、植物体が枯れる。遺伝子組換えによるグリフォサート耐性品種では、シキミ酸経路の触媒活性は変わらずに、グリフォサートとの親和性が低くなった酵素をつくる遺伝子を導入してあるため、酵素が働かなくなることはなく、除草剤による枯死を免れることができる。

普通の除草剤では、効果が現れる雑草の種類が限られている。これを除草剤の選択性という。畑にはさまざまな種類の雑草が生えるので、選択性のある除草剤では、数種類を異なる時期に分けて散布しなければ、雑草のないきれいな畑にならない。それに対して、作物にだけ除草剤耐性をもたせて非選択性の除草剤を散布すれば、作物は無事ですべての雑草が枯れることになる。また散布回数もわずか一、二回で済み、散布の労力や経費を減らすことができる。ラウンドアップの有効成分であるグリフォサートは、土に入った場合は水と炭酸ガスに分解されるため、環境負荷の少ない除草剤であるとされている。

なお、除草剤抵抗性の系統と害虫抵抗性の系統を交雑して、その子孫から両方の抵抗性をもったGMトウモロコシが作出されている。また、害虫抵抗性のいくつかの異なる遺伝子を合わせもったGMトウモロコシも利用されている。このような複合タイプのGM作物はスタック（stack）品種とよばれていて、一九九七年から世界の栽培面積の統計にではじめ、二〇一三年には四七一〇万ヘクタールに達している。

スターリンク騒動

遺伝子組換えの道が開かれたのは一九七〇年代であったが、その頃からすでに遺伝子組換えという技術の安全性が問われはじめた。トウモロコシでも二十一世紀になると対岸の火事ではなくなった。

ヨーロッパのアヴェンティス社が作出したBtトウモロコシの一品種「スターリンク」が、一九九八年にGMOとして認可された。この品種は通常のBtトウモロコシとは異なるCry9Cというタンパク質をもっていた。また除草剤耐性遺伝子も組みこまれていた。このタンパク質は、既存のどのアレルゲンとも構造が似ていなかったので、健康上安全と考えられた。しかし、このタンパク質は強酸性溶液中でタンパク質分解酵素ペプシンに四時間さらしても分解されず、九〇度の熱にも一〇分間耐えた。これにより、料理や加工で分解されにくく食べたときの消化もよくないと判断され、また免疫システムに干渉する可能性ありということで、家畜の飼料用か加工用としてのみ、という条件つきで認可が下りた。その際に決して食用のルートに混入されないよう注意が喚起された。実際に、Cry9Cは、多くの植物アレルゲンと同様に、植物体中でグリコシル化によって安定していることがのちにわかった。また「スターリンク」をラットに食べさせた試験ではアレルギー反応が認められ、またラットの血流中にタンパク質Cry9Cの存在が認められた[4]。

一九九九年に米国のアグロエヴォという種苗会社が、「スターリンク」についての権利を取得し、食用としての認可を環境保護庁（EPA）に求めた。EPAは二〇〇〇年初めに科学審査会を招集して、この問題を討議した。いっぽう、全米科学アカデミーは同年四月に、「スターリンク」のタンパク質にアレルゲン性がある可能性を示し、Bt作物の人や環境への影響についての試験方法を改善するよう、EPAに勧告した。

そのような状況の中で、市民団体「地球の友」が委託した検査により、ワシントンDCのとある食料品店で売られていたクラフツ社の加工食品タコスに「スターリンク」が含まれていることがみつかったことを、二〇〇〇年九月二六日の『ワシントン・ポスト』紙が報じた。クラフツ社は四日後に商品をすべて自主回収した。飼料または加工用にしか認可されていない「スターリンク」が町の食品中に混入していたということは、分別流通が完全には機能していなかったか、畑で「スターリンク」の花粉がほかのトウモロコシにかかり受精してしまったことによると考えられた。

同月に三番目の権利取得者となったアヴェンティス社は、全米の種苗業者に翌年用の「スターリンク」の種子の販売を停止するよう求め、また飼料用および加工用としての認可取り消しというEPAの提案にも従った。かくして「スターリンク」は市場から姿を消した。しかし、農家の手許には残っていた。アヴェンティス社は二〇〇〇年産のすべての「スターリンク」を買い上げることで、米国農務省およびEPAと同意した。その費用は一億ドルに達した。その年「スターリンク」は二九州で計一四万ヘクタールに栽培されていた。

余波は日本にもおよんだ。日本消費者連盟が独自に米国の検査機関に分析を依頼した結果、二〇〇〇年一〇月二四日に市販のコーンミールと家畜飼料から「スターリンク」由来の原料がみつかった。「スターリンク」は、日本ではどのような用途についても認可されていなかった。韓国でも輸入されたタコスに「スターリンク」が入っていた。[5]

GMOの利用上の問題

国際アグリバイオ事業団（ＩＳＡＡＡ）の報告によると、二〇一三年現在、ＧＭ作物は世界二七か国で計一億七五二〇万ヘクタールに栽培されている。トウモロコシについては世界で五七四〇万ヘクタール栽培されており、トウモロコシの全栽培面積の三二％に当たる。米国に限っていえば、ＧＭトウモロコシは二十一世紀に入って年々作付面積が増加し、トウモロコシ栽培面積の八八%を覆うにいたった。

トウモロコシ以外の作物ついては、ダイズ、ワタ、ナタネでGM作物が普及していて、二〇一三年度現在それぞれ八四五〇万、二三九〇万、八二〇万ヘクタールに栽培されている。多くの国で主食とされているコムギおよびイネについてはほとんど普及していない。国別の普及面積は、米国が最大で二〇一三年現在、七〇一〇万ヘクタールにおよび、それにブラジル、アルゼンチン、インド、カナダが順につづいている。日本で承認されたGM作物は、二〇〇一年の日本モンサント社が申請したBtトウモロコシを最初として、二〇一三年五月現在で六〇に達している。

周知のとおり、GMOを作物の改良に利用することには、一般社会でも研究者間でも賛否両論の激しい対立がある。遺伝子組換えを利用した作物生産システムについては、いくつもの問題点が提示されており、今もそれらについて活発な研究が世界的に展開されている。

1．作物種子の自家採種の禁止

農業経営の面からは、遺伝子組換え体の種子はすべて特許をもつ種苗会社から毎年購入しなければならず、種子価格が高く設定されているので、その経費は無視できない。そのうえ栽培面積あたり一定額の技術料をとられる。モンサント社では農家が無許可の遺伝子組換え作物を栽培していないかを見張るためにパトロール隊を巡回させ、農家から「モンサント警察」とひそかによばれた。種子を購入せずにGMOを栽培した場合には、GMOを販売している会社から特許侵害として訴えられるおそれがある。たとえそれがたまたまGMOを栽培している隣の畑から風に乗って飛んできた花粉や種子などにより混じったものであっても同様である。

カナダ中西部のサスカチュワン州に住むパーシー・シュマイザーという農民が長年自家採種で栽培してきたナタネ品種「キャノーラ」中に、たまたまＧＭＯの個体が混在するようになり、それを栽培していたところ、モンサント社から訴えられ長期にわたる裁判沙汰となった例が知られている。

２．除草剤耐性の雑草や毒素抵抗性の害虫の発生

同じ除草剤を毎年同じ畑で使用していると、畑の雑草集団の中に除草剤に耐性をもった個体が増えてくることが知られている。このことは、ラウンドアップの主成分グリフォサートについても一九九〇年代前半から認められていた。オーストラリア南部で一五年間グリフォサートを施用してきた果樹園で、雑草のライグラスの発生が抑えられなくなったので調べたところ、最大で一一倍の濃度に耐えるほど耐性になっていた[6]。このような耐性をもつ雑草をスーパーウイード（超雑草、耐性雑草）とよぶ。ラウンドアップがラウンドアップレディ作物とペアで用いるようになると除草剤の使用濃度も高めに設定されるので、スーパーウイードの出現はさらに加速される可能性がある。

Ｂｔ毒素についても同様に、長年の使用で抵抗性の害虫が出現することが、日本でもすでに一九九二年に報告されている[7]。このようなことがおきると、ＧＭＯを利用した除草や殺虫のシステム自体が無効となるだけでなく、その後の農業環境の管理も難しくなる。とくに有機農業を経営している農家にとっては、Ｂｔ毒素に抵抗性の害虫が出現すれば、微生物農薬としてＢｔ菌を使っても効果が期待できなくなる。

３．標的外害虫へのＢｔ毒素の影響

一九九九年に米国コーネル大学のＪ・ロゼイらは、実験室でキョウチクトウ科のトウワタの葉にＢｔトウ

モロコシの花粉（Bt花粉）をふりかけて、オオカバマダラ（**図12・2**）の幼虫に食べさせたところ、四日間で幼虫の四四％が死に、残った幼虫も食欲減退および生育不良を示した。この報告は、Btトウモロコシが周辺の環境に生息する標的外の昆虫までも殺してしまうことを示していた[8]。オオカバマダラはオレンジ色に黒が入ったきれいな羽をもつチョウで、寒さがくると渡り鳥のようにカナダや米国から数千キロを移動してメキシコで越冬する。米国ではなじみが深く、「君主のチョウ」とよばれている。オオカバマダラはトウワタに産卵し、幼虫はその葉を食べて成長する。実験結果は一般社会に衝撃を与え、環境に対するGMOの安全性が一気に懸念されるようになった。すぐに多くの研究者による追試が行なわれたが、オオカバマダラに対するBt花粉の有害性については結果が二分した。この食い違いはのちに、BTトウモロコシの系統により毒性が異なることによることがわかった。

図 12.2 オオカバマダラ　ウイキペディア日本語版

なお同様の実験として、二〇〇一年につくば市にある（独）農業環境技術研究所で、モンシロチョウ、ナミアゲハ、ヤマトシジミ、ウラナミシジミ、イチモンジセセリ、ガ、コナガ、アワノメイガ、スジコナマダラメイガの幼虫にBtトウモロコシの花粉を食べさせる実験が行なわれ、ヤマトシジミというチョウが最も弱いことがわかった。

スイスのA・ヒルベックらは、一九九八年に斬新な実験結果を発表した。彼女らはBt毒素を混ぜた人工飼料で飼育したヨトウガの幼虫を、その天敵で肉食性のクサカゲロウに与えたところ、クサカゲロウの死亡率が毒素の濃度とともに増加し、最高で七八％に達した。毒素の前駆体を用いた実験でも最高六二％の致死率がみられた。しかしクサカゲロウにBt毒素を直接与えた場合には死ぬことはなかった。オオカバマダラの体内でBt毒素の化学構造が変化してクサカゲロウにも有毒になったのだろうと彼らは推量した。[9][10] この報告は、標的外の生物に対する影響は毒素の直接の効果だけを調べたのでは不十分なことを示唆している。

二〇一二年に *Food and Chemical Toxicology*（食品および化学毒性）という専門誌に、フランスのカーン大学の研究チームが、遺伝子組換えトウモロコシ「ＮＫ６０３」を食べさせるか、除草剤ラウンドアップに接触させたマウスでは、腫瘍の発生率が高くなったと報告した。この実験は二〇〇匹のマウスを用いてマウスの寿命に匹敵する二年間という長期の飼育で得られたもので、社会に衝撃を与えた。しかし、報告結果が統計学的に有意なものではないという理由で、論文は同年一一月に出版社により取り下げられた。

4．Bt毒素や除草剤が土壌および水系の環境に及ぼす影響

Bt作物がもつ毒素は根にも存在し、作物の生育中に根から土中に浸出する。土中に入った毒素は粘土や腐食質に急速に固く結合することにより、細菌などによる分解から免れ、二〇〇日以上も存続することになる。毒素の殺虫性はこの結合された状態でも保持されている。開花時の花粉の落下や、作物の収穫後の残滓によっても、土中の毒素が増加する。[11] これらの毒素が土壌や水系に住む生物に与える影響は、まだよくわかっていない。

GMO利用の間接的影響であるが、非選択性除草剤ラウンドアップが畑の外に逸出して、周辺の環境に影響することも考慮されなければならない。一九九八年の時点で、この除草剤は世界中で総計一一万トンも畑にまかれている。GMO種子の販売会社では、彼らが使用している除草剤は土壌中ですぐに分解されるので

影響はないとしているが、それに反する事実もいくつか報じられている。[13] たとえばカナダではグリフォサートを畑に施用したのち、四か月たってもなお近くの池に表土水などとともに流れ込んだ除草剤が残存していたとする報告がある。[14]

5. 遺伝子の水平伝達

遺伝子はふつう生殖を通して親から子へと伝えられる。これを垂直伝達という。それに対し、生殖以外の方法で、ある個体のゲノムからほかの個体のゲノムへと遺伝子が伝達されることを水平伝達という。二十世紀半ばまでは、水平伝達は微生物の種間や昆虫の種間ではまれにみられるが、微生物と植物の間では通常みられないとされていた。一九七〇〜八〇年代に、土壌細菌のアグロバクテリウム（*Agrobacterium tumefaciens*）から宿主植物へT-DNAという、DNA断片が水平伝達する現象が解明され、遺伝子組換え技術に応用された。

GMOが認可されたとき、米国食品医薬局（FDA）では、除草剤耐性遺伝子が水平伝達などによって自然生態系に拡散するリスクについて考慮せざるをえなかったが、「一九九五年現在でも、植物の遺伝子が微生物に伝達されるメカニズムは知られていないので、水平伝達によって除草剤耐性の生物が新たに生まれる可能性は非常に小さい」と断定した。[15]

しかし、遺伝子組換えで導入される遺伝子のDNAは、いくつかの異種生物由来のDNAが連結されたキメラ状態になっているため、植物や動物の細胞にとりこまれた際に、通常の異種遺伝子の侵入に対して作動する生体内防御プロセスが働かず、いわばフリーパスで水平伝達される確率が高いのではないかと考える研究者もいた。

そこでＦＤＡの声明の真偽を確かめるべく世界中で実験が開始された。自然環境を含む実験では、しっかりとした実験計画をたて、異種ＤＮＡを検出する実験精度も高くなければならない。それらが不十分であれば結果はすべて「水平伝達はない」という結論で終わる。[16] いっぽう、「水平伝達を認めた」と結論される実験結果が得られても、それを同じ条件でほかの実験者が追試して確認することは難しい。そのようなことから、現在も賛否どちらともはっきりとした結論がつかない状況にある。以下では、水平伝達の存在について肯定的結果が得られた結果を紹介する。

ドイツの昆虫学者Ｈ・カーツによる二〇〇〇年の報告によれば、除草剤耐性のナタネの花粉を摂取したミツバチを調べたところ、その腸内細菌が除草剤に耐性を示した。これは、植物から微生物への水平伝達である。ただし結果の詳細は、いまだに公表されていないので論評できない。また、遺伝子操作したテンサイから抗生物質耐性遺伝子が分解されずに土壌に移り、さらに土壌細菌に転移した例もある。[17]

微生物から動物への水平伝達も報告されている。アズキやササゲの害虫であるアズキゾウムシを細胞内共生細菌ウォルバキアに感染させた結果、ウオルバキアの大きなＤＮＡ断片が宿主のアズキゾウムシに伝達された。なお伝達されたＤＮＡは、アズキゾウムシの性染色体上に入りこんだことが認められた。[18]

植物から微生物を媒介として動物に水平伝達した例も報告されている。米国のヒューロン川で、Ｂｔトウモロコシが広く栽培されている畑に近い場所で二か月間飼育したイシガイ科の貝で、その鰓（えら）、消化管、生殖腺からＢｔ遺伝子が検出された。さらに調査を進めた結果、畑から川に流れこんだ水を介して、水中にすむバクテリアによりＢｔトウモロコシのＢｔ遺伝子がとりこまれ、そのバクテリアを摂取した貝にＢｔ遺伝子がさらに移行したことがわかった。[19]

水平伝達は人にも無縁ではない。抗生物質耐性遺伝子をもつ組換え体を摂取すると、その人の腸内細菌に耐性遺伝子が水平伝達され、そこで遺伝的組換えをおこし、抗生物質では制御不能な疾病が発生するおそれがある。それに対し、食物とともに口から入った組換え体は、強酸性の胃内ですべて分解されるので問題ないと反論されることが多い。しかし必ずしもそうとはかぎらない。抗生物質耐性遺伝子をもつプラスミド（染色体外で自立して複製・分離する小型の核酸分子）をマウスに与えたところ、一部が高分子のまま体内に数時間も残存し、排泄物にも検出され、さらに無傷のプラスミドDNAがマウスの白血球細胞や胎児中にみいだされたという報告がある。[20]

6. 遺伝子組換え体の遺伝子が全生物界に拡散する危険

GMOの有害性は食品としてだけにとどまらない。GMOは環境条件がさまざまに異なる地域の圃場で大量に栽培され、その生産物は広域化した流通にともない国内だけでなく、世界各地に輸出され消費される。このような状況下では、組換え植物が野生化して畑以外の自然環境へと逸出したり、組換え植物が近縁野生種と交雑して望まない雑種が生まれたりするおそれが生じる。また組換え植物と非組換え体品種との自然交雑により、気づかぬうちに組換え体の遺伝子が一般の畑に拡散したり、収穫物の流通過程で組換え体が混入したりすることも避けられない。これは生物進化と自然生態系に対する大きな干渉といえる。もし組換え体がいったん栽培と流通に移されれば、その導入遺伝子が有害と判明したとしても回収不能となる。

実際に、メキシコのトウモロコシの起源地に近いオアハカに通じる道路から二〇キロ以上離れた畑に植えられた在来品種が、組換え体の遺伝子によって汚染されているのが発見されたという報告が、二〇〇一年に出ている。[21] ただし、メキシコでは一九九八年からGMOの栽培が禁止されていたこと、汚染が認められた地がGMOの栽培地域から一〇〇キロ以上離れていたことから、調査結果に疑問が呈された。この論文の追試が行なわれ、ある報告では否定的な、またほかの報告では肯定的な結果が得られている。

7．アレルゲン

さらに消費者からすれば「スターリンク」の例にみられるように、新たなアレルギーが発生するかもしれないという問題がある。

アレルゲンはごく微量でも作用を発現し、その量は化学的な検出限界よりも低いことが多い。化学的に検出することが難しい。

導入遺伝子産物がアレルゲンであるかどうかの判定法はいくつかある。一つは、導入遺伝子産物のアミノ酸配列と既知アレルゲンのアミノ酸配列を集めたデータベースとをコンピュータ上で比較して、抗体結合部位を中心とする一次構造が既知アレルゲンのどれとも同一でなければ可としている。しかしデータベースとのつきあわせによる構造上の相同性だけでは当然ながら新規のアレルゲンを検出することはできない。

またアレルギー評価に関連して物理化学的処理に対する安定性が検討される場合がある。加熱処理により変性しにくいとか、人工胃液や人工腸液で消化されにくいとアレルギー誘発の可能性があると判断される。

GMOの安全性の試験には、動物実験が組み込まれている。しかしアレルゲン検定のための動物実験のモデルは確立されていない。また動物実験で安全性が確認されてもヒトに対して同様に安全とは限らない。事実一九九六年に、米国でダイズに不足するアミノ酸を産生する遺伝子をブラジルナッツからとってダイズに挿入してつくった組換え体が、動物実験では安全と判定されたのに人にはアレルギーを生じたという例がある。[22]

直接にヒトで検定する場合にも問題が多い。ある食品に対しアレルギーをもつ患者がわかっている場合には、その血清と導入遺伝子により発現するタンパク質との反応を調べて陽性であればその食品にアレルギー誘発性があると判定できる。しかし、審査段階の組換え体では、このように簡単にいかない。毒性と異なり、アレルギー誘発性は人の体質（遺伝子型）によって反応が大きく異なる。検定に際して誰がどんなアレルゲンに誘発性をもつかは予測できない。したがって少人数の被検者による検査では未知のアレルゲンの有無を結論できない。たとえばあるアレルゲンに過敏な人の割合を一％とすると、それを血清免疫検査などで九五％の確率で被検者中少なくとも一人にアレルギーが検出されるには約三〇〇人の被検者を必要とする。過敏者の割合が〇・一％ならば三〇〇〇人の被検者が必要となる。またアレルギーは大人よりも乳幼児のほうが過敏に反応するが、多数の乳幼児を組換え体の被検者とすることは人道的に許されることではない。

8．GM食品のラベリング

GMOに対する賛否が対立している現状では、消費者の「知る権利」として、GMOを含む食品についてはその旨を表示する（ラベリング）ことが不可欠であろう。ヨーロッパ連合（EU）では一九九七年一月の新規食品及び新規食品成分に関する欧州議会及び理事会規則において、GM食品を含む新規食品の認可手続などが定められ、表示規制についても具体的な規定が定められた。日本では農林物質の規格化及び品質表示の適正化に関する法律（通称JAS法）および食品衛生法にもとづいて、遺伝子組換え農産物とその加工食品について表示の方法が定められ、二〇〇一年四月から義務化されている。GMO普及大国の米国では、モンサント社をはじめとするGMOの販売や利用にかかわる大企業のネガティブ・キャンペーンによりGM食品のラベル化がほかの先進国にくらべてたいへん遅れていたが、二〇一三年一二月までにメーンおよびコネティカットの二州でようやく法案が成立した。

9．GM食品の利用は慎重であるべき

現在食用とされている作物は、われわれの祖先が狩猟採集の時代から自然界で自生していた植物中から試行錯誤の末に選択してきたものである。その過程では誤って有毒な植物を食べて病気になったり命を落としたりした人も少なくなかったであろう。

選ばれた植物は、栽培化され、より生産性が高く、より育てやすく、病害や害虫に強く、人間の嗜好に合うようにと、ゆっくり時間をかけて農民の手によって改良されてきた。その改良過程でも、作物としての価値が試めされつづけた。北米で栽培化されたサンプウイードのように、いったんは広く普及した作物でもアレルゲンをもつために、トウモロコシにとってかわられた植物もある。

ある地域で作物として確立した植物でも、ほかの地域にはじめて伝播したときには、すぐにはうけいれられなかった。ヨーロッパに入ったジャガイモが人々の食卓に上るようになるには、二〇〇年を超える月日がかかった。

そうやって長い試行錯誤の末に現在食用作物として確立したものでさえ、すべてがまったく無害というわけではない。ジャガイモのソラニン、キャッサバや青梅の青酸配糖体のように、広く流通している作物でさえ有毒物質を含んでいる。ラッカセイ、コムギ、ダイズ、ソバなど、アレルゲンとして知られている作物も少なくない。

しかし、人類は作物を食品として長く利用する間に、その効用と危険性の両面を熟知するようになった。通常の品種改良で生みだされる品種の安全性は、その経験の上になりたっている。トマトの品種間で交雑したり、人為突然変異で遺伝子を不活性化したりしても、トマトであることに変わりはない。

しかし、異種遺伝子が導入された組換え体品種では人類の長年の経験が生かされない。通常のトマトと外観は変わらないが、ウイルスや細菌や昆虫などの異種遺伝子を含んでいるトマトが市場にでてきたとき、その安全性を無条件に信じろというのは少なくとも現状の技術段階ではとうてい無理である。通常の育種で育成される品種のように、次々と作成して利用しようとするのは危険であるし、とくにイネやコムギのように食品として大量消費される作物に組換え体を用いるのはリスクが大きく賛同できない。

今後も食品の究極の安全性は消費者の食卓で判定されるしかない。安全性に疑問のある現状でＧＭＯを食品として利用することは、何百万、何千万人に対する投与実験が行なわれるのに等しい。食品の改良についてはもっと慎重でなくてはならない。「世の中に必要だから」ではなく、「会社が儲かるから」という多国籍企業の商業主義の中で、ＧＭＯの作付面積だけが急拡大し、それを受け入れられていることを示す既成事実として安全性の問題がなおざりになっていくことは、許されることではないと考える。[23][24]

(11) Sexena, D., S. Flores and G. Stotzky (1999) Insecticidal toxin in root exudates from Bt corn. *Nature* 402:480.
(12) Weinart, N., R. Meincke, M. Schloter, G. Berg and K. Smarra (2010) Effects of genetically modified plants on soil microorganisms. 235-258. In: Mitchell, R. and J. Gu eds. *Environmental Microbiology*, 2nd ed. Wiley Blackwell.
(13) GRAIN: Roundup ready or not. (1997) Accessed on 3/11/2012 at http://www.grain.org/article/entries/235-roundup-ready-or-not
(14) Rank, R., H.E. Braun, B.D. Ripley and B.S. Clegg (1990) Contamination of rural ponds with pesticide, 1971-1985, Ontario, Canada. *Bull. Environ. Contam. Toxicol*. 44:401-409.
(15) Syvanen, M. and C.I. Kado (eds.) (2002) *Horizontal Gene Transfer*. 2nd ed. CPI Bookcraft.
(16) Heinemann, J.A. and T. Traavik (2004) Problems in monitoring horizontal gene transfer in field trials of transgenic plants. *Nature Biotechnology* 22：1105-1109.
(17) Gebhard, F. and K. Smalla (1999) Monitoring field releases of genetically modified sugar beets for persistence of transgenic plant DNA and horizontal gene transfer. *FEMS Microbiology Ecology* 28:261-272.
(18) Kondo, N., N. Nikoh, N. Ijichi, M. Shimada, and T. Fukatsu (2002) Genome fragment of Wolbachia endosymbiont transferred to X chromosome of host insect. *PNAS* 99:14280-1428
(19) Douville, M., F. Gagné, C. André and C. Blaise (2010) Occurrence of the transgenic corn cry1Ab gene in freshwater mussels (Elliptio complanata) near corn fields: Evidence of exposure by bacterial ingestion. *Ecotoxicology and Environmental Safety* 72:17-25.
(20) Schubbert, R., U. Hohlweg, D. Renz and W. Doerfler (1998) On the fate of food-ingested foreign DNA in mice: chromosomal association and placentral transmission to the fetus. *Mol. Gen. Genet*. 259：569-576.
(21) Quist, D. and H. Chapela (2001) Transgenic DNA introgressed into traditional maize landraces in Oaxaca, Mexico. Nature 414:541-543.
(22) Nordlee, J. A., S. L. Taylor, J. A. Townsend, L. A. Thomas and R. K. Bush (1996) Identification of a Brazil-nut allergen in transgenic soybeans. *New England J. Medicine* 334:688-692.
(23) 鵜飼保雄 (2006) 遺伝子組換え作物が安全性を問われる理由. 日本の科学者 41(12):4-9.
(24) アンディ・リーズ(白井和宏訳)(2013)『遺伝子組み換え食品の真実』白水社

(21) 7章の（10）
(22) Dowswell, C.R., R.L. Paliwal and R.P. Cantrell (1996) *Maize in the Third World*. Westview Press. Colorad.
(23) LIFE (October 5,1959) The Khrushchev Trip: How it adds up.Vol.47. No.14.
(24) 9章の（3）
(25) 広部達道（1961）蚕におけるヘテロシスの利用．育種学雑誌 11：98-100.
(26) 月川雅夫（1994）『野菜つくりの昭和史――熊澤三郎のまいた種子』養賢堂
(27) 宗正雄（1925）『育種学講義』光明堂
(28) 宗正雄（1926）『品種改良法』日本園芸会
(29) 10章の（30）
(30) 山崎義人（1950）とうもろこし研究の15年．農業技術 5：(6)45-47，(7)43-45，(8)42-44.
(31) 仲野博之（1977）とうもろこし（子実用） 所収：農林水産技術会議事務局編『作物の育種――その回顧と展望』農林統計協会
(32) 中村茂文（1977）一代雑種とうもろこし 所収：農林水産技術会議事務局編『作物の育種――その回顧と展望』農林統計協会
(33) 10章の（18）
(34) 中村茂文（1969）トウモロコシにおける雄性不稔利用の現状と問題点．育種学最近の進歩 10：24-41
(35) 10章の（31）
(36) 濃沼圭一・三浦康男・佐藤尚・長谷川春夫・榎宏柾・重森勲・高宮泰宏・門間栄秀（2004）トウモロコシのデント種自殖系統「Ho57」の育成とその特性．北海道農研報 180：33-44

第12章

(1) Martineau, B. (2001) *First Fruit. The Creation of the FlavrSavr Tomato and the Birth of Genetically Engineered Food.* McGraw-Hill. New York.
(2) Vaeck, M.,A.Reynaerts, H.Höfte, S. Jansens, M. de Beuckeleer *et al*. (1987) Transgenic plants protected from insect attack. *Nature* 328:33-37.
(3) Carpenter, J. and L. Gianessi (1999) Herbicide tolerant soybeans: Why growers are adopting Roundup Ready varieties. *J. Agrobiotechnology Management & Economics* 2(2)Article2.
(4) Bucchini, L. and L.R. Goldman (2002) Starlink corn: A risk analysis. *Environmental Health Perspectives* 110(1):5-13.
(5) CRS Web (2001) StarLink Corn Controversy: Background. *CRS Report for Congress* (2001.1.10)
(6) Powles, S.B., D.E. Lorraine-Colwill, J.J. Dellow and C. Preston (1998) Evolved resistance to glyphosate in rigid ryegrass (Lorium rigidum) in Autralia. *Weed Science* 46:604-607.
(7) Hama,H., K.Suzuki and H.Tanaka (1992) Inheritance and stability of resistance to Bacillus thuringiensis formulation of the daimondback moth, *Plutella xylostella* (LINNAEUS)(Lepidoptera: Yponomeutidae). *Appl. Entomol. Zool*. 27:355-362.
(8) Losey, J.E., L.S. Rayor and M.E. Carter (1999) Transgenic pollen harms monarch lavae. *Nature* 99:214
(9) Hilbeck, A., M. Baumgartner, P.M. Fried and F. Bigler (1998) Effects of transgenic Bacillus thuringiensis corn-fed prey on mortality and development time of immature Chrysoperta carnea (Neuroptera: Chrysopidae). *Environmental Entomology* 27:480-487.
(10) Hilbeck, A., Moar, W.J., Putsztai-Carey, M., Filippini, A., and Bigler, F. (1999) Prey-mediated effects of Cry1Ab toxin and protoxin and Cry2A protoxin on the predator Chrysoperla carnea. *Entomologia Experimentalis et Applicata*, 91：305-316.

(26) 一ノ瀬俊也 (2014)『日本軍と日本兵』講談社
(27) 青木春繁 (1994)『詩歌集　玉蜀黍』(非売品)
(28) 日本農業新聞編 (1989)『みのりへの道　農産物品種物語』(上・下) 日本農業新聞北海道支所
(29) 今井喜孝 (1949)『五風十雨』力書房
(30) 山田実 (1995) 露天の風物詩　焼きトウモロコシの背景──トウモロコシ作、所収：『昭和農業技術発達史 3　畑作編 / 工芸作物編』農林水産技術情報協会
(31) 仲野博之・桑畠昭吉・櫛引英男・国井輝男 (1975) スイートコーン新品種「ピリカスイート」の育成について．北海道立農業試験場集報 33：39-46
(32) 10 章の (30)
(33) 10 章の (28)
(34) 札幌市教育委員会編 (1987)『札幌収穫物語』北海道新聞社

第 11 章

(1) Jugenheimer, R.W. (1985) *Corn: Improvement, Seed Production, and Uses*. Robert E. Krieger Pub. Malabar, Florida.
(2) Roberts, H.F. (1965) *Plant Hybridization before Mendel*. Hafner Pub. Company, New York and London.
(3) チャールズ・ダーウイン (福岡伸一訳)(2009)『種の起源』光文社
(4) Darwin, Charles (1876) *The Effects of Cross and Self Fertilization in the Vegetable Kingdom*. John Murray, London.
(5) Fitzgerald, D. (1990) *The Business of Breeding*. Hybrid Corn in Illinois, 1890-1940. Cornell Univ. Press, Ithaca and London.
(6) Dudley, J.W. (1974) *Seventy Generations of Selection for Oil and Protein in Maize*. Crop Science Society of America, Inc. Madison, Wisconsin.
(7) 鵜飼保雄 (2005)『植物改良への挑戦』培風館
(8) Mangelsdorf, P.C. (1955) George Harrison Shull. *Genetics* 40:1-4.
(9) Peterson, P.A. and A. Bilanchi (eds.) (1999) *Maize Genetics and Breeding in the 20th Century*. World Scientific Singapore.
(10) Hopkins, C.G. *et al*. (1903) The structure of the corn kernel and the composition of its different parts. Illinois *Agr. Expt. Sta. Bul.* 87:79-112.
(11) Troyer. A.F.(2004) Champaign County, Illinois, and the origin of hybrid corn. *Plant Breeding Reviews* 24, Part1:41-59.
(12) 11 章の (5)
(13) 11 章の (11)
(14) 11 章の (5)
(15) Kingsbury, Noel (2009) *Hybrid: The History & Science of Plant Breeding*. The University of Chicago Press, Chicago.
(16) Troyer, A. Forrest (1999)Review and Interpretation. Background of U.S. Hybrid Corn. *Crop Science* 39:601-626.
(17) Josephson, L.M. and M.T. Jenkins (1948) Male sterility in corn hybrids. *J.A.M. Soc. Agron.* 40:267-274.
(18) 山田実 (2010) 第 4 章　トウモロコシ、所収：鵜飼保雄・大澤良編『品種改良の世界史』悠書館
(19) Mangelsdorf, P.C. (1951) Hybrid corn: Its genetic basis and its significance in human affairs. In: L.C. Dunn (ed.) *Genetics in the 20th Century*. Essays on the Progress of Genetics during its First 50 Years. pp.555-571. MacMillan.
(20) Jr・C・B・ハイザー (岸本妙子・岸本裕一訳)(1989)『食物文明論』三嶺書房

第9章
(1) 周達生 (2004)『世界の食文化──中国』農文協
(2) 篠田統 (1974)『中国植物史』柴田書店
(3) シルヴァン・ウイットワー・余友泰・孫頷・王連錚 (阪本楠彦監訳)(1989)『10 億人を養う』農文協
(4) 5 章の (28)
(5) 宋應星 (藪内清訳注)(1969)『天工開物』平凡社
(6) 6 章の (5)
(7) 天野元之助 (1974)『中国農業史研究』御茶の水書房
(8) 9 章の (1)
(9) 郭沫若 (小野忍・丸山昇訳)(1967)『私の幼少年時代　郭沫若自伝』(東洋文庫 101) 平凡社
(10) 丸井英二編 (1999)『飢餓』ドメス出版
(11) 李春寧 (飯沼二郎訳)(1989)『李朝農業技術史』未来社
(12) 黄慧性・石毛直道 (1995)『韓国の食』平凡社

第 10 章
(1) 渡辺実 (1964)『日本食生活史』吉川弘文館
(2) 7 章の (7)
(3) 戸田英男 (2005)『トウモロコシ』農文協
(4) 磯野直秀 (2006) 博物誌資料としての『お湯殿の上の日記』慶応義塾大学日吉紀要・自然科学 40：33-49
(5) 金沢大学法文学部国文学研究室編 (1967-1973)『ラホ日辞典』ラホ日辞典索引刊行会
(6) 入交好脩　編著 (1955)『清良記──親民鑑月集』御茶の水書房
(7) 人見必大『本朝食鑑』全 12 巻．国立国会図書館デジタルコレクション、2014.6.17 アクセス http://dl.ndl.go.jp/info:ndljp/pid/25
(8) 島津重豪 (1804)『成形図説』(筑波大学中央図書館和装古書室で閲覧可)
(9) 山本正 (1998)『近世蝦夷地農作物地名別集成』北海道大学図書刊行会
(10) 井上康昭・濃沼圭一・望月昇・加藤章夫 (1989) トウモロコシのカリビア型フリント日本産在来品種のごま葉枯病抵抗性等の 2 次抵抗性評価．草地試験場研究報告 42：49-67.
(11) 濃沼圭一 (2013) 第 3 章　トウモロコシ、所収：鵜飼保雄・大澤良編『品種改良の日本史』75-103，悠書館
(12) 庵原函斎 (1855)『亀尾疇圃栄』，所収『日本農書全集 2』1980．農文協
(13) 農業発達史調査会編 (1978)『日本農業発達史　3』改訂版，中央公論社
(14) 若林功 (1949)『北海道開拓秘録　第一篇』月寒学院
(15) 仲野博之 (1977) とうもろこし (子実用)、所収：農林水産技術会議事務局編『作物の育種──その回顧と展望』農林統計協会
(16) 北海道農業試験場 (1967)『北海道農業技術研究史』
(17) 10 章の (16)
(18) 三分一敬監修 (1998)『北海道における作物育種』北海道協同組合通信社
(19) 10 章の (11)
(20) 10 章の (18)
(21) 農林水産技術会議事務局 (1977)『作物の育種──その回顧と展望』農林統計協会
(22) 山崎義人 (1940)『玉蜀黍の作り方』農業報国聯盟
(23) 農林省統計調査部編 (1951)『農作物の地方名』農林調査資料第 27 集、農林統計協会
(24) 7 章の (7)
(25) 針ケ谷鐘吉編 (1981)『植物短歌辞典　正編』第 5 版、加島書店

(11) 松永秀毅 (2004) 最近のスーパースイートの甘さのひみつ. 現代農業 2004 (2)：113-115
(12) Ferguson, J.E., D.B. Dickinson and A.M. Rhodes (1979) Analysis of endosperm sugars in a sweet corn inbred (Illinois 677a) which contains the sugary enhancer (se) gene and comparison of se with other corn genotypes. *Plant Physiology* 63:416-420.

第7章

(1) Fell, Barry (1976) *America B.C.: Ancient Settlers in the New World*. A Demeter Press Book. Quadrangle/ The New York Times Book Co.
(2) Jeffreys, M.D.W. (1971) Pre-Columbian maize in Asia. In: C.L. Riley and J.C. Kelly (eds.) *Man Across the Sea*. Problems of Pre-Columbian Contacts. University of Texas Press.
(3) Johannessen, C.L. and A.Z. Parker (1989) Maize ears sculptured in 12th and 13th century A.D. India as indicators of pre-Columbian diffusion. *Economic Botany* 43:164-180.
(4) マッシモ・モンタナーリ（山辺規子・城戸照子訳）(1999)『ヨーロッパの食文化』平凡社
(5) de Candole, A.(1886) *Origin of Cultivated Plants*. Hafner Pub.Company, New York and London.
(6) Murphy, C. J. (1891) The introduction of maize into Europe. In: *Use of Maize (Indian Corn) in Europe*. USDAS Report. Washington.
(7) 農業技術研究所生理遺伝部編 (1979)『日本産在来トウモロコシの収集と特性』農業技術研究所資料 D 第 3 号別刷
(8) 5 章の (28)
(9) Bonavia, Duccio (Translated by J.F. Espinoza) (2008) *Maize: Origin, Domestication, and Its Role in the Development of Culture*. Cambridge University Press. Cambridge.
(10) McCann, J.C.(2005)Maize and Grace. Harvard Univ. Press, Cambridge, Massachusetts.
(11) 池上俊一 (2003)『世界の食文化 15――イタリア』農文協
(12) 7 章の (4)

第8章

(1) 嶋田義仁 (2005) 乾燥地域における人間生活の基本構造. 地球環境 10：3-16.
(2) 7 章の (10)
(3) 北川勝彦・高橋基樹編著 (2004)『アフリカ経済論』ミネルヴァ書房
(4) 宮本正興・松田素二編 (1997)『新書アフリカ史』講談社
(5) Smartt, J. and N.W. Simmonds (1995) *Evolution of Crop Plants*. 2nd ed. Longman Scientific and Technical、Singapore.
(6) 8 章の (3)
(7) 3 章の (9)
(8) ジャレド・ダイアモンド（倉骨彰訳）(2000)『銃・病原菌・鉄』草思社
(9) Miracle, Marvin P.(1966) *Maize in Tropical Africa*. The University of Wisconsin Press. Madison.
(10) 7 章の (10)
(11) Crosby Jr. A.W. (2003) *The Columbian Exchange*. Biological and Cultural Consequences of 1492. Praeger, Westport, Connecticut.
(12) 5 章の (28)
(13) Byerlee, D. and C.K. Eicher (eds.) (1997) *Africa's Emerging Maize Evolution*. Lynne Rienner Pub. Colorado.

(16) 4 章の (38)
(17) Waugh, F.W. (1912) *Iroquois Foods and Food Preparation*. Government Printing Bureau, Ottawa.
(18) Parker, A.C. (2012) *Iroquois Uses of Maize and Other Food Plants*. General Books, Memphis.
(19) Catlin, G.(1974) *Letters and Notes on the Manners, Customs, and Conditions of North American Indians*. Dover Publications. New York.
(20) 4 章の (38)
(21) Hurt, R. Douglas (1987) *Indian Agriculture in America. Prehistory to the Present*. Univ. Press of Kansas.
(22) ダナ・R・ガバッチア (伊藤茂訳)(2003)『アメリカ食文化』青土社
(23) 富田虎男 (1982)『アメリカ・インディアンの歴史』雄山閣
(24) ディー・ブラウン (鈴木主税訳)(1972)『わが魂を聖地に埋めよ』草思社
(25) ハワード・ジン (鳥見真生訳)(2009)『学校では教えてくれない本当のアメリカの歴史』あすなろ書房
(26) 鎌田遵 (2009)『ネイティブ・アメリカン』岩波書店
(27) 和田光弘 (2004)『タバコが語る世界史』山川出版社
(28) Warman, Arturo (Translated by N.L.Westrate) (2003) *Corn Capitalism*. The Univ. North Carolina Press, Chapel Hill and London.
(29) Root, W. and R.de Rochemont (1976) *Eating in America*. A History. The Ecco Press, New York.
(30) 本間千枝子・有賀夏紀 (2004)『世界の食文化 12――アメリカ』農文協
(31) 5 章の (28)
(32) Bogue, Allan G. (1963) *From Prairie to Corn Belt: Farming on the Illinois and Iowa Prairies in the Nineteenth Century*. Univ. Chicago, Chicago.
(33) Hudson, John C. (1994) 5 章の (32)
(34) Galinat, W.C. (1995) *The Origin of Maize: Grain of Humanity*. Economic Botany 49:3-12.
(35) Rasmussen, W. D. (ed.) (1960) *Readings in the History of American Agriculture*. University of Illinois Press, Urbana.
(36) Reynoldson, L.A and H.R.Tolley (1922) Changes effected by Tractors on Corn-Belt Farms. U.S.Department of Agriculture. *Farmers' Bulletin* No.1296.
(37) Hart, J. F. (1986) Change in the Corn Belt. *Geographical Review* 1986：51-72.

第 6 章

(1) ロワ・ラデュリ，E. (稲垣文雄訳)(2009)『気候と人間の歴史・入門』藤原書店
(2) Cretors. Accessed on 9/1/2013 at http://www.cretors.com
(3) G・ディエンブルビー (小渕忠秋訳)(1995)『植物と考古学』雄山閣
(4) Weatherwax, P. (1922) A rare carbohydrate in waxy maize. *Genetics* 7:568-572.
(5) 周達生 (1989)『中国の食文化』創元社
(6) Huelsen, W.A. (1954) *Sweet Corn*. Interscience Pub. New York and London
(7) Boyer, C.D. and J.C. Shannon (1983) The use of endosperm genes for sweet corn improvement. *Plant Breeding Reviews* 1:139-161.
(8) Tracy, W.F. (1997) History, genetics, and breeding of supersweet (shtunken2) sweet corn. *Plant Breeding Reviews* 14:189-236.
(9) Laughnan, J.R. (1953) The effect of the sh2 factor on carbohydrate reserves in the mature endosperm of maize. *Genetics* 38:485-499.
(10) Steffensen, D.M. (2000) Dedication: John R. Laughnan maize geneticist. *Plant Breeding Reviews* 19:1-14.

(26) シエサ・デ・レオン(増田義郎訳)(2006)『インカ帝国史』岩波書店
(27) インカ・ガルシラーソ・デ・ラ・ベーガ(牛島信明訳)(2006)『インカ皇統記』(二)岩波書店
(28) 泉靖一 (1959)『インカ帝国』岩波書店
(29) 4 章の (20)
(30) Raper, A.F. and M. J. Raper (1951) Guide to Agriculture U.S.A. *Agriculture Information Bulletin* No. 30., USDA.
(31) 3 章の (4)
(32) 4 章の (9)
(33) Hard R.J., A.C. MacWilliams, J.R. Roney, K.R. Adams and W.L. Merrill (2010) Early agriculture in Chihuahua, Mexico. In: J.E. Staller *et al.*(eds.) *Histories of Maize in Mesoamerica*. Left Coast Press, Walnut Creek, California.
(34) Hudson, J.C. (1997) *Making the Corn Belt*. Indiana Univ. Press.
(35) 4 章の (8)
(36) Struever, S. and K.D. Vickery (1973) The beginnings of cultivation in the Midwest-riverine area of the United States. *American Anthropologist* 75:1197-1220.
(37) Crawford, G.W. *et al.* (2006) Pre-Contact Maize from Ontario, Canada. In.: J.E. Staller, *et al.* (eds.) *Histories of Maize*. Elsvier, Amsterdam.
(38) Buchanan, Carol (1997) *Brother Crow, Sister Corn. Traditional American Indian Gardening*. Ten Speed Press, Berkeley, California.
(39) Wang, R., A. Stec, J. Hey, L. Lukens and J. Doebley (1999) The limits of selection during maize domestication. *Nature* 398:236-239.
(40) Weatherwax, Paul (1954) *Indian Corn in Old America*. The MacMillan Company, New York.

第 5 章

(1) 4 章の (17)
(2) バルトロメ・デ・ラス・カサス(林屋永吉訳)(1977)『コロンブス航海誌』岩波書店
(3) Fuson, Robert H. (1987) *The Log of Christopher Columbus*. Ashford Press Pub.
(4) Benjamin, K. (1959) *The Life of the Admiral Christopher Columbus by his Son Ferdinando*. The Folio Society, London Mcmlx.
(5) Fussell, Betty (1992) *The Story of Corn*. North Point Press, Farrar, Straus and Giroux, New York.
(6) De Saqhagún, Fray Bernardino (1540-1585) *Florentine Codex, General History of the Things of New Spain, The People*. (English Translation (2012) published by University of Utah Press, Utah)
(7) ペドロ・ピサロ、オカンポ、アリアーガ(増田義郎訳)(1984)『ペルー王国史』大航海時代叢書第 II 期 16、岩波書店
(8) ティトゥ・クシ・ユパンギ　(染田秀藤訳)(1987)『インカの反乱』岩波書店
(9) バルトロメ・デ・ラス・カサス(染田秀藤訳)(1976)『インディアスの破壊についての簡潔な報告』岩波書店
(10) 大垣貴志郎 (2008)『物語　メキシコの歴史――太陽の国の英傑たち』中央公論新社
(11) Middleton, R. (2002) *Colonial America*, A History, 1565-1776. 3rd ed. Blackwell Publishing.
(12) Waldman, Carl (2001) *Biographical Dictionary of American Indian History to 1900*. Revised Ed. Checkmark Books.
(13) 4 章の (38)
(14) Harriot, Thomas (1590) *A Briefe and True Report of the New Found Land of Virginia*. The 1590 Theodor de Bry Latin edition, Univ. Virginia Press, Charlottesville and London.
(15) VanDoren, M.(ed.) (1928) *Travels of William Bartram*. Dover Publications, New York.

(18) Fiedel, S. J. (1993) *Prehistory of the Americas*. Cambridge Univ. Press.
(19) Zarrillo, S., D.M. Pearsall, J.S. Raymond, M.A.Tisdale and D.J. Quon (2008) Directly dated starch resides document early formative maize (*Zea mays* L.) in tropical Ecuador. *PNAS* 105:5006-5011.

第4章

(1) Ford, R.I. (1994) Corn is our mother. In: S. Johannessden and C.A Hastorf (eds.) *Corn and Culture in the Prehistoric New World*. Westview Press, Boulder.
(2) 杉山三郎・嘉幡茂・渡部森哉 (2011)『古代メソアメリカ・アンデス文明への誘い』風媒社
(3) 4 章の (2)
(4) 青山和夫 (2012)『マヤ文明――密林に栄えた石器文化』岩波書店
(5) Saturno,W.A., D. Stuart and B. Betrain (2005) Early Maya Writing at San Bartolo, Guatemala. *Science* 311(No.5765):1281-1283.
(6) A・レシーノス (林屋永吉訳) (1977)『マヤ神話　ポポル・ヴフ』中央公論新社
(7) J・トンプソン , S・エリック (青木和夫訳)(2008)『マヤ文明の興亡』新評論
(8) Stross, Brian (2006) Maize in word and image in southeastern Mesoamerica. In:Staller, J., R. Tykot, B.Benz (eds.) *Histories of Maize*. pp. 577-598. Academic Press.
(9) Linton, Ralph (2009) The significance of certain traits in North American maize culture. *American Anthropologist* 26(3) online 28 Oct. 2009.
(10) 4 章の (4)
(11) 3 章の (2)
(12) 青山和夫 (2007)『古代メソアメリカ文明』講談社 (この本では、teosinte が正しくテオシンテと記されている。)
(13) Therrell, M.D., D.W. Stahle and R.A. Soto (2004) Aztec drought and the "Curse of One Rabbit". *Bulletin Amer. Meteorological Soc*. 2004:1263-1273.
(14) ジェフリー・M・ピルチャー (伊藤茂訳)(2011)『食の 500 年史』NTT 出版
(15) 3 章の (18)
(16) Perry, L., D.H. Sandweiss, D.R. Piperno, K. Rademaker, M.A. Malpass, A. Umire and P. de la Vera (2006) Early maize agriculture and interzonal interaction in southern Peru. *Nature* 440:76-79.
(17) 赤澤威・坂口豊・冨田幸光・山本紀夫 (1993)『アメリカ大陸の自然誌 3――新大陸文明の盛衰』岩波書店
(18) Gumerman, G. (1994) Corn for the dead: The significance of *Zea mays* in Moche burial offerings. In: S. Johannessden and C. AHastorf (eds.) *Corn and Culture in the Prehistoric New World*. pp.513-525. Westview Press, Boulder.
(19) 山本紀夫 (2004)『ジャガイモとインカ帝国』東京大学出版会
(20) Bonavia, D. and A. Grobman (1989) Andean maize: its origins and domestication. In D.R. Harris and G.C. Hillman (eds.) *Foraging and Farming: the Evolution of Plant Exploitation*, Unwin Hyman, London.
(21) Janusek, J.W. (2008) *Ancient Tiwanaku*. Cambridge University Press.
(22) テレンス・N・ダルトロイ (竹内繁訳)(2012) インカ帝国の経済的基盤．所収：島田泉・篠田謙一編著『インカ帝国』pp.121-149．東海大学出版会
(23) Markham, C. (1907) *Pedro Sarmiento de Gamboa History of the Incas*. In parentheses Publications Peruvian Series, Cambridge, Ontario 2000.
(24) 4 章の (2)
(25) インカ・ガルシラーソ・デ・ラ・ベーガ (牛島信明訳)(2006)『インカ皇統記』(四) 岩波書店

(15) Beadle, G.W. (1980) The ancestry of corn. *Scientific American* 242:112-118.
(16) Iltis, H.H.(2000) Homeotic sexual translocations and the origin of maize (*Zea mays*, Poaceae). A new look at an old problem. *Economic Botany* 54:7-42.
(17) Smalley, J. and M. Blake (2003) Sweet beginnings. Stalk sugar and the domestication of maize. *Current Anthropology* 44:675-703.
(18) Blake, M. (2006) Dating the initial spread of *Zea mays*. In: J.E. Staller, R.H. Tykot and B.F. Benz (eds.) *Histories of Maize*. Elsvier, Amsterdam, 55-72.
(19) Iltis, H.H.(2006) Origin of polystichy in maize. In: J.E. Staller, R.H. Tykot and B.F. Benz (eds.) *Histories of Maize*. Elsvier, Amsterdam, 21-53.

第３章

(1) ピーター・ベルウッド（長田俊樹・佐藤洋一郎監訳）(2008)『農耕起源の人類史』京都大学出版会
(2) 赤澤威・坂口豊・冨田幸光・山本紀夫 (2007)『アメリカ大陸の自然誌 2――最初のアメリカ人』岩波書店
(3) ギ・リシャール（藤野邦夫訳）(2002)『移民の一万年史』新評論
(4) Hurt, R.Douglas (1987) *Indian Agriculture in America. Prehistory to the Present*. University Press of Kansas.
(5) 2 章の (3)
(6) 2 章の (18)
(7) Piperno, D.R. and K.V. Flannery (2001) The earliest archaeological maize (*Zea mays* L.) from highland Mexico: New accelerator mass spectrometry dates and their implications. *PNAS* 98:2101-2103
(8) Benz, B.F. (2001) Archaeological evidence of teosinte domestication from Guilá Naquitz, Oaxaca. *PNAS* 98:2104-2106.
(9) ジャック・R・ハーラン（熊田恭一・前田英三訳）(1984)『作物の進化と農業・食糧』学会出版センター
(10) Piperno, D.R., A.J. Ranere, I. Hoist, J. Iriarte and R. Dickau (2009) Starch grain and phytolith evidence for early ninth millennium B.P. form the Central Balsas River Valley, Mexico. *PNAS* 106:5019-5024.
(11) Heerwaaarden, J.van, J. Doebly, W.H. Briggs, J.C. Glaubitz, M.M. Goodman, J. Sanchez Gonzalez and J. Ross-Iberra (2011) Genetic signals of origin, spread, and introgression in a large sample of maize landraces. *PNAS* 108:1088-1092.
(12) 3 章の (9)
(13) Sevilla, Ricardo (1994) Variation in modern Andean maize and its implications for prehistoric patterns, In: S. Johannessen and C.A. Hastrof (eds.) *Corn and Culture in the Prehistoric New World*. Westview Press, Boulder, 219-244.
(14) Grobman, A., D. Bonavia, T.D. Dillehay, D.R. Piperno, J. Iriarte and I. Holst (2012) Preceramic maize from Paredones and Huaca Prieta, Peru. *PNAS* 109:1755-1759.
(15) Pohl, M.E.D., D.R. Piperno, K.O. Pope and J.G. Jones (2007) Microfossil evidence for pre-Columbian maize dispersals in the neotropics from San Andres, Tabasco, Mexico. *PNAS* 104:6870-6875.
(16) Dickau, R., A.J. Ranere and G. Cooke (2007) Starch grain evidence for the preceramic dispersals of maize and root crops into tropical dry and humid forests of Panama. *PNAS* 104:3651-3656.
(17) Horn, S.P. (2006) Pre-Columbian maize agriculture in Costa Rica. Pollen and other evidence from lake and swamp sediments. In.: J.E. Staller, *et al.*(eds.) *Histories of Maize*. Elsvier, Amsterdam.

引用文献

第１章

(1) 香川芳子監修 (2007)『五訂増補 食品成分表』女子栄養大学出版部

(2) Doebley, John.F. and Hugh H.Iltis (1980) Taxonomy of *Zea* (Gramineae). I.A subgeneric classification with key to taxa. *Amer. J. Bot*. 67:982-991.

(3) Iltis, Hugh H. and John. F. Doebley (1980) Taxonomy of *Zea* (Gramineae). II. Subspecific categories in the *Zea mays* complex and a generic synopsis. *Amer. J.Bot*. 67: 994-1004.

(4) Khush, Gurdev, S.(1973) *Cytogenetics of Aneuploids*. Academic Press, New York.

(5) Helentjaris, T. D. Weber and S. Wright (1988) Identification of the genomic location of duplicate nucleotide sequences in maize by analysis of restriction fragment length polymorphisms. *Genetics* 118:353-363.

(6) Messing, J. *et al*. (2004) Sequence composition and genome organization of maize. *PNAS* 101:14349-14354. (PNAS=Proceedings of the National Academy of Sciences of the United States of America の略称)

(7) Sturtevant, E. Lewis (1880) *Indian Corn*. Charles van Benthuysen & Sons.

(8) Grobman, A., D. Bonavia, T.D. Dillehay, D.R. Piperno, J. Iriarte and I. Holst (2012) Preceramic maize from Paredones and Husca Prieta, Peru. *PNAS* 31:1755-1759.

(9) Mowat, Linda (1989) *Cassava and Chicha. Bread and Beer of the Amazonia Indians*. Shire Publications LTD. Aylesbury, UK.

(10) Fusssell, Betty (1992) *The Story of Corn*. North Point Press, New York.

(11) Han, J., D. Jackson and R. Martiensen (2012) Pod corn is caused by rearrangement at the *tunicate* 1 Locus. *Plant Cell Advance Online Publication*, July 29 2012; 1-12.

第２章

(1) de Candole, A.(1886) *Origin of Cultivated Plants*. Hafner Pub. Company, New York and London

(2) N・ヴァヴィロフ (中村英司訳)(1980)『栽培植物発祥地の研究』八坂書房

(3) Mangelsdorf, P.C. (1974) *Corn: Its Origin, Evolution, and Improvement*. The Belknap Press of Harvard Univ. Press.

(4) Longley, Albert. E. (1924) Chromosomes in maize and maize relatives. *Journal of Agricultural Research* 28:673-688.

(5) Mangelsdorf, P.C. (1947) The origin and evolution of maize. *Advances in Genetics* 1:161-207.

(6) Beadle, G.W. (1939) Teosinte and the origin of maize. *J. Heredity* 30:245-247.

(7) Eubanks, M.W. (2001) The origin of maize: Evidence for *Tripsacum* ancestry. *Plant Breeding Reviews* 20:15-66.

(8) Mangelsdorf, P.C. (1986) The Origin of Corn. *Scientific American* 254:72-78.

(9) 1 章の (10)

(10) 2 章の (7)

(11) Doebley, John (1990) Molecular evidence and the evolution of maize. *Economic Botany* 44:6-27.

(12) Matsuoka, Y., Y. Vigouroux, M.M. Goodman, J. Sanchez, E. Buckler and J. Doebley (2002) A single domestication for maize shown by multilocus microsatellite genotyping. *PNAS* 99:6080-6084.

(13) Wang, H. *et al*.(2005) The origin of the naked grains of maize. *Nature* 436:714-719.

(14) Galinat, W.C. (1971) The origin of maize. *Annual Review of Genetics* 5:447-478.

ま行

マイス亜種 20
マイス種 19, 20
マイス・ドゥルセ 194
マイス・ド・オチョ 120
マイスペタ 328
マノ 90, 91
ママリガ 221
マヤ 3, 82,~89, 91, 92, 94, 108, 193
マヤ文明 82~85, 89, 108
マルトース 200
マンダン族 147, 158, 194
マンモスホワイトデントコーン 268
『三田育種場舶来穀菜要覧』264
ミトコンドリア 113, 315
ミトコンドリア DNA 113
ミネソタ 13 284, 311
ミルパ 65, 91
『民家検労図』262, 263
無柄 40, 69
メイフラワー号 143, 144
メキシカナ亜種 20, 21, 47, 48~50, 72, 175, 176
雌しべ 11, 13~16, 40, 51, 68, 191, 208, 310, 313, 314
雌穂 7, 12, 15, 18, 28, 38, 51, 52, 68, 95, 120 ~123, 128, 150, 151, 155, 158, 159, 174, 176, 179, 194, 248, 249, 267, 269, 270, 277, 288, 289, 292, 300, 307, 309, 314, 315, 332, 341
メソポタミア文明 83, 88, 97
メタテ 90, 91, 119, 120
モチェ文化 82, 99, 100, 104
モチ性 28, 192
モチ文化 192
戻し交雑 41, 43, 197
モハーヴェ族 148

や行

焼畑農業 86, 87, 94, 165, 235
葯 11
野生トウモロコシ 36, 40, 41, 43~ 45, 64
優性遺伝子 196, 200, 314
優性突然変異 30
雄性不稔 192, 306, 313, 314, 329~332
雄性不稔細胞質 329
玉蜀黍（ユシュシュ）246, 248, 250, 253
葉鞘 12, 15
葉身 12
葉緑体 DNA 46~48
四条構造 40, 73
四倍体 19, 22,~34
四圃式輪作 181

ら行

ラウンドアップ 342~344, 348, 350
ラウンドアップレディ 343, 348
ラップサイロ 8
『ラホ日辞典』257
ララ物資 275
ランカスター 179, 284
ランカスター・シュア・クロップ 284
リジン 17, 52, 79, 95, 96
リトルイエロー 283
『留青日札』247
ルクスリアンス種 19, 20, 47, 48
レイズド・フィールド 103
レイド 179
レイド・イエローデント 268, 282~284, 310~312
劣性遺伝子 28, 196, 200
レッドグリーン 195
ロイシン 17
六倍体 22
ロス・ガヴィラネス 74
ロールベーラ 8
ロングフェロー 268~270, 278

わ行

ワカ・プリエタ 74
ワキシーコーン 23~25, 28, 29, 190~192, 316
『和爾雅』259
ワセホマレ 330

ハニー・ジューン 314
ハニーバンタム 197, 277
パプーン 27, 193
バー・ホワイト 303, 304
パリ万国博覧会 311
バー・リーミング複交雑 303
パルヴィグルミス亜種 4, 20, 47~53, 71, 175
バルサス 2, 20, 47, 49, 50, 60, 62, 70, 71, 76, 175
パレオインディアン 58, 59
パレドネス 74
バンツー語 225, 230
非選択性除草剤 342, 351
ピーターコーン 277
ヒダーツア族 147
ヒノデワセ 330
ピノーラ 193
ピマ・パパゴ 119, 120
『百科全書』214
ピューリタン 143, 144
肥沃な三日月地帯 231
ピリカスイート 276, 332
ヒル 73, 129, 148, 151, 155, 156, 165
『品種改良法』324
品種間交雑 286, 288, 289, ~290, 294, 300, 301, 324~327, 329, 336
品種間ハイブリッド 328
ファイトリス →植物石をみよ
フィーデル 98
フィトグリコーゲン 199
フィールドコーン 27
複交１号 328
複交２号 328
複交３号 328
複交４号 329
複交７号 329
複交８号 329
『武江産物志』262
『物類称呼』260
『扶風県志』250
プラスミド 353
フラワーコーン 23, 24, 26, 79, 98, 124, 176, 235
プランテーション 168, 227, 243
フリントコーン 24~26, 74, 79, 120~124, 159, 173, 174, 176, 177, 184, 185, 193, 195, 221, 235, 236, 241, 242, 253, 256, 262, 264, 266~271, 275, 278, 289, 321, 325~327, 333
フルクトース 200
フレーヴァーセイヴァー 338
フロリダ・ステイスイート 198
分子マーカー 46, 48
ヘイゲンワセ 329, 330
壁画の神殿 86
ヘテロ接合 13, 29, 294, 296, 297, 300, 314, 327, 340
ベビーコーン 28, 72
ペラグラ 96, 188~190, 219, 220
ペレニス 19, 21, 34, 44, 45~48
苞 12, 15, 44, 51, 52, 74, 75, 91, 111, 120, 123, 157, 158, 166, 169, 192, 195, 258, 260, 310, 331
放射性炭素 61, 66, 67, 70, 86, 120
放任受粉 282
苞皮 12, 15, 74, 75, 260
母性遺伝 314
北海道農事試験場 268
北海道方式 324, 327
北交 130 号 328
ポッドコーン 15, 29, 30, 34, 41, 44, 61
ポップコーン 2, 23~25, 30, 40, 44, 51, 53, 61, 71, 74, 77, 79, 98, 104, 111, 118, 121, 124, 136, 137, 176, 185 ~ 188, 253, 256, 271, 278, 279
北方型フリント 122, 175~177, 195, 209, 264
ポーニー族 121
ホピ族 147, 154, 156, 162
ホホカム族 124
ホミニー 123
ホモ接合 13, 14, 29, 294, 296, 314
ポレンタ 9, 218
ホワイトデントコーン 268, 270
『本草綱目』248, 258
『本朝食鑑』258

ティワナク 103, 105
テオシンテ 2, 4, 20, 21, 30, 34~49, 51~54, 58, 60, 61, 67~76, 86, 126, 175, 176, 185, 193
テスココ湖 93, 94, 95
テノチティトラン 84, 92, 93~95
テワカン洞窟 30, 44
デントコーン 9, 24~29, 98, 121, 124, 159, 173~177, 190, 192, 193, 239, 241, 242, 264, 266, 268, 270, 289, 295, 299, 311, 316, 319, 321, 325~327, 329, 333
田畑勝手作許可 264
ド・アウクソン 264, 265
同位体比 99, 100
唐秬 257, 258
ドゥシヨ・ド・ノロエステ 194
動物実験 355
トウモロコシ戦争 36
とうもろこし農林交親 55 号 333
玉蜀黍（とうもろこし） 258, 260, 262, 267, 269, 270, 271, 273 〜 275, 278, 324, 332
独立宣言 164, 167, 168
ドーズ法 164
突然変異体 27, 54, 343
トランスポゾン 127, 128
トリプサクム 40, 41~44, 46
トリプトファン 17, 79, 95, 189, 344
トルココムギ 32, 204, 208, 211, 212, 237
トルティーヤ 9, 91, 96
奴隷貿易 226, 229, 235, 238

な行

ナイアシン 17, 79, 95, 189
内穎 11, 15, 67
長塚節 271, 273
中生白 268
長野 1 号 270, 331, 326
長野 24 号 326
長野県農事試験場 324, 328, 331
長野方式 324, 326
ナスカ文化 82, 99, 102
ナバホ族 125, 156
ナルトの食べ物 221
軟質 24, 25~27
南蛮黍 258, 260, 262, 263
玉蜀黍（なんばんきび） 256, 259 〜 261
南蛮貿易 256
南北戦争 169, 170, 179, 266, 284, 305, 317
ニカラグエンシス 19, 20
二期作 122, 134, 141, 234
二次中心地 33
ニシュタマリサシオン 95
二条 40, 67, 69, 73
二条二列構造 73
日長 2, 76, 126, 177, 205, 307, 309
二倍体 19, 21~23, 34, 44
乳牛コーン 27
二列対生 40
ネキリムシ 341
熱帯系フリント 205
稔性回復遺伝子 314
『農業全書』259
濃厚飼料 7, 8, 267, 269, 271
『農政全書』248
ノキック 123
ノースウエスタン・デント 311, 328
ノブ 43, 52
乗換え 21, 23, 305
乗換え頻度 23

は行

バイオエタノール 9
バイカラー・タイプ 277
倍数化 15, 22, 43
胚乳 9, 23,~27, 71, 77, 79, 98, 124, 127, 190, 191, 193, 196, 241
ハイブリッドコーン 3, 14, 178, 179, 281, 284, 285, 288, 292, 295, 298, 301~306, 308~314, 316~320, 322, 324~326, 331, 336
ハイブリッド品種 179, 195, 197, 269, 270, 275, 276, 303, 307, 316, 319, 321~323, 326~330, 332
白色八行 268
『畑のへり』272
八倍体 22
パチャカマ文化 105
バチルス・チュリンギエンシス 339

シリカ 35, 36
進化系統樹 48
真交13号 328
人工交配 300
新世界 10, 95, 135, 204, 210
浸透交雑 41
髄 67, 68, 341
垂直伝達 351
スイートコーン 7, 24, 27, 28, 193~200, 271, 274~278, 295, 301, 314, 332
水平伝達 351~353
スカコラス 103, 104
スジシラズ 329
スー族 154, 164
スタック 344
スターリンク 345, 354
ステイグリーン 330
スティフ・ストーク・シンセティク 310
ステフェンス・ワウシアカム 268
ストウエルズ・エヴァーグリーン 195, 275
ズニ族 147
スーパーウイード 348
スーパースイートコーン 196~200, 276~278
生物農薬 340, 349
『清良記』(『親民鑑月集』) 257
セネカ 148, 160
セノーテ 85
染色体 14, 15, 19, 21~23, 28, 37, 39, 43, 45, 51, 52, 113, 127, 196, 337, 340, 353
染色体数 15, 23, 37, 39, 43
先土器時代 74, 97, 98
セントジナー法 311
総状花序 13
装飾トウモロコシ 26
相同染色体 21, 22, 340
『増補山林経済』 253
ゾンダン2 321

た行

帯化 75
耐性雑草 →スーパーウイードをみよ
ダイヘイゲン 330
大躍進運動 251
太陽の処女 113
太陽の神殿 100, 108, 113, 139
太陽のピラミッド 92
他家受粉 13
『多識篇』 258
他殖性 11, 13, 14, 39, 88, 200, 296, 300, 325
他殖性植物 14, 39, 296
多年生 19, 37, 44, 45, 230, 342
タバコ植民地 167
タマウリパス洞窟 62
タマリ 91, 95
ダーリン・アーリー 194
単一小穂 40
炭酸合成回路 16
段々畑 88, 103, 104, 109~111, 147, 154
短日植物 309
タンパク質 8, 17, 96, 117, 155, 188~191, 292, 298, 299, 337~341, 345, 346, 355
チェスター・リーミング 301, 303, 304
チチャ 26, 101, 111, 113, 114, 193
チナンパ(浮き庭園) 88, 94, 95
チムー王国 99~101, 104, 105
チャパロテ 118
チャビン文明 82, 99
チャンカイ文化 100, 105
中国蠟質種 192
柱頭 13, 15
チュユピ 27, 194
長交161号 328, 331
長交202号 328, 331
長交30号 326, 331
長交31号 326
長交36号 326
超雑草 →スーパーウイードをみよ
重複 22, 23, 128, 297
チョクトー族 148, 150, 164
対合 22, 39, 43
対小穂 40
月の神殿 100, 105
月のピラミッド 92
『土』 271
土寄せ 74, 155, 165
『貞徳文集』 258
ディプロペレニス 19, 34, 44~48

黄金糯 275
『穀菜弁覧』264
ココパ族 148
個体選抜 128
コックスカトラン洞窟 62, 63
コッパークロス 301
ゴードン・ホプキンス（品種）283
古倍数性 15, 23, 128
『五風十雨』275
ごま葉枯れ病 192, 262, 308, 315, 321, 332
コマル 90
ゴールデン・クロスバンタム 195, 197, 275, 332
ゴールデン・バンタム 194, 195, 275, 278
コロンブスの交換 4, 133
『鞏県誌』247
コーンショー 284, 310
コーンスターチ 9, 27, 209
コーンナッツ 28
コンバイン・ハーベスター 180
コーンフレイク 28
コーンベルト型デント 176, 179
コーンミール 28, 166, 170, 346
根粒菌 148

さ行

細菌性萎縮病 308
採種圃 200, 313, 314, 331
『栽培植物の起源』32
サイレージ 6, 7, 8, 27, 268, 269, 326, 328, 329, 330
サウザンクロス 319
坂下 269, 328
坂田種苗（サカタのタネ）276, 277
サスクハンナ 193
雑種強勢 285～291, 294, 297, 299, 300, 302
札幌八行 268, 269, 278
サリスベリー・ホワイト 319
三角貿易 167, 227, 228
三系交雑 197, 198, 306, 329
三姉妹 121, 124, 166
三者仮説 40, 41, 45
サンタマルタ洞窟 62
三倍体 22
サンバルトロ遺跡 91
三部説 40
サンマルコス洞窟 62, 63, 64, 67, 69
ジェームズタウン 143, 145, 151
自家受粉 11, 289
シカン文化 99, 100, 104, 105
子実 7, 8, 17, 178, 267～271, 326, 328, 329, 330
自殖 11, 13, 14, 73, 287～291, 293, 294, 296, 297, 299, 300, 309～311, 313, 325, 327, 331, 333
自殖性 11, 13, 14, 290, 294, 296, 300, 313, 325
自然交雑 14, 39, 41～43, 44, 47～50, 73, 75, 119, 159, 176, 193, 200, 282, 283, 289, 290, 309, 325, 353
自然受粉 3, 178, 282～284, 289, 291, 297, 300, 303, 305, 308, 309, 310～313, 317～319, 325, 336
自然受粉品種 3, 282～284, 291, 297, 300, 305, 308, 309～313, 317, 318, 319, 325, 336
自然突然変異 27, 46, 52, 54, 69, 127, 128, 190, 193, 196, 327, 343
『自然の植物』211
指定試験地 269, 270, 324, 329
シャイアン族 154, 164
ジャイアンツ 329, 332
雌雄異花 11
収穫倍率 17, 18
シュウ酸カルシウム 35
十字軍 204
集団選抜 282, 292, 293, 311
出芽前処理除草剤 342
『種の起源』286, 287
狩猟採集 59, 62, 65, 72, 73, 77, 84, 86, 106, 118, 132, 163, 164, 224, 225, 356
純系 13, 285, 290, 296, 300
小花柄 40
植物石 34, 35, 36, 69, 70, 71, 79
『植物名實圖考』250
ショショニ族 154
蔗糖 196, 200
ジョーン・グロー 264, 265

エローデントコーン 268, 270, 326, 329
塩基配列 22, 23, 48
オオカバマダラ 349, 350
大玉蜀黍 270, 332
オジブワ族 154
雄しべ 11~13, 51, 260, 307, 310, 313, 314
雄穂 7, 12, 18, 51, 74, 174, 176, 207, 248, 288, 289, 313~315, 324, 331, 341
オーセージ族 154, 155
オノア 269
オノンダガ 148
雄花 13, 42, 61
オマハ族 124, 125
『お湯殿の上の日記』257
オルメカ文明 82, 83

か行

外穎 11, 15
壊血病 243
『カインの末裔』271
化学肥料 104, 180~182, 266, 316
殻斗 54, 67, 68
核内 DNA 48
『甲子夜話』261
花粉 11~16, 34~36, 39, 42~44, 62, 63, 67, 68, 70, 71, 76~79, 191, 193, 200, 284, 288~291, 293, 306, 309, 310, 313, 314, 331, 340, 346, 348~352
ガマグラス 46
亀尾疇圃栄 263
カリビア型フリント 209, 256, 262, 267, 270, 271, 326
『仮報告』285
カロク族 148
灌 漑 65, 74, 83, 84, 87, 94, 100, 101, 103~106, 110, 113, 116, 124, 140, 147, 148, 156, 171, 207, 215, 216, 250, 252, 307
灌漑農業 65, 101, 106, 250, 252
感謝祭 26, 123, 146, 157, 185
完新世 50, 71
完全ホモ接合 13, 14, 294
カンチャ 107, 108, 193
カントリー・ジェントルマン 195
絹糸 12, 13, 15, 42, 51, 63, 68, 155, 191, 200, 207, 208, 260, 271, 289, 309, 310, 313, 331
基本数 22, 43
キャノーラ 348
キャムプテンスアーリー 270
キャンディ・コーン 199
きょうだい交配 290, 333
『杏蒲志』253
ギラ・ナキツ洞窟 50, 62, 65~67, 69, 71
黄早生 268
近縁種 18, 19, 22, 34, 35, 40, 72, 154, 229
近交系 275, 287, 290, 294, 296, 297, 299~303, 305~313, 318, 321, 325~329, 332, 333, 341
近交弱勢 297, 299
『近世蝦夷地農作物地名別集成』261
『金瓶梅』247
グアテマラ 18, 20, 35, 39, 45, 48, 49, 62, 76, 85, 86, 91, 240
クリーク族 148, 151, 153, 162, 164
グリフォサート 342~344, 348, 351
グリーンコーン 126, 156
グルコース 200
クロスビー 275
黒穂病 9, 308, 331
ケツァルコアトルの神殿 92
月交 205 号 329
ケロ 113
減数分裂 21~23, 37, 39, 43, 337
交 2 号 328
交 3 号 328
交 5 号 332
交 504 号 329
交 6 号 329
交 7 号 329, 332
広域適応性 309, 310, 312, 319
『広益国産考』261
黄河文明 83
硬質 24, 25, 27, 220
甲州 263, 270
更新世 58
合成品種 325
『皇帝チャールズ五世伝』210
護穎 54, 67, 68, 69, 71, 74

事 項

英数字

2、4-D（除草剤）181
3389（品種名）333
Bt トウモロコシ 339, 340, 345, 347, 348, 349, 353
Bt 毒素 339~341, 348~350
C3 16, 99, 100
C4 16, 99, 100
CAM 16
DDT 181
DNA 14, 15, 22, 23, 46~48, 70, 113, 127, 128, 177, 337, 338, 351~353
FAO（国際連合食糧農業機関）199
GMO 337, 340, 345, 347~357
GM 作物 338, 343, 345, 346
Ho57 333
NK603 350
SR52 319
T-DNA 351
T 細胞質 192, 314~316, 332

あ行

アイソザイム 46~50
アイリュ 109
青刈り 7, 207, 268~271, 328
芥川龍之介 272
アグロバクテリウム 351
アシエンダ 140
アステカ 3, 20, 26, 82, 84, 92~96, 136~138, 193
アステカ王国 20, 82, 92~96, 136, 137
阿蘇 270
アトレ 91
アミロース 28, 29, 191, 192
アミロペクチン 28, 29, 191, 192
アリノソ・ド・オチョ 118
アルゴンキン族 148, 150, 152, 156
アレルギー 345~355
アレルゲン 117, 345, 346, 354~357
アントシアニン 196
イオチーフ 197
『育種学講義』324
異数体 22
維束管 67
一次中心地 33
一代雑種 3, 285, 286, 288~290, 295, 299~302, 304, 313, 322~324, 326~328, 332, 333, 341
一年生 19, 37, 44, 45, 63, 231
一穂一列法 270, 292, 293, 296, 325, 326
遺伝子型 13, 14, 196, 197, 199, 200, 282, 289, 290, 293, 294, 297, 300, 303, 307, 355
遺伝子組換え 3, 335~338, 340, 341, 344, 345, 347, 348, 350~353, 356
遺伝子組換え生物（遺伝子組換え体）→GMO をみよ
遺伝子性雄性不稔 314
遺伝的固定 128, 294
イネ 1, 6, 10,~18, 22, 28, 29, 39, 71, 73, 134, 154, 163, 167, 191, 200, 225, 229~231, 233, 235, 243, 246, 248, 250, 252, 263, 264, 266, 269, 282, 290, 294, 300, 313, 325, 347, 357
イリニ・エクストラ・スイート 197, 277
イリニチーフ 197
インカ帝国 26, 82, 93, 105, 106, 109, 120, 139
インダス文明 83
インディアン強制移住法 164
インディアン・コーン 26, 145, 261
ヴァージニア会社 142
ヴァイキング 202
ヴァージニア・グアドシード 176
ヴァルディヴィア文化土器 78
ウイスコンシン No・12 268, 328
ウイスコンシン No・8 268
ウェウェテナンゲンシス 20, 47
窩窩頭 250
窩頭 250
ウガリ 9
『雲南大理府志』247
穎果 52, 67, 68
エヴァーグリーン 275
エジプト文明 83, 231
愛媛大玉蜀黍1号 332

松永貞徳 258
マラー，ハーマン・ジョーゼフ（Hermann Joseph Muller）337
マーレス，P・ド（P. de Maares）234
マンゲルスドルフ，ポール・C（Paul Christoph Mangelsdorf）34, 39, 40~45, 52, 60~64, 298, 314
マンゴ・インガ (Manqu Inka Yupangui) 139
マンゴ・カパック（Manqu Qhapaq）107
宮崎安貞 259
宮澤賢治 272
ミラクル，マルヴィン（Marvin P. Miracle）233
ミレー，ジャン・フランソワ（Jean-François Millet）123
メインズ，E（E. B. Mains）196
メンデル，グレゴール・ヨハン（Gregor Johann Mendel）294, 320, 327, 336, 337
モーガン (Thomas Hunt Morgan) 337
モクテスマ一世（Moctezma I）96
モルグ，ジャック・ル・ムワネ・ド 142

や行

山崎義人 269, 324, 326
山本正 261
ユーバンクス，メアリー（Mary Eubanks）46
与謝蕪村 260
ヨハンセン，C・L（C. L. Johannssen）204
ヨハンセン、ウイルヘルム（Wilhelm Ludwig Johannsen）296

ら行

ラヴ，H（H. H. Love）291
ラウヴォルフ，レオンハルト（Leonhard Rauwolf）222
ラス・カサス（Bartolomé de las Casas）134, 139, 140
ラネレ，アンソニー（Anthony J. Ranere）70, 77
ラバト，ジョン（John Baptiste Labat）238
ラファエロ・サンツィオ（Rafael Sanzio）213
ラーフナン，ジョン・R（John R. Laughnan）196~198
ラムシオ，ギアン・バチスタ（Gian Batista Ramusio）234
ラムシオ，ジョヴァンニ（Giovanni Ramusio）217
リヴィングストン，デヴィッド（David Livingstone）238
リーヴス，ロバート（Robert G. Reeves）40, 42
李根蟠 246
リシャール，ギ（Guy Richard）59
李時珍 248, 258
リッチ，マテオ（Matteo Ricci）246
リーミング，ヤコブ（Jacob S. Leaming）301, 303, 304, 311
柳重臨 253
リンカーン，エイブラハム（Abraham Lincoln）146, 169, 170
リンチ，T（T. F. Lynch）98
ルイセンコ，トロフィム（Torfim Denisovich Lysenco）320
ルエリウス（Ruellius）211
ルーズベルト，フランクリン（Franklin Roosevelt）178, 187
ルリア，サルヴァドール（Salvador Edward Luria）297
レイド，ジェームズ（James L. Reid）283
レイド，ロバート（Robert Reid）283
レイモンド，J（J. Scott. Raymond）78
ローズ，A（A. M. Rhodes）199
ロゼイ，J (J. E. Losey) 348
ロック，ジョン（John Locke）217
ロバーツ，ルイス（Lewis M. Roberts）318
ローリー，ウオルター 150, 212
ロルフ，ジョン（John Rolfe）146
ロングレイ，A（A. E. Longley）37

わ行

ワイナ・カパック（Wayna Qhapaq）105
ワトソン，ジェームズ（James Dewey Watson）337
ワルマン（Arturo Warman）210

ハリオット，トーマス（Thomas Hariot） 150
ハール，J（J. George Harar） 318
バルボサ，デュアルテ（Duarte Barbosa） 203
パルマンティエ，アントワーヌ（Antoine-Augustin Parmentier） 214
ビードル，ジョージ（George Wells Beadle） 37, 53
ビヴァリー，ロバート（Robert Biverley） 174
ピサロ，フランシスコ（Francisco Pizarro） 139, 205
人見必大 258
ピペルノ，ドロレス（Dolores R. Piperno） 70, 71
ビール，ウイリアム（William James Beal） 288～291, 297, 301
ヒルベック，A（A. Hilbeck） 349
ファンク，ユージン（Eugene Duncan Funk） 304
ファーンハム，J（J. M. W. Farnham） 190
フィーデル，スチュアート（Stuart J. Fiedel） 98
フェリペ（皇太子） 140
フックス，レオンハルト（Leonhart Fuchs） 211, 212
ブラッドフォード，ウイリアム（William Bradford） 144
フラネリ，K（K. V. Flannery） 65, 66
ブリガム，アーサー（Arther A. Brigham） 268
プリメグリオ（Carlo Radicati di Primeglio） 114
ブリンク，R（R. Alexander Brink） 298
プルガル-ヴィダル，ハヴィエル（Javier Pulgar- Vidal） 106
フルシチョフ（Nikita Sergeyevich Khrushchev） 320
ブレイクスリー，A（A. F. Blakeslee） 337
フレミング，ヴァルター（Walther Flemming） 337
ブロートン，ウイリアム（William Robert Broughton） 261
ヘイズ、ウイレット（Willet M. Hays） 311
ヘイズ、ハーバート（Herbert Kendell Hayes） 299
ベイカー，オリヴァー（Oliver. E. Baker） 173
ペリー，マシュー（Marthew Calbraith Perry） 264
ペリー，リンダ（Linda Perry） 98
ベンゾニ，ジロラモ（Girolamo Benzoni） 90, 114
ボアン，ギャスパール（Gaspard Bauhin） 30
ボイヤー，ハーバート（H. W. Boyer） 338
ポカホンタス（Pocahontas） 145
ボス，アンドリュー（Andrew Boss） 311
ボック，ジェロム（Jérôme Bock） 211
ボッシュ，カール（Carl Bosch） 180
ボナヴィア，D（D. Bonavia） 113
ボナフス，マシュー（Matthieu Bonafous） 248
ホプキンス，シリル（Cyril G. Hopkins） 189, 228, 283, 292, 293, 298, 299
ポマ，ワマン（Felipe Guaman Poma de Ayala） 111, 113, 114
ボーラトン，ジュエ（Dominique Juhé-Beaulaton） 234
ポール，M（M.E.D.Pohl） 76
ホルデン，ペリー（Perry Greeley Holden） 291～293, 297, 298, 301
ホルバート，J（J. R. Holbert） 304, 305
ホワイト，トーマス（Thomas White） 150

ま行

マイヤー，アーサー（Arthur Meyer） 191
毛沢東 251
マクネイシュ，リチャード（Richard S. McNeish） 62
マクリントック，バーバラ（Barbara McClintock） 297
マクローリン，ダン（Dan McLaughlin） 319
マゼラン，フェルディナンド（Ferdinand Magellan） 203
マータ，ピーター（Peter Martyr） 210
松浦清 261
松岡由浩 4, 48, 70

竹中卓郎 264
タッソレ（Tassore）145
ダッドルストン，ベンジャミン（Benjamin H. Duddleston）311
ダップル，オルフェルト（Olfert Dapper）234
種子島恵時 256
種子島時尭 256
ダーリントン，シリル（Cyril Dean Darlington）45
チェルマク，エリッヒ（Erich von Seysenegg Tschermak）294
チェン，リー・シー 248
ディンブルビー，G・W（Geoffrey Dimbleby）189
ディズニー，ウォルト (Walt Disney) 187, 320
デイッカウ，R（R. Dickau）77
ディック，ハーバート（Herbert W. Dick）60, 61
ティトゥ・クシ (Titu Cussi Yupangui) 139
鄭和 203
田芸衡 247
デ・ガンボア，サルミエント（Pedro Sarmiento de Gamboa）107
デ・ソト，エルナンド（Hernando de Soto）141
寺尾博 331
デラ・ロッビア，ジョヴァンニ（Giovanni della Robbia）213
デルブリック，マックス（Max Ludwig Henning Delbrück）297
ド・アングレリア，ペドロ・マルチル（Pedro Mártir de Angleria）204, 205
土井水也 257
土井清良 257
ドゥカーレ（Ducale）213
ドエブリ，ジョン（John Doebley）18, 19, 47, 48, 52
ド・カンチオ，ゴンザロ・メンデ（Gonzalo Méndez de Canço）215
ド・カンドル，アルホンス（Alphonse de Candolle）32, 33
土岐善磨 273
ド・サアグン，ベルナルディノ（Bernardino de Sahagún）137, 138
トパ・インガ・ユパンギ (Tupac Inka Yupangui) 111
ド・フォア，オデット（Odet de Foix）217
ド・フリース，ユーゴ（Hugo Marie de Vries）294～296
ド・ブリ，テオドール（Theodor de Bry）142, 150
ド・メンドーザ，ゴンザレス（Gonzalez de Mendoza）247
外山亀太郎 322
ドレーク，フランシス（Francis Drake）212
ドワイト，チモシー（Timothy Dwight）194
トンプソン，J・エリック・S（John Eric Sidney Thompson）89

な行

ナヴァゲロ，アンドレア（Andrea Navagero）217
中村汀女 272
ナポレオン・ボナパルト（Napoléon Bonaparte）237
ニクソン，リチャード（Richard Milhous Nixon）316
ネーゲリ，カール（Carl Wilhelm von Nägeli）286

は行

パーカー，A・Z（A. Z. Parker）204
ハーシー，アルフレッド（Alfred Day Hershey）297, 337
パジー，バティア（Batia Pazy）44
芭蕉 259
ハッケル，E（E.Hackel）37
ハート，R（R. Douglas Hurt）59
バートラム，ウイリアム（William Bartram）151
ハードリチカ，アレス（Ales Hrdlicka）58
ハーバー，フリッツ（Fritz Haber）180
バーバンク、ルーサー（Luther Burbank）1
林羅山 258
ハーラン，ジャック（Jack R. Harlan）67, 72, 73, 229, 231

ケンプス（Kemps）145
コーエン，スタンレイ（Stanley Norman Cohen）337
越谷吾山 260
ゴッホ，フィンセント・ファン（Vincent van Gogh）123, 161
コリンズ，G（G. N. Collins）190, 191
コルテス，エルナン（Hernán Cortés）84, 93, 95, 136
ゴールドバーガー，ジョセフ（Joseph Goldberger）188, 189
コレンス，カール（Carl Erich Correns）294
コロンブス，クリストファー（Christopher Columbus）1, 3, 4, 11, 19, 21, 25, 27, 32, 48, 59, 81, 82, 90, 126, 127, 131～136, 140, 141, 146, 150, 165, 174, 185, 193, 202～205, 214, 226, 228, 236, 247, 257, 282

さ行

斎藤茂吉 273
坂下七郎 269
ザノニ（Zanoni）214
サビエル，フランシスコ（Francisco de Xavier）256
ザリロ，ソーニャ（Sonia Zarrillo）78
サンイレール，オーガスト（August de Saint-Hilaire）30
シアーズ，アーネスト（Earnest Robert. Sears）298
ジェームズ一世 143, 146
ジェファーソン，トーマス（Thomas Jefferson）194
ジェフリーズ，M（M. D. W. Jeffreys）203
ジェラルド，ジョン（John Gerard）212
ジェンキンズ，M（M. T. Jenkins）314
重延久太郎 277
重延テル 277
西太后 250, 251
島田泉 105, 106
島津重豪 260
ジャクソン，アンドリュー（Andrew Jackson）164
シャメル，アーチバルド（Archibald Dixon Shamel）291
シャル，ジョージ・ハリソン（George Harrison Shull）285, 294～301
章楷 246
シャンプラン，サミュエル・ド（Samuel de Champlain）152
徐光啓 248
シュマイザー，パーシー（Percy Schmeiser）348
シューマン，K（K. M. Schuman）37
酒堂 259
ジョセフソン，L（L. M. Josephson）314
徐有渠 253
ジョーンズ，ドナルド（Donald Forsha Jones）301～304, 310, 312
白尾国柱 260
シラキオ，ニコロ（Nicolò Syllacio）210
スクワント（Squanto）145, 146
スターテヴァント，エドワード（Edward Lewis Sturtevant）23
スタンレイ，ヘンリー（Henry Morton Stanley）239
ストーウエル 195
ストーウエル，ナサニエル（Nathaniel Newmna Stowell）195
スピーク，ジョン・ハニング（John Hanning Speke）239
スプラーグ，G（G. F. Sprague）191, 310
スミス，L（L. H. Smith）293
スミス，アール（Earle Smith）60, 61
スミス，ジョン（John Smith）145, 151
曾槃 260
宗正雄 323, 324
ソーバーン，グラント（Grant Thorburn）194
宋應星 248

た行

ダーウィン，チャールズ（Charles Robert Darwin）286～289
ダヴェンポート，ユージン（Eugene Davenport）291～293, 295, 298
ダグラス，デヴィッド（David Douglas）152, 153
竹内鼎 323

索　引

人　名

あ行

アイゼンハワー（Dwight David Eisenhower） *320*
アヴェリー，B（B. T. Avery） *337*
アヴェリー，オズワルド（Oswald Theodore Avery） *337*
青木春繁 *274*
青山和夫 *85*
赤毛のエリック（Erik the Red） *202*
アシャーソン，P（P. Ascherson） *37*
アタワルパ・ユパンギ（Atawalpa Yupangui） *139*
アトキンズ，ジョン（John Atkins） *233*
アーノルド，ハリー（Harry Arnold） *319*
有島武郎 *271*
石川啄木 *278*
石原助熊 *264*
イースト，エドワード（Edward Murray East） *291, 298, 299, 301, 302, 311*
磯野直秀 *257*
伊藤庄次郎 *323*
庵原菡斎 *263*
今井喜孝 *275*
イルチス，ヒュー（Hugh H. Iltis） *4, 18, 45*
岩崎常正 *262*
インハメド *238*
ヴァヴィロフ，ニコライ・イヴァノヴィッチ（Nikolai Ivanovich Vavilov） *33, 34, 229*
ヴァスコ・ダ・ガマ（Vasco da Gama） *237*
ウイル，オスカー（Oscar H. Will） *311*
ウエザーワックス，ポール（Paul Weatherwax） *46, 191*
ヴェスプッチ，アメリゴ（Amerigo Vespucci） *135*
ウエルハンゼン，エドウイン（Edwin J. Wellhausen） *318*
ウオルフ，エミル（Emil Wolf） *198*
ウオーレス，ヘンリー（Henry A.Wallace） *301*
呉其濬 *250*
宇都宮仙太郎 *266*
江口庸夫 *323*
エリクソン，レイフ（Leif Eriksson） *202*
大蔵永常 *261*

か行

貝原好古 *259*
甲斐よしひろ *279*
柿崎洋一 *322*
荷兮 *259*
カーチン，フィリップ（Philip de Armind Curtin） *228*
カーツ，H（H. Kaatz） *352*
カトリン，ジョージ（George Catlin） *158*
ガリナット，ウオルトン（Walton C. Galinat） *38, 43, 63, 175, 176*
ガリレイ，ガリレオ（Galileo Galilei） *218*
カルティエ，ジャック（Jacques Cartier） *152*
北原白秋 *273*
北村与右衛門良忠 *262*
クアウテモック（Cuauhtémoc） *136*
郭沫若 *251*
熊澤三郎 *323*
グラント，J（J. A. Grant） *239*
グラント，ユリシーズ（Ulysses S. Grant） *265*
クリック，フランシス（Francis Harry Compton Crick） *337*
グレイ，エイサ（Asa Gray） *288*
クレターズ，チャールズ（Charles Cretors） *185～187*
クロスビー，アルフレッド（Alfred Crosby） *133, 275*
黒田清隆 *265*
グロブマン（A, Grobman） *74, 98, 113*
ゲーテ（Jaohann Wolfgang von Goethe） *218*
ケプロン，ホーレス（Horace Capron） *266*
ケルロイター，ヨセフ（Joseph Gottlieb Kölreuter） *285*

【著者略歴】

鵜飼保雄（うかい・やすお）

1937 年生まれ。東京大学大学院農学系研究科博士課程修了。同大助手、農林省放射線育種場室長、農業環境技術研究所室長、東京大学教授（大学院農学生命科学研究科）を経て、現在は執筆に専念。専門は育種学、放射線生物学、統計遺伝学。著書に『植物育種学』（2003 年）、『植物改良への挑戦』（2005 年）、『品種改良の世界史・作物編』（編著・2010 年）、『品種改良の日本史』（編・2013 年）など。

トウモロコシの世界史

神となった作物の9000年

2015 年 2 月 15 日　初版 第 1 刷

著　者　**鵜飼 保雄**

発行者　**長岡 正博**

発行所　**悠 書 館**

〒 113-0033　東京都文京区本郷 2-35-21-302
TEL 03-3812-6504　FAX 03-3812-7504
URL http://www.yushokan.co.jp/

印刷・製本：（株）シナノ印刷

ISBN978-4-86582-000-3